材料学シリーズ

堂山 昌男　小川 恵一　北田 正弘
監　修

ポーラス材料学
多孔質が創る新機能性材料

中嶋 英雄 著

内田老鶴圃

材料学シリーズ刊行にあたって

　科学技術の著しい進歩とその日常生活への浸透が 20 世紀の特徴であり，その基盤を支えたのは材料である．この材料の支えなしには，環境との調和を重視する 21 世紀の社会はありえないと思われる．現代の科学技術はますます先端化し，全体像の把握が難しくなっている．材料分野も同様であるが，さいわいにも成熟しつつある物性物理学，計算科学の普及，材料に関する膨大な経験則，装置・デバイスにおける材料の統合化は材料分野の融合化を可能にしつつある．

　この材料学シリーズでは材料の基礎から応用までを見直し，21 世紀を支える材料研究者・技術者の育成を目的とした．そのため，第一線の研究者に執筆を依頼し，監修者も執筆者との討論に参加し，分かりやすい書とすることを基本方針にしている．本シリーズが材料関係の学部学生，修士課程の大学院生，企業研究者の格好のテキストとして，広く受け入れられることを願う．

監修　　堂山昌男　小川恵一　北田正弘

「ポーラス材料学」によせて

　著者の中嶋英雄先生は，この材料学シリーズで「材料における拡散」を執筆されている拡散現象の専門家である．これらの基礎学問を生かし，社会的要求に応えるべく新たな技術を提供している最先端の技術者でもある．先生は多数の孔をもつ各種のポーラス材料を機能材料として開発・発展させ，これらの成果は大学発のベンチャー企業であるロータスアロイ(株)として海外からも注目されている．ポーラス材料は孔の形と分布，これに伴う製造法，物性，機能，応用などは様々である．本書は，これらを世界に先んじて体系化することに挑戦した書である．研究分野の体系化は研究者の重要な仕事であり，次世代の学問および技術の発展にも極めて重要である．新しい学問・技術を学びたい学生，機能材料として応用発展を試みる挑戦的研究者・技術者にとって格好の良書であり，広くお薦めする．

北田正弘

は じ め に

　発泡金属，スポンジ状金属，セル構造体，一方向に気孔を有するロータス金属，焼結金属などの多数の孔をもつポーラス（多孔質）金属は軽量構造材料や優れた吸音性，衝撃吸収性，濾過性などの機能材料として注目されている．また，金属のみならずセラミックス，半導体，高分子材料などのポーラス材料もユニークな機能を示す材料としてさまざまな分野で関心がもたれており，一部は実用材料に供されている．ところで，従来の新材料の多くは合金元素の添加（合金化），熱処理，塑性加工，粉末焼結などの手法を駆使することによって新たな機能性を創出してきた．また，材料の完全度を高めるために空隙の少ない高密度化が図られてきた．これに対しポーラス材料は合金化，熱処理，塑性加工，粉末焼結などの手法を使わず，むしろ材料内の欠陥や空隙などを有効に使い，その形態を制御して新材料を創製しようとするものである．また，ポーラス材料は材料の高密度化ではなく低密度化を積極的に図ったもので，従来の新材料の創出手法からすれば異端的な発想に基づいた材料手法である．つまり，材料内に空隙という「無の空間」を作ることによって新しい機能を発現させようとするものである．

　このようなポーラス材料の書としては，1988 年に出版された L. J. Gibson と M. F. Ashby 著の Cellular Solids, Pergamon Press を始めとして欧米人著者による数種の著書がある．これらはいずれも発泡金属やセル構造体に関する専門書である．また，本著者による Porous Metals with Directional Pores と題する著書が 2013 年に Springer から出版されている．これは一方向に気孔を有するロータス金属に関する書である．しかしながら，さまざまなポーラス材料を俯瞰した材料学の教科書はまだ出版されていない．その意味で本書はロータス金属，発泡金属，セル構造体などをカバーした最初の書である．また，この分野の和文成書も存在しないことを考えると，日本語ではあるが，世界で最初に書かれたポーラス材料に関する書である．当初，タイトルを「ポーラス材料の基

礎」にしようと思い，ポーラス材料の製法，物性および応用の各論を集めた構成を考えた．しかし，これまでに得られている知識の単なる羅列では教科書として物足りないと感じ，タイトルを「ポーラス材料学」と改め，理論をできるだけ取り込んで現象の発現機構の理解につながるように工夫した．ポーラス材料は新しい領域の学問であり，まだ材料学としての体系が完全に構築されたとは言い難いが，ポーラス材料学を体系化することを目指して本書を執筆した．このため，ポーラス材料の製法の解説から始め，機械的性質，物理的・化学的性質に言及し，ポーラス化による特異な性質についても詳しく述べ，さまざまな分野における応用開発の現状について紹介した．さらに，ポーラス材料は種々の物性に起因した多様な機能をもち，それが応用製品にどのように生かされようとしているのかを，今後の展望も含めて述べた．

　本書を執筆するにあたり共同研究者各位に感謝すると共に，監修担当者として原稿を精査してくださった北田正弘先生ならびに監修者の堂山昌男先生，小川恵一先生に謝意を表する．

　2016 年 7 月

中嶋 英雄

目　　次

材料学シリーズ刊行にあたって

「ポーラス材料学」によせて

第1章

はじめに

　自然界には木材，動物の骨，葉，茎などのように実に多くの**ポーラス材料**（porous materials）が存在する．ポーラス材料内の孔は物質の供給路，軽量化，流体の透過性，保温などの機能を果たすことができる．木材，竹や海綿骨の形状には異方性があり，それらの機械的性質は荷重の方向に依存する．自然界のセル構造体はその異方性をうまく利用して機械的強度の強い向きに応力を負荷することができるようにしている．本書では，特に気孔に異方性を付与したポーラス材料の作製，物性および応用について考えていくことにする．

1.1　自然界に多く存在するポーラス材料

　自然界を眺めてみると，木材，動物の骨，葉や茎をはじめとして実に多くのポーラス材料が存在することに気付くであろう．さらに，食品，衣料品から建築物に至るまで多くの人工物は無垢ではなく，ポーラス（多孔質）である．一般に，孔のたくさん空いた材料を多孔質材料，またはポーラス材料と呼んでいる．その中でも無垢材料（ノンポーラス材料）に対する相対密度が 0.3 以下でセルの集合体をなすものを**セル構造体**（cellular materials）と呼んでいる．**図1.1**にはいくつかのセル構造体の微細構造を示した[1]．コルクやバルサ（a，b）のように，ほとんどハニカムに近いクローズドセルから成るものもあれば，スポンジや海綿骨（c，d）のように，3～6本のエッジから構成されるオープンセルより成るものもある．さらに，サンゴやイカの骨のように異方性の強いセル構造を有するものもある（e，f）．この場合，セルは特定の方向に長く伸び，または配向しているため，注目する方向によって性質が大きく異なる．天然のセル構造体の大半はこのような構造を有しており，木材，葉，茎における異常な異方性の原因はセルが細長い形状を持つことにある（g，h）．このような木材，葉や茎の断面はセル状になっているが，紙面の垂直方向が通路となっていて水分や栄養素を補給するための導管の役目を果たしている．**図1.2**に示すよう

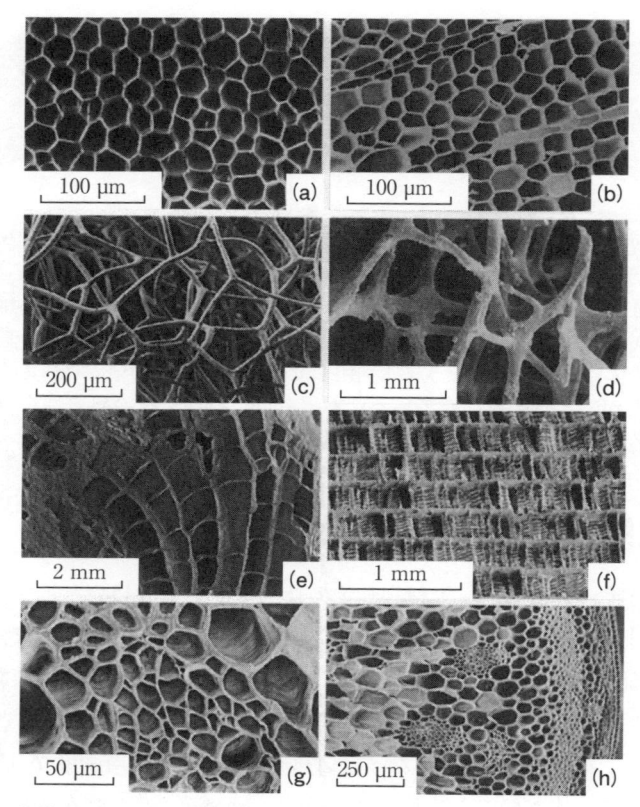

図1.1　自然界にあるセル構造体の例．（a）コルク，（b）バルサ，（c）スポンジ，（d）海綿骨，（e）サンゴ，（f）コウイカの骨，（g）アヤメの葉，（h）植物の茎[1].

　な骨は我々にとって最も身近なものである．多くの骨は密度の高い外殻と網目の繊維質状のポーラスの海綿骨より成る[1].それらの骨には軽量化が図られ荷重のかかる部分では負荷断面積を大きくして応力の緩和を図っている．その意味でこれらは傾斜機能材料であると言うことができる．これまで話題にしてきた骨は陸上をはう動物のものであるが，空を飛ぶ鳥の骨はさらに軽量化が図られたチューブ状で陸上をはう動物の骨よりはるかにポーラス度が進んでいる（図1.3参照）[2].このように自然界の生体材料は先端材料として設計される

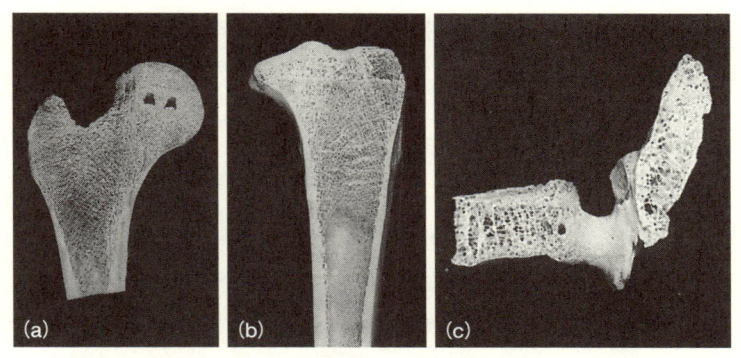

図1.2 骨の断面写真，（a）大腿骨頸部，（b）脛骨，（c）腰椎．中心部は低密度のポーラスな海綿骨であり，高密度の緻密な骨が外殻となって囲んでいる[1]．

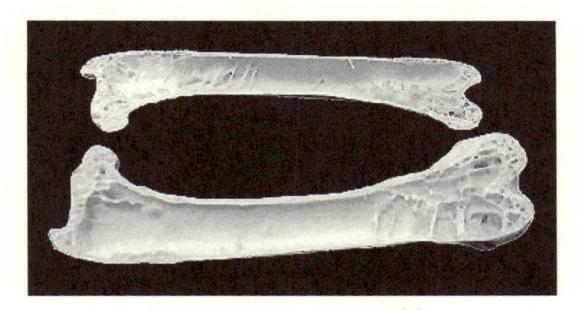

図1.3 空を飛ぶ鳥の骨[2]．

一例と見なすことができる．我々，材料研究者あるいは材料を学ぼうとしている者は自然界に存在する材料，とりわけ生体材料からさまざまなアイディアを学ぶべきである．これらの気孔は栄養物の通路や流体の透過や保温などの働きや軽量化の機能を果たしている．特に，骨は見掛けは無垢の固体と変わらないようであるが，実際はかなりポーラスである．骨のような自然界に存在する材料は無垢かポーラスであるか明確な区別がつくものより，むしろ密度に勾配がついているものが多い．その例として竹を**図1.4**に示した[3]．繊維質の体積率は竹の周辺に放射状に行くほど増え，竹は管状であるが断面の曲げ剛性も増加する．木材，柱状骨や竹の形態はすべて異方的であり，それらの機械的強度

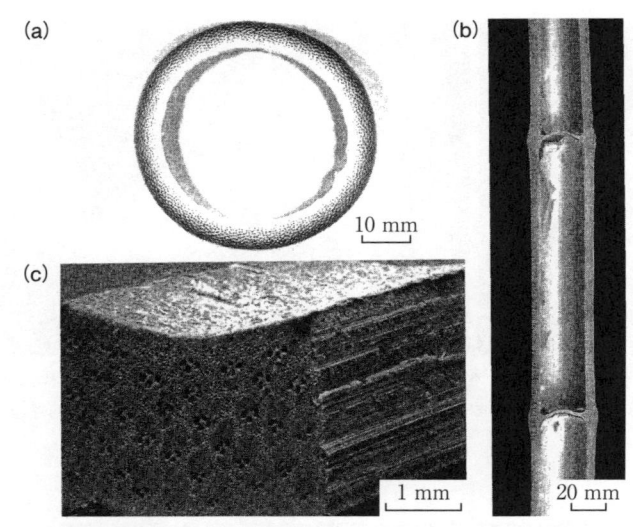

図1.4　（a）竹の横断面，（b）竹の縦断面，（c）竹の横断面の走査電顕写真．
外側にいくほど密になった勾配を持っている[3]．

は荷重方向に依存して変化する．自然界にあるセル構造体はこの異方性を積極
的に活用し材料にかかる負荷を最も低減させるように機械的強度の効率化を
図っていると言える．例えば，風による最大の曲げ応力が幹や枝の長手方向に
作用するようにしている．木材では長手方向の剛性が高く強度もその垂直方向
より高いからである．つまりハニカム構造の長手方向が強いことを有効に使っ
ている．また，身体の体重からの荷重に耐えられるように脊椎の柱状骨はハニ
カム構造の長手方向に成長している．以上のように，ポーラス材料に異方性が
ある場合，最も負荷のかかる方向にポーラス材料の強さが生かせるように気孔
の向きを配列させるような工夫に基づいて，自己組織化がなされているのは興
味深い．

　ところで，工業製品のさまざまな部材のほとんどは鋳造あるいは粉末焼結法
によって製造されていると言っても過言ではない．これらの製造工程で気泡の
ような鋳造欠陥や焼結欠陥は通常，工業製品の機能性や有効性を阻害する有害
な欠陥と見なされてきた．そのために，工業製品の性能を維持するためには可
能な限り欠陥の気孔率を低下させた高密度の材料を製造することが不可欠で

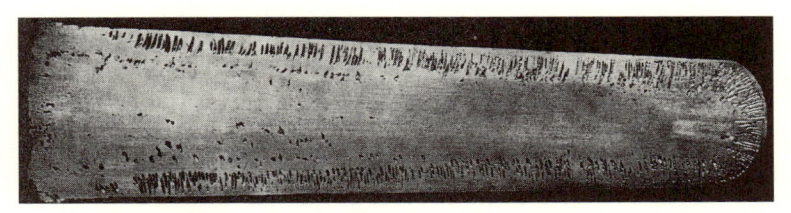

図 1.5　リムド鋼のインゴットの断面写真．インゴット外殻には一方向性気孔
が観察される[4]（左側がインゴットの上部，右側が下部）．

あった．

　図 1.5 にはリムド鋼インゴットの断面写真を示した[4]．インゴットの上部
には凝固による体積収縮で生じたキャビティ（空洞）ができる（この写真では示
されていない）．インゴットの表層部から内側に向かって一方向に向いた細長
い気孔が成長している．これらには鋳造欠陥と呼ばれ水素ガスや一酸化炭素ガ
スが満たされている．特にインゴットの下部分ではより細長い気孔が凝固方向
に形成されている．本書ではこのような細長く成長した凝固欠陥を有する金属
の製法，細長い気孔を有する金属の性質やそれらのポーラス金属の応用に注目
する．さらに，焼結プロセスや塑性加工プロセスによって導入された一方向気
孔を有するポーラス金属にも範囲を広げ取り扱っていくことにする．また，随
所でほぼ球状の気孔を有する発泡金属なども紹介し，両者の違いなどにも触れ
たい．前述したように，一方向気孔を有する「異方性ポーラス材料」は自然界
に多種多様なものが存在するので，併せて本書でそれらについても紹介するこ
とにする．

　ポーラス材料の気孔がある特定の方向にあるいは一方向に伸長していれば，
気孔の伸長方向に依存して構造に異方性をもたらすばかりではなく，物理的，
化学的，生物学的，また，機能的にも異方性を生じさせることが知られてい
る．一方，気孔がほぼ球形状であれば構造上も等方的であるので，物理的にも
化学的にも，生物学的にも，機能的にも気孔の方向に依らず等方的である．こ
れら区別するために本書では一方向に伸長した気孔により構成されるポーラス
材料を**ロータス型ポーラス材料（レンコン型ポーラス材料**，lotus-type porous
materials）と呼ぶことにする．

1.2　ポーラス材料とは

　ポーラス材料は，空隙である多数の気孔を有する材料である．この**気孔**（pores）の量や形態によってポーラス材料をさらに**表1.1**に示すように分類することができる．ところで，気孔の占有する体積分率 p（% 表示）は

$$p = (1 - \rho^*/\rho) \times 100$$

と示すことができる．ただし，ρ^* と ρ はそれぞれポーラス材料の密度とノンポーラス材料の密度である．この比は相対密度と呼ばれる．**図1.6** に示すように，気孔率約 70% を境として 70% 以上のポーラス材料はセル構造体（泡状の気孔をセルと呼ぶ）や発泡材料などであり，70% 以下は独立した気孔を含んだ固体，つまりロータス材料，焼結材料などであり，また，一部の発泡材料もこれに属する．本書ではこれらすべてを含めてポーラス材料と呼ぶことにす

表1.1　ポーラス材料を特徴づける因子.

因　子	小　　⇨　　大		
気孔率	焼結材料 （20% 最大）	ロータス材料 （70% 最大）	発泡材料　セル構造体 （98% 最大）
気孔サイズ	焼結材料 （10 μm 以下）	ロータス材料 （50 μm〜2 mm）	発泡材料　セル構造体 （1 mm 以上）
気孔方向	等方的 焼結材料　発泡材料　セル構造体		異方的 ロータス材料
気孔長さ	x, y, z 方向同一 焼結材料　発泡材料　セル構造体		$x, y < z$ ロータス材料

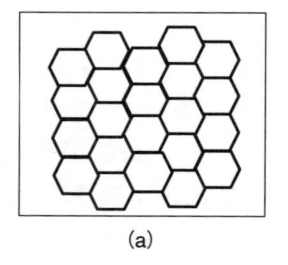 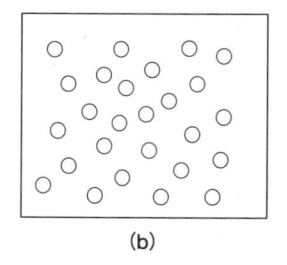

(a)　　　　　　　　　　(b)

図1.6　（a）セル構造体，（b）気孔を含んだ固体.

る．約 1 mm 以上の気孔サイズを持つ材料はセル構造体や発泡材料であり，粉末を加圧・癒着させて作製された焼結材料の気孔サイズは 10 μm 以下，その中間の気孔サイズ 50〜2 mm を有するのがロータス材料である．このロータス金属はレンコンのように一方向に伸びた気孔を有するポーラス金属であり，融点での固体と融体におけるガスの溶解度差を利用して作製される材料である．これに対して GASAR 金属はレンコンのように一方向に伸びた気孔を有するポーラス金属であるが，共晶反応を利用して作られる．融点で固体と融体におけるガスの溶解度差を起こす材料は共晶反応も起こすが，共晶反応を起こさない材料でもガスの溶解度差があればポーラス金属を形成する．多くのポーラス材料の気孔の形状は 3 次元的に等方的な多面体状や球状である．一方，ロータス金属，GASAR 金属は気孔が一方向に伸びているので，異方的な形状を有している．等方的気孔であれば x, y, z 軸方向の気孔の長さは $l_x = l_y = l_z$ であるが，ロータス材料などでは気孔が z 軸方向に伸びているので，$l_x = l_y < l_z$ であり，気孔が細長い形状を有する場合，気孔径に対する z 軸方向の気孔長さの比 l_z/l_x あるいは l_z/l_y を気孔のアスペクト比と呼ぶ．ポーラス材料の気孔には隣接する気孔同士が空間的に連結している気孔を開放型あるいは開口気孔（オープン気孔）と呼び，それぞれの気孔が周りの壁によって取り囲まれ閉鎖され気孔の 1 つ 1 つが独立していて連結していない気孔を閉鎖型あるいは閉口気孔（クローズド気孔）と呼んでいる．ここで説明した用語に関して，日本工業規格 JIS H 7009 には，さらに詳細な説明がなされている [5]．

文　　献

[1]　L. J. Gibson and M. F. Ashby, Cellular Solids, Cambridge University Press, Cambridge, UK (1997).
[2]　http://www3.famille.ne.jp/~ochi/kaisetsu-01/05-te-ashi. html
[3]　L. J. Gibson, M. F. Ashby and B. A. Harley, Cellular Materials in Nature and Medicine, Cambridge University Press, Cambridge, UK (2010).
[4]　A. Hultgren and G. Phragmen, J. Iron Steel Inst., **139** (1939) 133-244.
[5]　日本工業規格　JIS H 7009，ポーラス金属用語，日本規格協会，東京 (2008)．

第**2**章

セル構造体および発泡金属のさまざまな製法

　ポーラス金属には気孔が等方的な球状であるものと一方向に伸びた気孔を有するものがある．ポーラス金属の大多数は前者の球状気孔を有するもので，その一例を図 2.1 に示した [1]．図中左側に示したものは発泡金属であり，溶融金属に水素化物を添加し水素が発泡するのを凝固させたものである．図中の右側のパンは類似の気孔形態を有しイースト菌によって CO_2 を発泡させたものである．このようなセル構造体および発泡金属は①溶融金属を発泡・凝固させる製法，②粉体を加工固化させる製法，③金属を蒸着させる製法，④水溶液中の金属イオンを付着させる製法などがある．本章では，このようなセル構造体および発泡金属のさまざまな製法を紹介する．

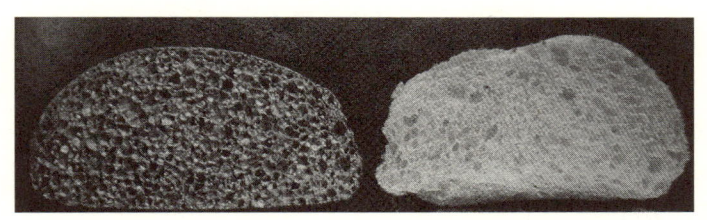

図 2.1　（左）発泡亜鉛，（右）パン．共に 8 cm サイズ．発泡亜鉛は水素化物からの水素ガスによる発泡，パンはイースト菌からの CO_2 による発泡 [1]．

2.1　ガスインジェクション法

　純金属の溶融状態にガスをノズルを介して注入してもバブリングによって容易に泡立てる（発泡させる）ことはできない．気泡を包む液膜が重力によって流下してしまい（ドレナージと言う）気泡がすぐ消滅してしまうためである．これに対してアルミナやシリコンカーバイドのような難溶性の微粒子を溶融金属に添加すると気泡の液膜のドレナージが抑制され気泡の消滅を遅らせ生成した気泡を安定化させることができる．このガスインジェクション法によって溶融アルミニウムを空気や酸素の含むガス中に曝しても過度の酸化をせずに低密度の

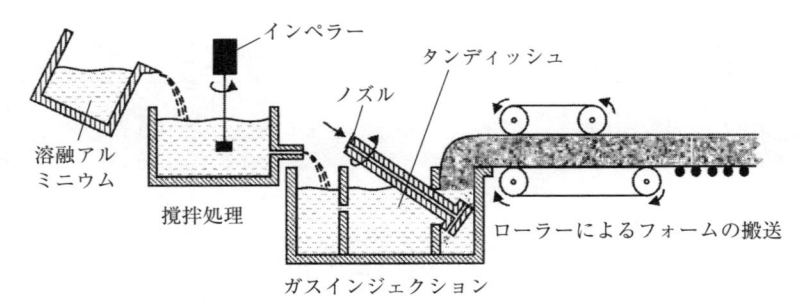

図2.2　ガスインジェクション作製法[3].

発泡アルミニウムを作製することができる[2,3].　**図2.2**には Cymat 社によって開発されたガスインジェクション装置を示した.　アルミニウムやその合金に10〜30 vol% の SiC や Al_2O_3 粒子を加えた原材料を溶解しインペラーで均一化した後，タンディッシュでノズルから溶融金属中に空気を吹き込みバブルを連続的に生成させる.　セラミック粒子がガスバブルをトラッピングするので凝固前に気泡が消滅せずに残り発泡アルミニウムを作製することができる.　本製法で作製される発泡アルミニウムの気孔率は 80〜98% で，それは 0.069〜0.54 の相対密度に相当し平均気孔サイズは 3〜25 mmφ 程度でセル壁の厚さは 50〜85 μm 程度である.

　平均セルサイズはセル壁の厚さや密度に反比例し，ガスの流量，インペラーの速度，ノズルの振動数などのパラメーターを変えることによって制御することができる.　重力に影響されるドレナージによって発泡金属板には密度や気孔サイズ，気孔長さに勾配が生じてしまう.　さらに，コンベアーベルトのせん断力によって斜めに変形したセルができてしまう.　これによって機械的性質には異方性が生じる.　発泡金属を水平方向ではなく，垂直方向に引き上げるようにすればこの異方性はなくなる.　この発泡金属には高濃度のセラミックス粒子が含まれているので機械加工には難点がある.　発泡アルミニウムは連続的に長尺のサイズのものを低コストで製造できる長所がある.　一方で，短所としては切断すると切断面がオープン気孔になってしまうことと，セラミックス粒子が含まれているために脆性的であることが挙げられる.

2.2 アルポラス法

溶融金属にガスを吹き付けて注入するのではなく，金属を溶融させた状態で発泡剤を混入してガスを発生させバブリングを起こすことによって発泡金属を作製することができる．図2.3には神鋼鋼線(株)によって開発されたアルポラス® の作製法を示した[4]．まず，680℃の溶融アルミニウムに1.5〜3 wt% のCa を添加し数分間，撹拌すると，CaO，$CaAl_2O_4$ あるいは Al_4Ca などが形成され粘性が増加する．図2.4には，Ca の添加量を変えて溶融アルミニウムの粘性が撹拌時間と共に増加する様子が示されている[5]．粘性が十分増加した

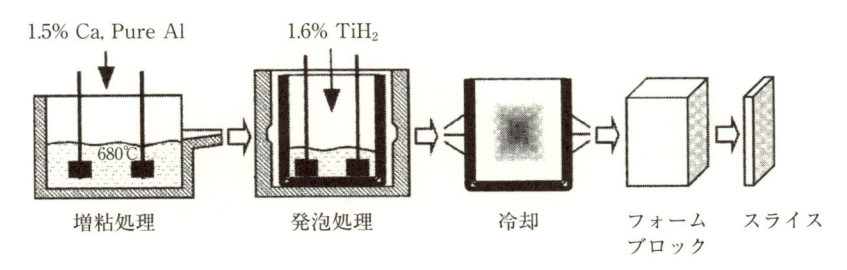

1.5% Ca, Pure Al　　　1.6% TiH_2

680℃

増粘処理　　　発泡処理　　　冷却　　　フォームブロック　　　スライス

図2.3 アルポラス作製法[4].

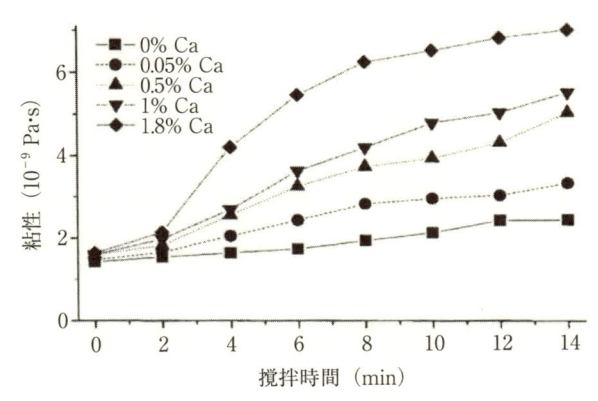

- ■ 0% Ca
- ● 0.05% Ca
- ▲ 0.5% Ca
- ▼ 1% Ca
- ◆ 1.8% Ca

粘性 $(10^{-9}$ Pa·s)

撹拌時間（min）

図2.4 カルシウム添加後の溶融アルミニウムの粘性に及ぼす撹拌時間の影響[5].

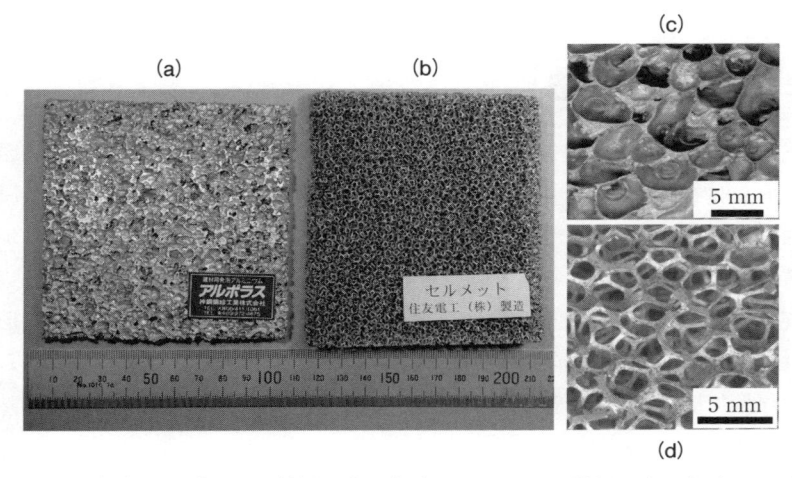

図2.5　（a）アルポラスの外観写真，（b）セルメットの外観写真，（c）アルポ
ラスの拡大写真，（d）セルメットの拡大写真.

時点で水素の気泡を発生させるために 1.6 wt% のチタン水素化物（TiH_2）を添
加すると溶融アルミニウムはゆっくり膨張し始め発泡容器一杯に充塡される.
その後，そのアルミニウム合金の融点以下に冷却すると溶融発泡状態から固体
のアルミニウム発泡体になる．溶融金属が高い粘性を有する場合，気泡の液膜
のドレナージが十分遅いので，クローズド気泡を有する発泡アルミニウムを作
製することができる．作製された発泡アルミニウムの気孔サイズは 0.5〜5 mm
程度で，相対密度は 0.2〜0.07 である．商品名は神鋼鋼線製のアルポラスと呼
ばれ，クローズド気孔を形成する．**図2.5**（a），（c）にはアルポラスの写真を
示した．発泡剤として炭酸塩や窒化物を用いて分解温度をアルミニウムの場合
よりも高く設定して発泡させ発泡鉄や鋼，ニッケル基合金などを作製できる可
能性がある.

2.3　セミソリッドでのガス放出による製法

発泡剤を固体金属粉末に添加し混合して押出ダイスの中に入れラムで圧縮固
化させる．発泡剤としてはチタン水素化物が広く使われている．固化体を加熱

(a) 金属粉末と発泡剤の混合

発泡剤

金属粉末

粉末

鋼球ベア
リング

回転イン
ペラー

(b) 固化・圧縮

押出加工ダイス

ラム　　　Extrusion die

加工後のロッド，板

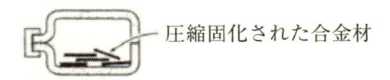

(c) 容器による成形

圧縮固化された合金材

(d) 発泡工程

発泡体

容器

電気炉

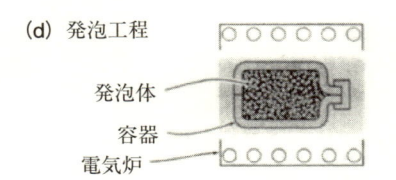

図 2.6　セミソリッドでのガス放出による発泡金属の製法[6].

するとアルミニウムの融点 660℃よりも十分低い約 465℃でチタン水素化物が
分解し水素ガスを発生し始める．このように，粉末冶金プロセスにより固体ア
ルミニウム粉末に発泡剤を分散させ加熱してアルミニウムを部分的に溶融させ
て気泡を成長させ冷却凝固させることによって発泡アルミニウムを作製する．

　図 2.6 に示したように，アルミニウム合金粉末と発泡剤 TiH_2 を混合し，容
器の中においてインペラーでよく撹拌し両者をよく混合させる．その後，押出
しダイスに入れて圧縮固化したものを押し出してロッド状にする．それらを小

片に切断した後，所定の形状を有するコンテナに入れ封印する．それらをソリダス（固相線）温度以上の温度に加熱保持すると TiH_2 が分解して発生した水素により内圧の上昇した気泡が生成する．セミソリッド状態で流動しコンテナ一杯に膨張して発泡アルミニウム合金が作製される．できた発泡アルミニウム合金はコンテナと同型で相対密度は 0.08 程度，クローズド気泡の直径は 1～5 mm 程度となる．Fraunhofer 研究所が開発した製法[6]である．

2.4　テンプレートとしてポリマーやワックス前駆体を用いた鋳造法

さまざまなセルサイズを持つ低密度のオープンセルポリマー発泡体が前駆体

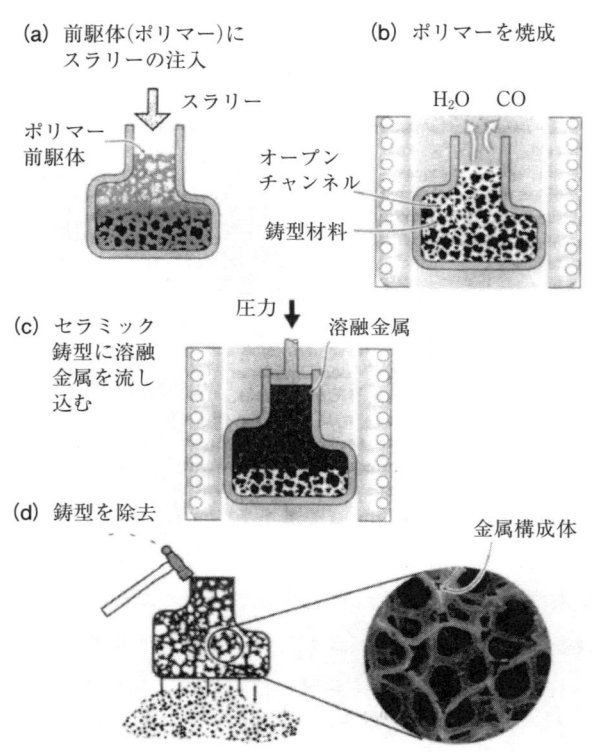

図2.7　テンプレートとしてポリマーやワックス前駆体を用いた鋳造法[7]．

として利用されている．それらはさまざまな金属・合金を鋳造する精密鋳造鋳型を作製するためのテンプレートとして使われる．**図 2.7** には ERG 航空宇宙(株)によって開発された Duocel® 製法[7]を示した．オープンセルポリマー発泡体にセラミック粉末スラリー(懸濁液)を塗布し乾燥させた後，鋳型を焼いて固化すると共にポリマーテンプレートを分解させる．このセラミック鋳型に溶融金属・合金を流し込み，圧力をかけながらテンプレートの隅々まで溶融金属を充填させ適度な一方向凝固させて冷却させる．その後，ハンマーで叩きセラミック鋳型を除去すると，セル構造を有する金属体を作製することができる．溶融金属を流し込む代わりに金属粉末スラリーを用いる場合もある．この場合は加熱による焼結処理を施す必要がある．作製された発泡金属はオープンセルの形状で気孔サイズは 1 〜 5 mmϕ，相対密度は 0.05 程度である．この製法は金属種を特定することなくどのような金属・合金の作製にも適用することができる．

2.5　セル構造成形鋳型への金属堆積法

テンプレートとしてオープンセルポリマー発泡体上に化学蒸着(CVD)や金属蒸着あるいは電気メッキにより金属を堆積させる．INCO 社のプロセスでは $Ni(CO)_4$ を高温で分解させテンプレートにニッケルを堆積させる[8]．**図 2.8** には，オープンセルポリマーを CVD 反応容器に入れ $Ni(CO)_4$ を導入したプロセスを示した．$Ni(CO)_4$ ガスは約 100℃でニッケルと一酸化炭素に分解し，ニッケルがオープンセルポリマー表面に堆積する．数 10 μm の厚さに堆積させた後，高温に加熱してポリマーを空気中で焼いてしまうと，中空構造のセル構造体ができあがる．さらに焼結処理をすることによって金属体の密度を上げることができる．ニッケルカルボニルは猛毒性があるので，この発泡ニッケルの製法には環境上の安全対策を施す必要がありコスト高になってしまう．CVD 以外の方法として電気メッキや非電気メッキ法もあるが，CVD 法による製造コストの方が安価である．本製法で作製された発泡ニッケルはオープン気孔を有し気孔のサイズは 100 〜 300 μmϕ 程度であり相対密度は 0.02 〜 0.05 程度である．作製できる金属はニッケルやチタンに限定される．

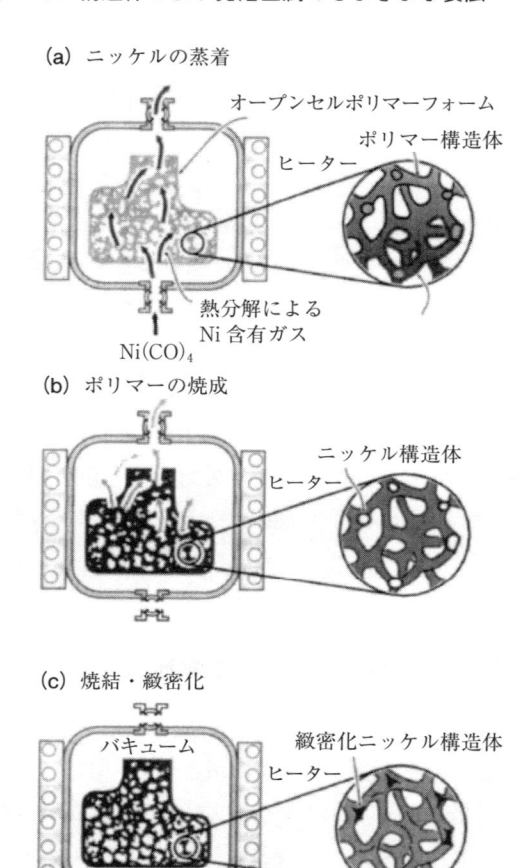

図2.8　オープン気孔を有する発泡ニッケルを作製するための CVD プロセス工程[8].

2.6　不活性ガス膨張を利用した発泡金属の製法

　不活性ガスの金属への溶解度はきわめて低い．しかしながら，高圧下で粉末焼結体の中に不活性ガスの小さな気泡を分散させて，それを高温に加熱すると気泡内の圧力が上昇し金属部のクリープによって気泡が膨張し発泡金属を作製

することができる．本製法はボーイング社によって開発され，気孔率 50% までの発泡 Ti-6Al-4V サンドイッチパネルを作製することができる[9]．**図 2.9** に示すように，Ti-6Al-4V 合金で作られたキャニスターの中に Ti-6Al-4V 合金粉末を入れて封入する．キャニスターを真空引きした後，0.3～0.5 MPa のアルゴンを入れて封入し 900℃，100～200 MPa で 2 hrs の HIP 処理(熱間等方圧加圧法)すると，0.9～0.98 程度の高い相対密度が得られ，気孔の数が少なくなる．次に熱間(900～940℃)圧延を行うと圧延方向に気孔が長くなり向きがそろ

(a) キャニスターに　　　Ti-6Al-4V キャニスター
　　粉体を充填

Ti-6Al-4V 粉体

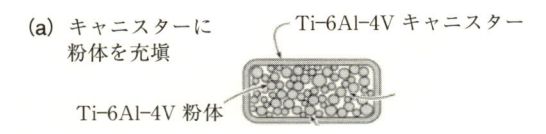

(b) HIP 処理

孤立した加圧気泡

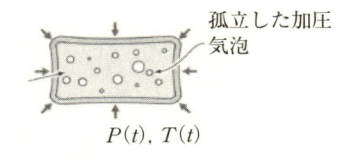

$P(t), T(t)$

(c) 熱間圧延

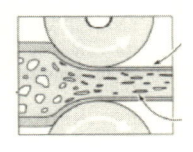

(d) 加熱による気泡の膨張

真空炉

サンドイッチパネル

シート

気孔（気孔率＜40%）

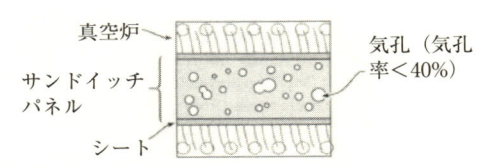

図 2.9　不活性ガス膨張を利用した発泡チタン合金の製法[9]．

い気孔サイズが均一化してくる．直交方向の圧延を繰り返すことによって気孔分布の均一性が増加する．その後，900℃で 20 ～ 30 hrs 加熱すると，高圧ガスが充塡された小さな多数の気孔の周辺の金属部が高温クリープを起こして膨張し発泡化する．表面は無垢のチタン合金板で覆われているので，チタン合金の発泡パネルが作製できる．気孔率は 50% 程度で気孔サイズは 10 ～ 300 μmφ 程度である．製造プロセスが多段階に及ぶこと，粉末冶金法を用いることなどによって高コストの製造になってしまうのが難点である．

2.7　中空球体の製法

　図 2.10 に示すように，チタン水素化物，バインダーおよび溶融金属より構成されるスラリーから中空球を作製することができる．坩堝の底の穴から落下する液滴状粒子はバインダーが蒸発すると共に，凝固中に発泡して中空球が形

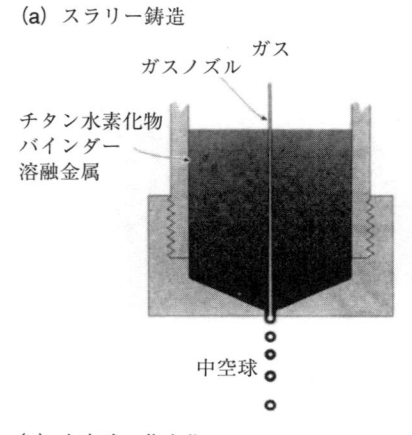

(a) スラリー鋳造

ガスノズル　　ガス

チタン水素化物
バインダー
溶融金属

中空球

(b) 中空球の集合化

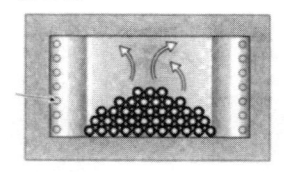

図 2.10　中空球体の製法[10]．

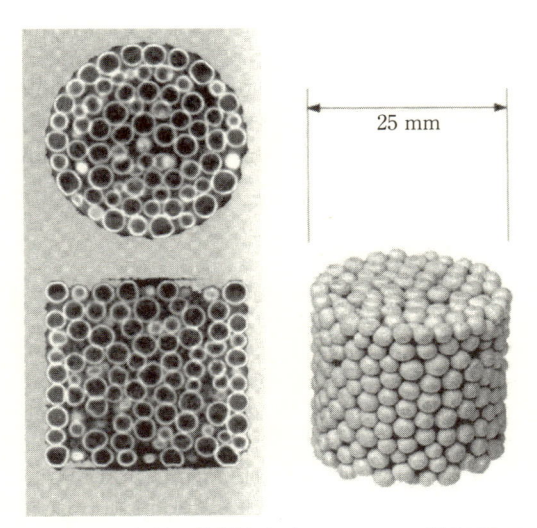

図 2.11　Fraunhofer 研究所で作製されたステンレス鋼 316L の中空球体. 左側は中空球体の断面のコンピュータートモグラフィ・イメージ[11].

成される. この方法は Georgia 工大で開発された[10]. 発泡剤は TiH_2 に限らずステンレス鋼の場合は Fe_2O_3 および Cr_2O_3 が用いられる.

　一方, Fraunhofer 研究所ではポリスチレン球を金属スラリーで塗布し, 焼結処理を施して均一サイズの中空金属球を作製した. この中空球の集合体であるセル構造金属はオープン気孔とクローズド気孔の混合体であり気孔率や気孔サイズは初めに用いるポリスチレン球のサイズやその後の焼結条件の制御の仕方によって自由に変えることができる. このセル構造体の相対密度は 0.05 程度と低く, 気孔サイズは 100 μm ～ 数 mm の範囲である. 図 2.11 には, このようにして作製されたステンレス鋼 316L の中空球体を示した[11].

2.8　塩の浸出を利用した製法

　図 2.12 に示すように, 塩のような浸出可能な粒子を充塡した中に溶融金属を流し込み凝固させる. その後, 水を供給すると塩が水に溶解しそれを流し出せば塩が占有していた空間が空隙となり発泡金属に類似したセル構造体を作製

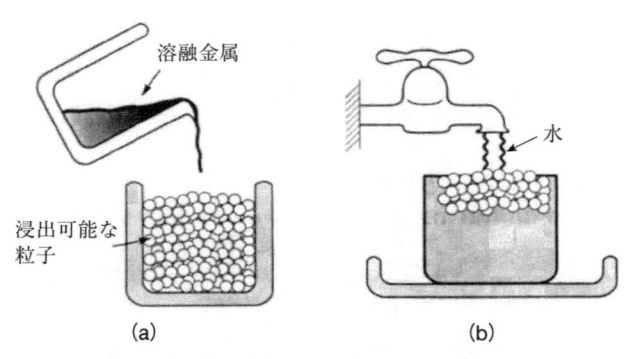

溶融金属

水

浸出可能な
粒子

(a) 　　(b)

図2.12 　塩の浸出を利用した製法[12].

することができる．本方法では水による浸出処理を行うために，塩の占有体積
が十分確保されなければならない．その結果，作製された発泡金属の相対密度
は 0.3〜0.5 程度であり，気孔サイズは浸出物（塩）の粒子サイズにより決定され
10 μm から 10 mm の範囲である[12].

文　　献

[1] 　J. Banhart and D. Weaire, Phys. Today, July(2002)37-42.

[2] 　J. T. Wood, Proc. Fraunhofer USA Metal Foam Symposium, 7-8 October
(1997), Stanton, Delaware.

[3] 　P. Asholt, Metal Foams and Porous Metal Structures, edited by J. Banhart, M.
F. Ashby and N. A. Fleck, MIT Verlag, Bremen(1999)133-140.

[4] 　T. Miyoshi, M. Itoh, S. Akiyama and A. Kitahara, Metal Foams and Porous
Metal Structures, edited by J. Banhart, M. F. Ashby and N. A. Fleck, MIT
Verlag, Bremen(1999)125-132.

[5] 　L. Ma and Z. Song, Scripta Met., **39**(1999)1523-1528.

[6] 　J. Baumeister, US Patent 5,151,246(1988).

[7] 　ERG, ERG Corporate Literature and Reports, 29 September (1998), http://
ergaerospace.com/lit.html

[8] 　J. Babjak, V. A. Ettel and V. Paserin, US Patent 4,957,543(1990).

[9] 　D. S. Schwartz, D. S. Shih, R. J. Lederich, R. L. Martin and D. A. Deuser, Porous
and Cellular Materials for Structural Applications, edited by D. S. Schwartz, D.

S. Shih, A. G. Evans, H. N. G. Wadley, Materials Research Society Proceedings, vol. **521**, Warrendale, Pennsylvania, USA (1998) 225.

[10]　J. M. Kendall, M. C. Lee and T. A. Wang, J. Vac. Sci., **20** (1982) 1091–1093.

[11]　O. Andersen, U. Waag, L. Schneider, G. Stephani and B. Kieback, Adv. Eng. Mater., **2** (2000) 192–195.

[12]　H. E. De Ping, Dept. Mater. Sci., Southeast University, Nanjing, PR China.

第**3**章

ロータス型ポーラス金属の製法

　一方向気孔を有するポーラス金属は鋳造欠陥解明のための基礎研究として古くから行われてきた．最近ではこれらを軽量化構造材料や機能性材料に応用しようとする精力的な研究がなされつつある．それらに供するには気孔サイズ，気孔率や気孔の向きを制御する必要がある．この章では鋳型鋳造法，連続帯溶融法，連続鋳造法などの溶解凝固によるロータス金属の製法と共に，塑性加工を利用した製法も紹介する．前者のこれらの作製には従来は高圧水素が用いられてきたが，より簡便で安全な水素化物を利用する方法も開発されている．

3.1　一方向気孔のポーラス材料

3.1.1　氷の虫食い孔（wormholes）

　Chalmers[1]は一方向気孔を有するポーラス氷を虫食い氷と呼び，その気孔の成長機構を調べた．水の中に溶けた空気が氷結中に氷の界面で溶けきらずに吐出されて濃化しそれらが気泡の核を生成し成長して気孔を形成する．氷と水

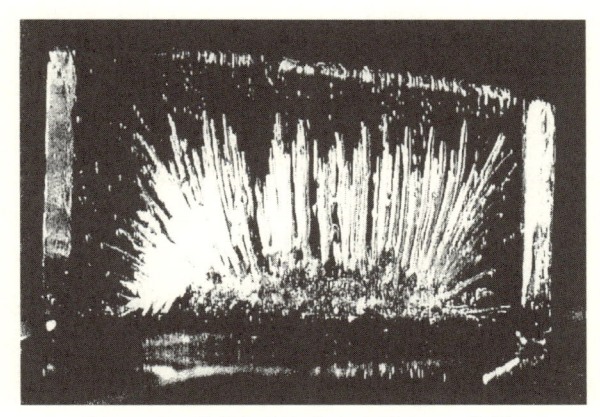

図 3.1　一方向気孔を有するポーラス氷[1].

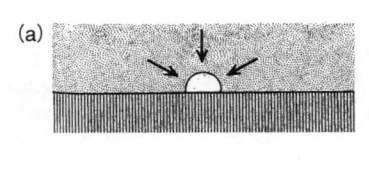

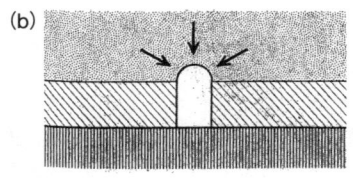

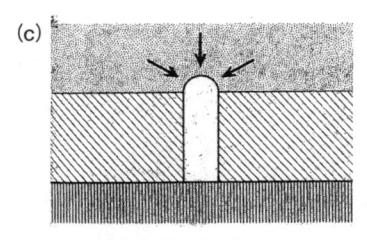

図3.2　虫食い氷中の気孔の成長過程．斜線のハッチングを示した部分は氷，上部は空気を含んだ水，下部は基板．（a）氷点に達すると，基板上に気孔が核生成する，（b）氷と水の界面の氷中に，気孔がその界面の移動方向に成長する，（c）氷中に長い気孔が形成される[1]．

の界面が一方向に移動すると**図3.1**に示すように，円柱状の細長い気孔がその方向に成長していく．氷の表面では水/氷の界面で濃化された空気が気泡の核生成に必要な十分な濃度に達すると，気泡の核生成が起こる．氷結の速度が遅いと，気泡により多くの空気が拡散・流入するので気泡は大きく成長する．しかしながら，氷結の速度が速いと気泡に十分な空気が供給されずに気泡の形成は抑制され長い気泡は形成されない．この一方向気孔の成長モデルは**図3.2**に示されている．（a）水/氷の界面の水側に氷に溶解しきれない空気が濃化して気泡の核が生成される．（b）水/氷の界面が上方に移動する場合，濃化した空気が気泡に流入して気泡が上方に成長する．（c）界面のさらなる上方への移動と共に，細長い円柱状の気泡が成長を続ける．このようなプロセスを経て凝固方向に沿った細長い気泡が形成される．

3.1.2　一方向気孔を有するポーラス金属の研究の歴史

　凝固中の細長い気孔の形成に関する研究は鋳造欠陥を解明する目的で，Ima-bayashi ら[2]，Svensson と Fredriksson[3]，Knacke ら[4]によってなされてきた．その後，Shapovalov ら[5]はポーラス金属の機能性材料への応用可能性を指摘した．Nakajima ら[6,7]は高圧水素を用いてポーラス鉄，銅，マグネシウム，アルミニウム，ニッケルやそれらの合金を，窒素や酸素ガスを用いてそれぞれポーラス鉄や銀の作製を行った．これらの作製技術は気泡（バブル）を発泡させる発泡金属の製法とは異なり気孔サイズ，気孔方向や気孔率を制御することができる点で優れている．これらのポーラス金属中の気孔は**気晶反応**（gas-evolution crystallization reaction）[8]によって生成され，気孔内には作製時に使われた雰囲気ガス（高圧水素あるいは窒素，酸素ガス）によって充填されている．溶融金属中に溶解していたガス原子の溶解度が固相中のガス溶解度（固溶度）より大きい場合に，溶融金属を凝固させると，固溶しきれないガス原子が固相/液相界面で細長い気孔を凝固方向に成長させることによってできるものである．Shapovalov らは金属-水素系の共晶反応を経て気孔ができるのでこれらの製法を Gasar 法と呼んだ[9]．しかし，共晶反応を起こさずとも凝固温度における液相と固相におけるガスの溶解度差によって，気孔ができる．無論，金属-ガス系の共晶反応はこのガス溶解度差を生じさせるものであるが，銀-酸素系のように共晶反応を示さない L＋G→S＋G（L：液相，S：固相，G：気相）反応でもポーラス化が起こること，その他，共晶反応を起こさなくても溶解度差によって気孔を形成する多くの合金系があることを考慮すれば，ポーラス化の直接の要因は凝固温度におけるガスの溶解度差であると言える．このような一方向に伸びた気孔を有する金属は蓮根（lotus root）に似ているので，ロータス型ポーラス金属と呼ばれている．以下では略してロータス金属と呼ぶことにする．このようなロータス金属の強度は後述する発泡金属やセル構造体よりも優れているので，ロータス金属は新しいタイプの工業金属材料として期待されている．

3.2　高圧ガス法(Pressurized Gas Method : PGM)

3.2.1　鋳型鋳造法

　融点における液相と固相中のガスの溶解度差のある金属で，ガスが溶けていた液相が凝固の際に固相に固溶しきれないガス原子が析出することによって気孔が形成される．図3.3にはさまざまな金属の液相と固相における水素の溶解度の温度依存性を示した[10]．水素の溶解度は液相，固相の両相で温度の上昇と共に単調に増加する．しかしながら，これらの金属では融点で溶解度の大きなギャップが見られる．水素を溶解させた溶融金属を凝固させるときに，この溶解度差の濃度分だけ固溶できずに析出して気孔を形成するのである．図3.4(a)には**鋳型鋳造法**(mold casting technique)によるロータス金属の作製装置のモデル図を示した．高圧容器の中で坩堝に入れた金属素材を高周波コイルによって加熱，溶解させる．溶解時に容器内に所定の圧力の水素を充填し溶融金属に水素を溶解させる．それをチラーで水冷した鋳型に流し込みロータス金属を作製することができる(しかしながら，一部の水素は気孔の形成には寄与せずに雰囲気に放出されてしまう)．図3.4(b)には大阪大学中嶋研究室に設

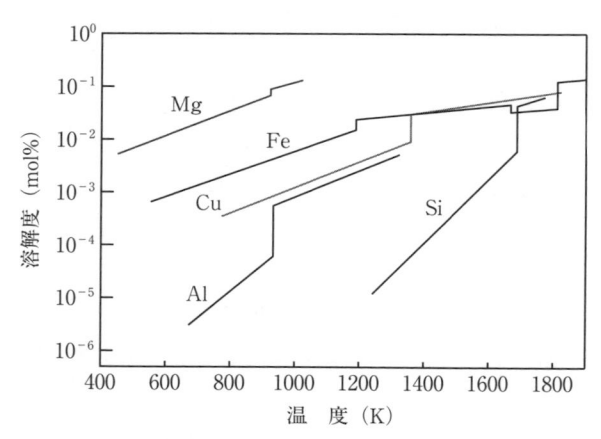

図3.3　0.1 MPa の水素雰囲気における金属，半導体における水素の溶解度の温度依存性[10].

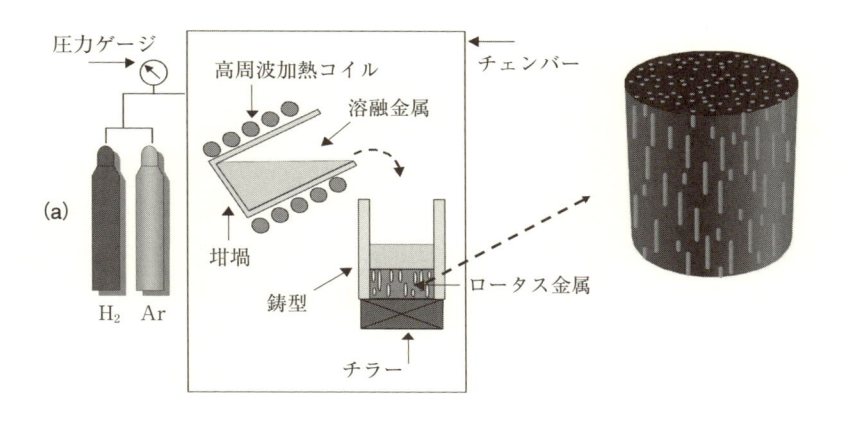

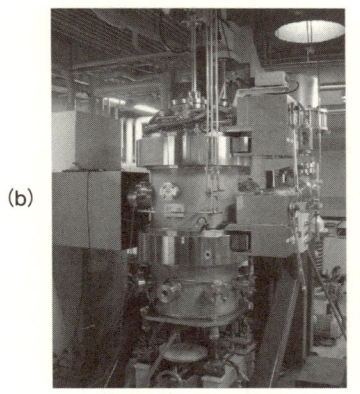

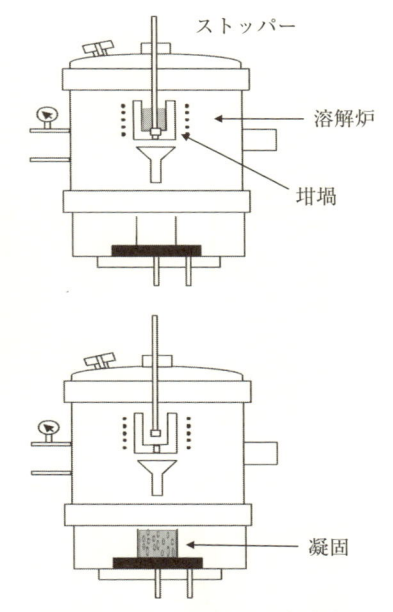

ロータス金属作製装置
最高圧力：2.8 MPa
最大鋳塊量：10 kg

図3.4 （a）鋳型鋳造法によるロータス金属作製装置のモデル図，（b）左の写真は大阪大学に設置された鋳型鋳造法によるロータス金属作製装置，右の上図はガス雰囲気中で坩堝内での金属の高周波溶解の様子，下図は坩堝の底面の穴をストッパー上昇により解放し溶融金属をチラー付きの鋳型に注入した様子．鋳型内にロータス金属が作製できる．

置されたロータス金属の作製装置の写真を示した．この装置では坩堝の底面に
穴を開けセラミックストッパーで穴を閉鎖し，ガスを溶解させた金属を溶解し
た後，ストッパーを開放して溶融金属を落下させ，鋳型内で一方向凝固させ
る．**図 3.5** には 3 つの異なる鋳型とそれによって作製されたロータス金属の
気孔の形態を示した．鋳型の底面が冷却されていれば鋳型に鋳込んだ溶融金属
は下から上方に凝固する．気孔は凝固方向に成長するので，（a）のようなロー
タス金属が作製できる．また，円筒形鋳型の側面を冷却すれば外周から中心部
に向かって凝固が進行し放射状の気孔を持つロータス金属が作製できる．中心
部には気孔が集中し合体癒着するので，空洞ができる（b）．もし鋳型の冷却部
をどこにも設けなければ気孔の核生成はあちこちでランダムに起こり，その結
果，気孔はランダム分布して球状となり等方的なポーラス金属ができる（c）．
このように冷却部を設けることによって気孔の向きを制御することができる．

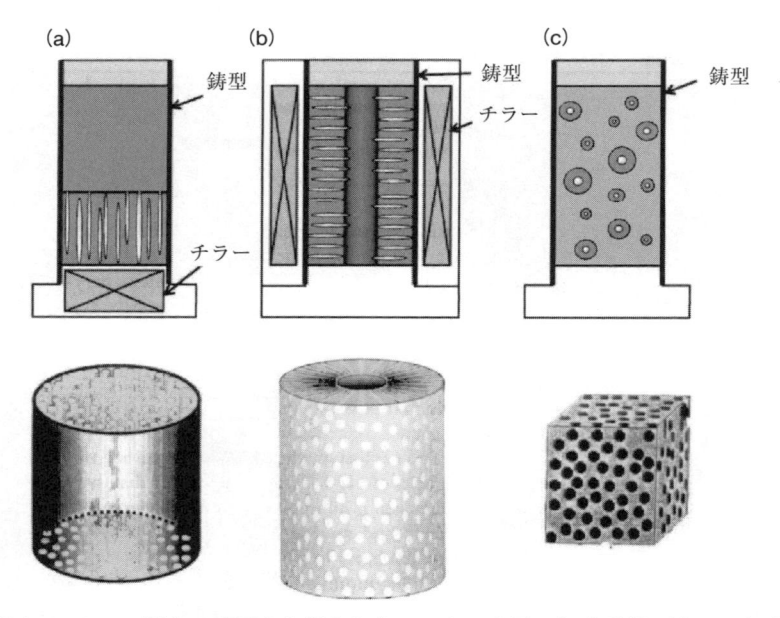

図 3.5　3 つの異なる鋳型と作製されたロータス金属の気孔形態の違い．（a）
鋳型の母線方向に成長した一方向性気孔，（b）放射状に成長した気孔，（c）
等方性気孔．上部は鋳型と凝固過程，下部は作製されたロータス金属を示
す．

　一般に，ポーラス材料は気孔の成長方向，気孔サイズや気孔率によって特徴づけることができる．前述したとおり，発泡金属やセル構造体では気孔の向き，気孔サイズや気孔率を制御することは容易ではない．それに対してロータス金属のそれらの制御は比較的容易である．それらを制御するパラメーターとしては，

　　溶融温度

　　凝固速度(固相/液相の界面の移動速度)

　　固相/液相の界面における温度勾配

　　溶融および凝固時の水素(窒素あるいは酸素)ガスの雰囲気圧力

　　溶融および凝固時の不活性ガス(ヘリウム，アルゴンなど)の雰囲気圧力

などが挙げられる．

　ところで，ロータス金属中の気孔は溶融金属中に解離したガスの析出によって生成される．したがって，気孔に充填されたガス種は金属に対して次の2つの条件を満たさなければならない．

　①ガスは溶融金属中に十分に解離すること，

　②凝固した固相中のガス原子の固溶度は液相中の溶解度に比べて小さくなければならない．つまり，金属-ガス系で溶融金属が凝固プロセスで吸熱反応を起こす系であること．

表3.1　ロータス金属作製可能なガスと金属.

ガス	ロータス金属作製可能な金属および合金
水素	鉄，炭素鋼，ステンレス鋼，アルミニウム，マグネシウム，ニッケル，銅，コバルト，タングステン，マンガン，クロム，ベリリウム，およびそれらの合金
窒素	鉄，炭素鋼，ステンレス鋼
酸素	銀

　表3.1 には利用できるガスの種類とそれによってポーラス化できる金属名をリストアップした．鉄，鉄鋼，銅，マグネシウム，アルミニウム，ニッケルなどの実用金属合金は水素によってポーラス化できる．窒素ガスを用いれば，鉄，炭素鋼，ステンレス鋼などを，酸素を用いれば銀をポーラス化できる．**図3.6** には異なる水素ガス圧の下で作製されたロータス銅の凝固方向に垂直(上)

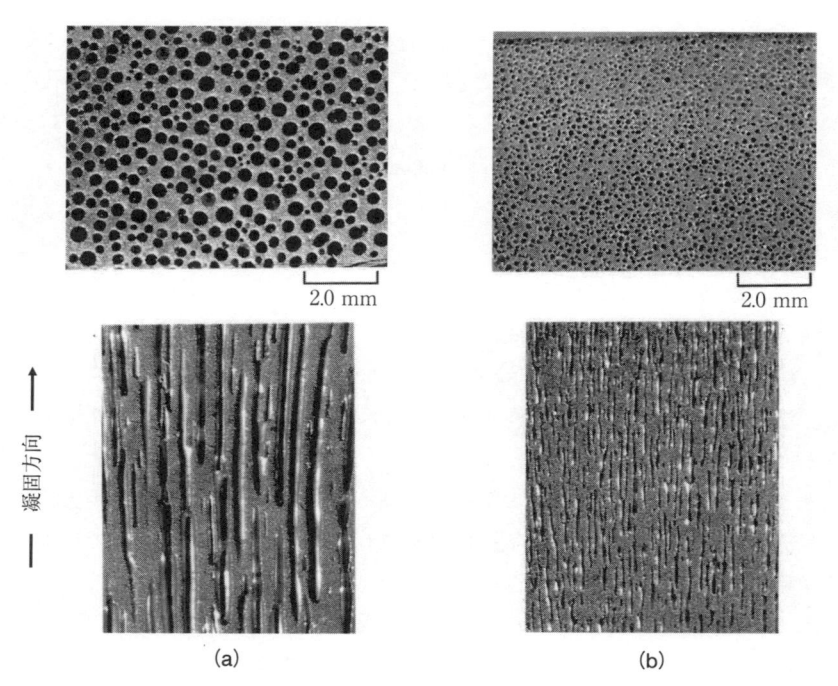

(a)   (b)

図3.6 異なる水素圧力で鋳型鋳造法によって作製されたロータス銅の(上部)凝固方向に垂直断面写真および(下部)凝固方向の断面写真．（a）0.4 MPa 水素圧力，気孔率44.9%，（b）0.8 MPa 水素圧力，気孔率36.6%[11].

および平行(下)の断面写真を示した[11]．水素ガス圧の違いによって気孔サイズや気孔率に違いが見られる．

3.2.2 連続帯溶融法

図3.7(a)に示したように，鋳型鋳造法によってほぼサイズの均一な気孔を持つロータス銅やマグネシウムを作製することができる．しかしながら，図3.7(b)に示すようにステンレス鋼を鋳型鋳造法でポーラス化しようとすると均一な気孔サイズを有するロータスステンレス鋼を作製することができなかった．金属間化合物などでも同様の傾向を示した．ところで，凝固方向に垂直な断面における気孔サイズは凝固速度に依存することが知られている．

このことを考慮すれば，底面を冷却した鋳型に銅やマグネシウムの溶湯を流

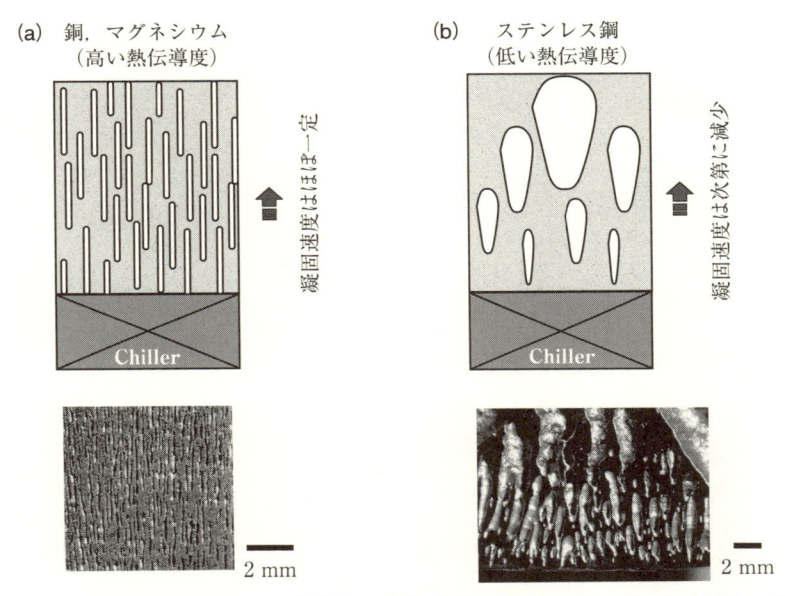

(a)　銅，マグネシウム
　　　（高い熱伝導度）

凝固速度はほぼ一定

Chiller

(b)　ステンレス鋼
　　　（低い熱伝導度）

凝固速度は次第に減少

Chiller

2 mm

2 mm

図3.7　鋳型鋳造法によって作製された(a)熱伝導度の高いロータス銅やマグ
ネシウムの断面モデル図(上)，ロータス銅の断面写真(下)，(b)熱伝導度の
低いロータスステンレス鋼の断面モデル図(上)，ロータスステンレス鋼の断
面写真(下)．

し込んだ場合，それらの金属の熱伝導度が高いため熱はチラーに容易に消散す
ることによって迅速に凝固が進行する．つまり凝固速度はほぼ一定であるので
冷却底面からの距離の大小にかかわらず気孔サイズはほぼ一定で均一になると
推測される．それに対して熱伝導度の低いステンレス鋼や金属間化合物では溶
湯を鋳型に流し込んだとき，冷却された底面部分では熱の消散によって凝固速
度が速いものの，底面から遠ざかるにつれて熱が消散しにくくなり熱がこもっ
てしまい凝固速度が遅くなってしまう．その結果，気孔同士の癒着が起こり気
孔の粗大化が見られる．そこで，Nakajima らは**図3.8**に示す**連続帯溶融法**
(continuous zone melting technique)を考案した[12]．これは半導体製造によく
使われるゾーンメルティング法を利用した技術である．ステンレス鋼のロッド
を水素ガス雰囲気の容器内で高周波コイルの加熱によって部分的に溶解させ
る．この溶融部を一定速度で一方向に移動させると，例え熱伝導度の低いステ

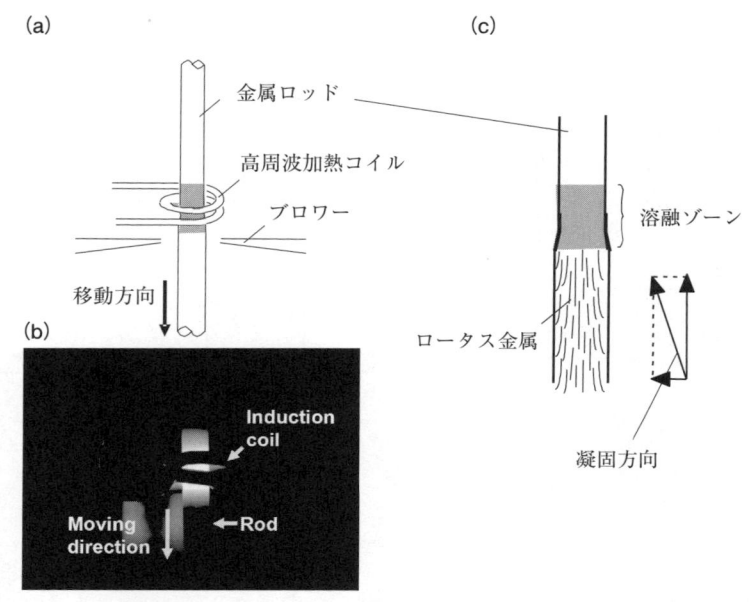

図 3.8 （a）連続帯溶融法の模式図，（b）溶融部分の写真，（c）溶融部分と凝固したロータス金属の断面[12].

ンレス鋼であっても一定速度で凝固するので均一な気孔サイズのロータスステンレス鋼を作製することができる．溶融部には雰囲気から平衡ガス濃度に達するまでガス原子が吸収される．液相から凝固する際には固相に固溶しきれないガスが析出して気孔を形成する．溶融部を上方から下方に移動させれば凝固方向は上方になるので，一方向性の気孔を形成させることができる．

　図 3.9 には大阪大学中嶋研究室に設置された連続帯溶融法によるロータス金属作製装置を示した．作製されたロータスステンレス鋼ロッドの断面写真が図 3.10 に示されている[12]．ロッドにほぼ均一なサイズの気孔が分布していることがわかる．凝固方向に平行に切り出した断面では，中心部の気孔は凝固方向に平行であるが，周辺部では傾斜している．図 3.8(c)の右端に示したようにロッドの下方への移動により主な凝固方向は上方となるが，ロッドは周辺からも放熱するので，周辺部では周辺部から中心部に向かう凝固を無視することができない．その結果，周辺部では傾斜した気孔が生成される．

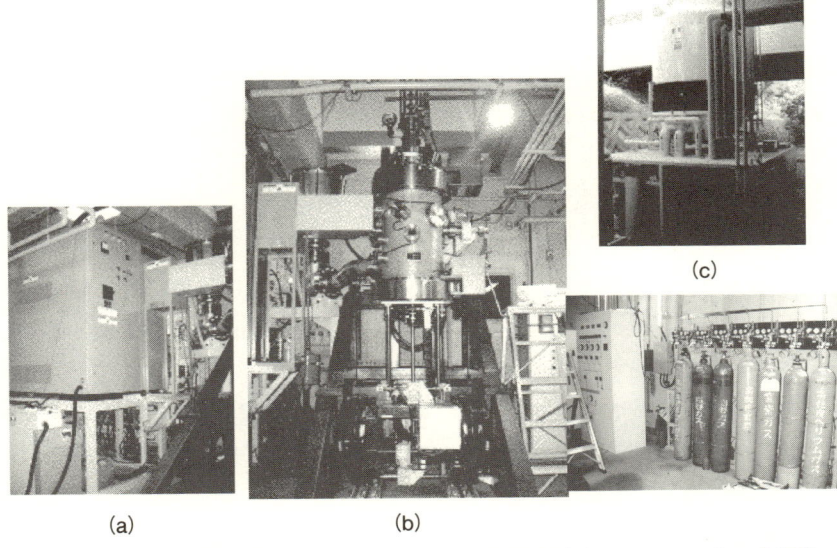

図 3.9 大阪大学中嶋研究室に設置された連続帯溶融法によるロータス金属作製装置.（a）高周波溶解電源,（b）溶解チェンバー，制御盤，ガスボンベ,（c）クーリングタワー.

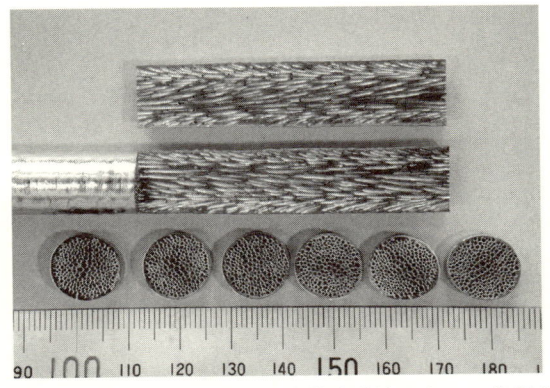

図 3.10 2.0 MPa の水素雰囲気中で連続帯溶融法によって作製されたロータススステンレス鋼の断面写真. ロッドの移動速度は $330\,\mu\mathrm{m\cdot s}^{-1}$. 気孔率 40%, 平均気孔サイズ $320\,\mu\mathrm{m}$ [12].

　連続帯溶融法では溶融部は表面張力によって保持されているため，その断面は直径十数 mm 程度の円形ロッドや 30 mm 幅の板材に限られる．本製法では断面積の小さなロータス金属しか作製することができないという制約があり，大きなサイズのロータス金属を作製することができない．

3.2.3　連続鋳造法

　連続鋳造法は鉄や非鉄金属の量産化製造技術として広く利用されている．通常の連続鋳造プロセスでは溶融した金属が凝固する際に体積膨張を起こすので，凝固したインゴットは鋳型をスムーズに擦り抜けることができる．しかしながら，ロータス金属を**連続鋳造法**(continuous casting technique)で作製しようとする場合，凝固時のポーラス化によって大きな体積膨張が起こるので，鋳型に引っかかってしまうことが懸念された．しかし，このような体積膨張は鋳型を押し広げる方向に働くのではなく上部の溶融金属に張り出していくことがわかり固定鋳型を使用してもロータス金属の製造が可能であることがわかった．

　この製法を利用すれば，水素雰囲気中でダミーバーの移動速度を変えることによって凝固速度を制御することができるのでロータス金属の気孔形態を制御できる．**図 3.11** に図示したように連続鋳造装置は，①底面に角型(あるいは

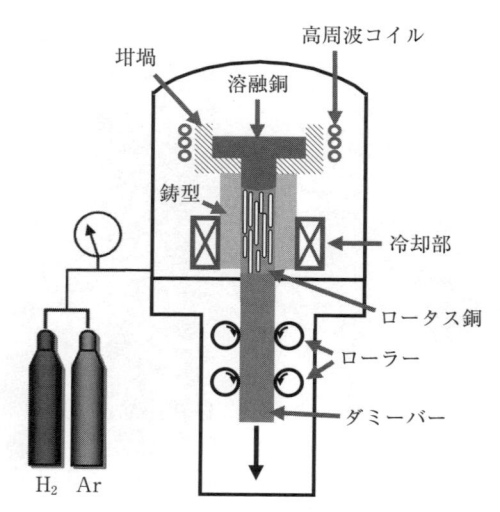

図 3.11　連続鋳造法によるロータス金属作製装置.

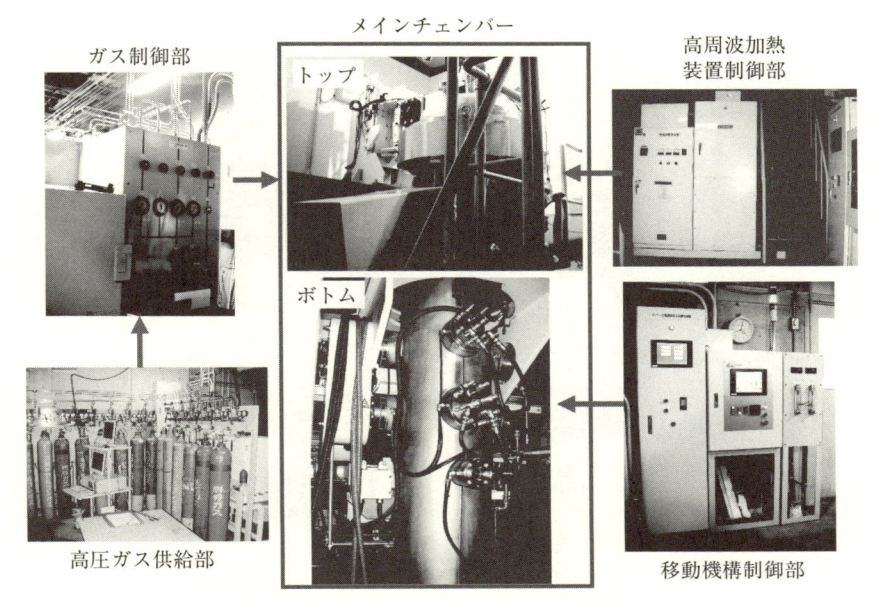

図3.12　大阪大学中嶋研究室に設置された連続鋳造装置の外観写真．中央上部の写真は溶解・凝固部のある主チェンバー，中央下部の写真は鋳塊を下方に引き出すためのピンチローラー機構のあるチェンバー．左はガス制御盤と高圧ガスボンベ．右は(上)高周波加熱電源および(下)移動機構の制御盤．

丸型)の穴を開けた坩堝と高周波加熱コイルより構成される溶解部，②溶融金属を一方向凝固させる鋳型の部分，および③凝固インゴットをダミーバーに接合させたピンチローラーで機械的に下方に引き出す部分より構成されている．ピンチローラーの回転速度によって凝固速度を制御できる．**図3.12**には大阪大学中嶋研究室に設置された連続鋳造装置の外観写真を示した．**図3.13**(a)(b)は水素0.25 MPaとアルゴン0.15 MPaの混合ガス(全圧：0.4 MPa)の下で100 mm・min^{-1}の移動速度で作製されたロータス銅の外観と断面を示した写真である．作製されたロッドの長さは700 mmほどで，断面写真から明らかなように，気孔は凝固方向に揃っていて輪切りにした断面から気孔サイズはほぼ均一である．移動速度を変えていくと気孔サイズが大きく変化する様子が**図3.14**に示されている．その様子をグラフにしたものが**図3.15**である．水素

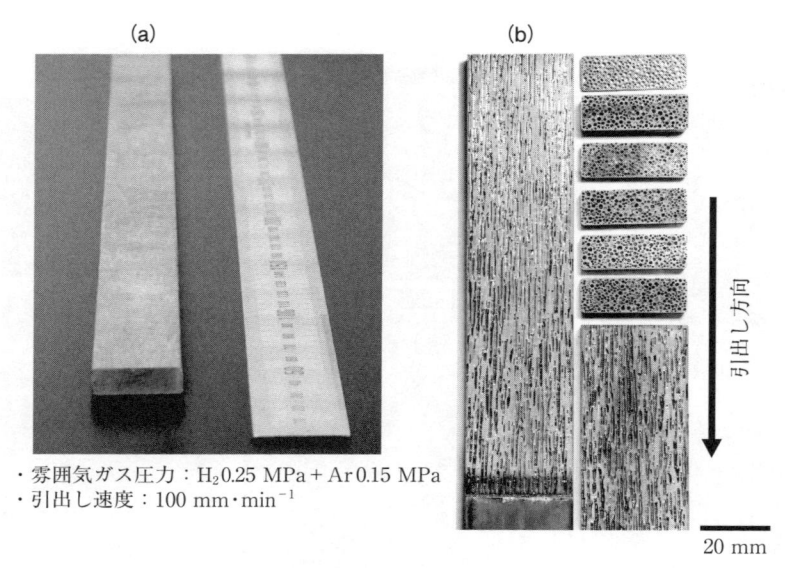

(a)

(b)

・雰囲気ガス圧力：H$_2$ 0.25 MPa + Ar 0.15 MPa
・引出し速度：100 mm・min^{-1}

引出し方向

20 mm

図3.13 （a）水素 0.25 MPa とアルゴン 0.15 MPa の混合ガス（全圧：0.4 MPa）の下で 100 mm・min^{-1} の移動速度で作製されたロータス銅の外観，（b）ロータス銅の断面写真．

		引出し速度（mm・min^{-1}）					
		1	5	10	20	50	100
H$_2$ 1.0 MPa	横断面						
	縦断面						
H$_2$ 2.0 MPa	横断面						
	縦断面						

↓ 引出し方向（縦断面）

10 mm

図3.14 水素ガス圧 1.0 MPa および 2.0 MPa の下でさまざまな移動速度によって連続鋳造法で作製されたロータス銅の移動方向に垂直（⊥）および平行（∥）方向の断面[13]．

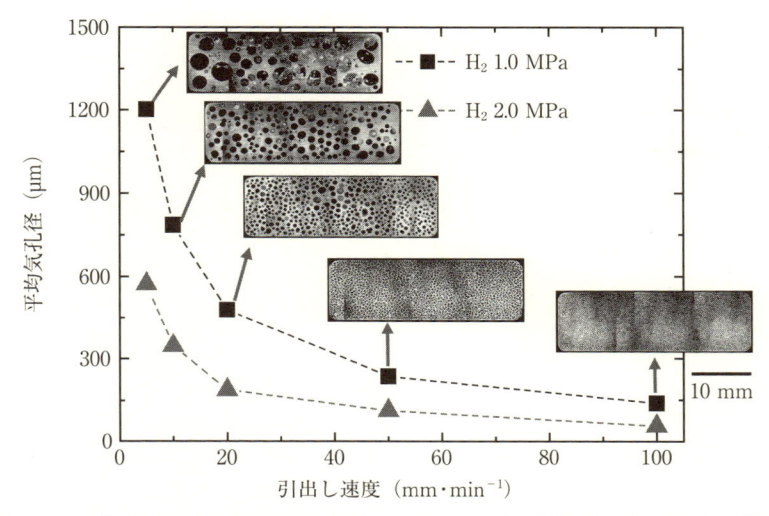

図 3.15 水素ガス圧 1.0 MPa および 2.0 MPa の下で作製されたロータス銅の平均気孔径の移動速度依存性[13].

ガス圧一定の下で移動速度の増加と共に気孔サイズは小さくなっていく．凝固速度が速くなると過冷却度が増し気孔の核生成サイトができやすくなるためである（図 3.16 参照）．図 3.17 に示すように，移動速度を変えても気孔率は変わらず一定である．ただ，水素の圧力の増加により気孔率が 50% から 40% に減少している．このような水素圧力の増加により気孔率が低下する傾向は Boyle-Charles の法則で説明することができる[13]．

気孔の成長方向は移動速度の影響を受ける．図 3.18 には，移動方向に垂直な方向のインゴットのさまざまな位置での気孔成長方向と移動方向とのなす角度 θ の変化を示した．インゴットの中心位置ではその角度は移動速度の大小にかかわらずほぼゼロである．一方，インゴットの位置が中心から表面近傍に近づくにつれて気孔の成長角度は増加し，しかも移動速度の増加と共に増加する．図 3.19 には移動速度の変化に伴うインゴットの表面付近における気孔の位置の変化の様子を示した．図 3.20 に示すように，インゴット表面のノンポーラススキン層の厚さ t は移動速度の増加と共に減少していくことがわかる．

$$\text{気孔密度} = \frac{\text{気孔の数}}{\text{単位面積} \ (1.0 \times 1.0 \ \text{mm}^2)}$$

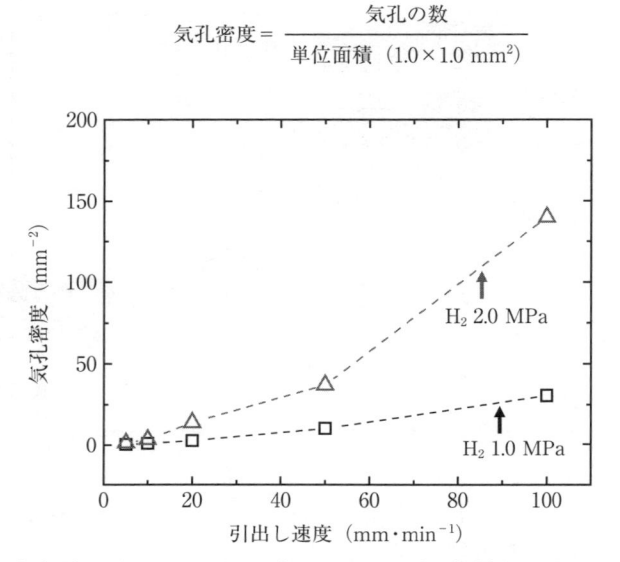

図 3.16　水素ガス圧 1.0 MPa および 2.0 MPa の下で作製されたロータス銅の移動方向に垂直断面における気孔の数密度の移動速度依存性．数密度は平均気孔径と気孔率から評価された[13].

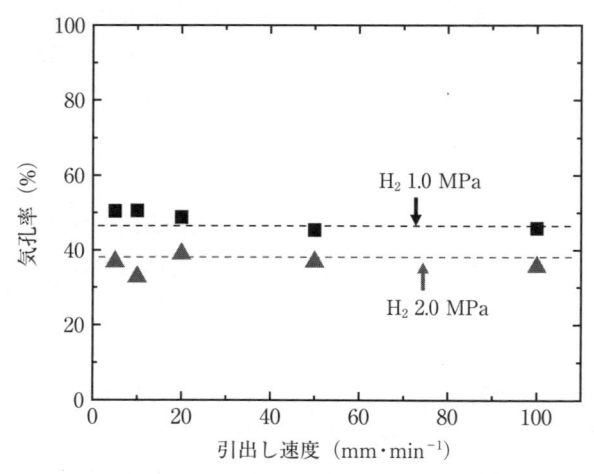

図 3.17　水素ガス圧 1.0 MPa および 2.0 MPa の下で作製されたロータス銅の気孔率の移動速度依存性[13].

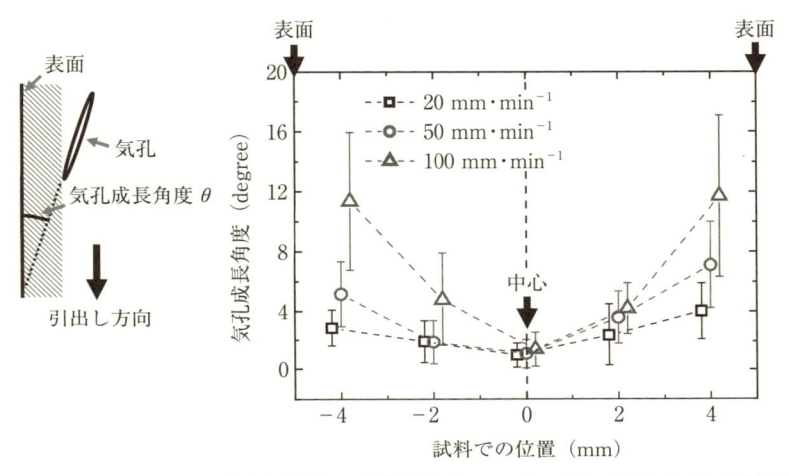

図 3.18　1.0 MPa の水素雰囲気で作製されたロータス銅の移動方向に垂直な方向における断面のさまざまな位置での気孔方向と移動方向のなす角度[13].

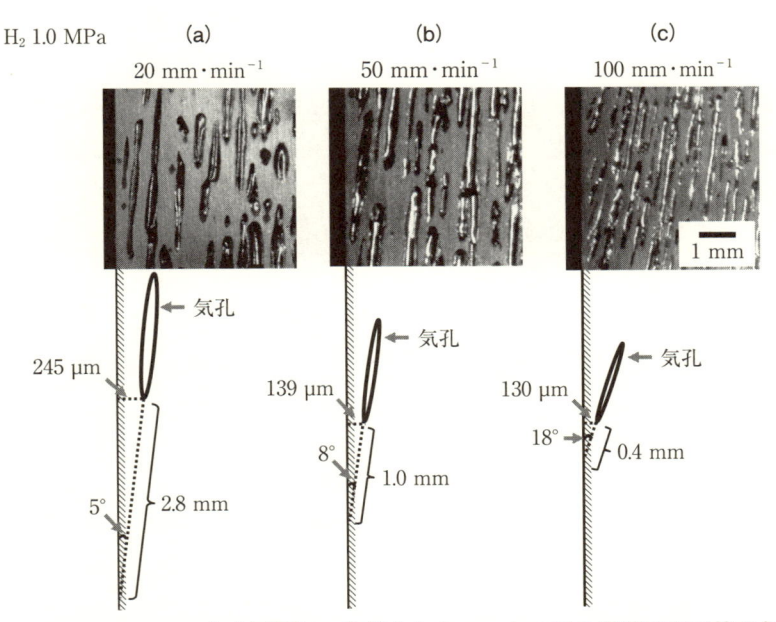

図 3.19　1.0 MPa の水素雰囲気で作製されたロータス銅の鋳塊表面近傍の気孔の形成位置の違い，（上）断面写真，（下）模式図．移動速度（a）20 mm・min⁻¹，（b）50 mm・min⁻¹，（c）100 mm・min⁻¹[13].

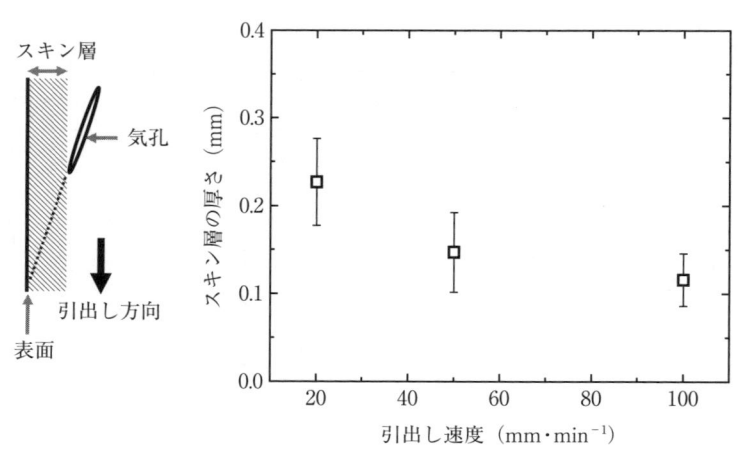

図3.20　1.0 MPa の水素雰囲気で作製されたロータス銅の鋳塊表面近傍のノンポーラススキン層の厚さの移動速度依存性 [13].

　気孔径と気孔長さを議論するには気孔の核生成機構を考慮していかなければならない．凝固に伴う気孔は不純物や介在物が存在すると表面のギブス自由エネルギーが低下するので，不均一核生成で起こると考えられている．Fisher[14]は不均一気孔の核生成に対して気孔の核生成速度 I と臨界ギブス自由エネルギー（$\Delta G^*_{\text{hetero}}$）には次の関係のあることを示した．

$$I = \frac{NkT}{h} \exp\left(-\frac{\Delta G_{\text{a}} + \Delta G^*_{\text{hetero}}}{kT}\right), \tag{3.1}$$

ここで，N は液相中の原子数，k ボルツマン定数，T は温度，h はプランク定数，ΔG_{a} は原子の運動のための活性化エネルギーである．$\Delta G_{\text{a}} \ll \Delta G^*_{\text{hetero}}$ であるので，

$$I = \frac{NkT}{h} \exp\left(-\frac{1}{kT} \frac{16\pi}{3} \frac{\gamma^3}{\Delta P^2} f(\theta_{\text{c}})\right), \tag{3.2}$$

ここで，γ は表面エネルギー，ΔP は気孔の内圧と外圧の差，$f(\theta_{\text{c}})$ は固相と気孔の間の接触角 θ_{c} に依存する表面エネルギーの関数である．気孔核生成速度は ΔP に密接に関係し ΔP はクラジウス–クラペイロンの式[15]によって過冷却度 ΔT に比例する．

$$\Delta P \propto \Delta T \tag{3.3}$$

さらに，凝固速度 ν は過冷却度 ΔT に影響を及ぼす．つまり

$$\nu \propto \Delta T^n \quad (1 \leq n \leq 2) \tag{3.4}$$

ここで，n は定数である．(3.3)式と(3.4)式より

$$\nu \propto \Delta P^n \tag{3.5}$$

したがって，気孔の核生成速度は(3.2)式と(3.3)式より移動速度の増加と共に増加すると言える．一方，凝固中に個々の気孔に拡散流入する水素量は気孔の核生成速度と共に減少し，気孔径や気孔長さは個々の気孔体積の減少と共に減少する．このように気孔サイズは気孔の核生成速度 I や溶融金属中の水素の溶解度によって影響される．

ところで，気孔は固液界面に垂直な方向に成長するので，気孔の成長方向は凝固中の固液界面の形状に依存する．界面の形状は凝固中に液相から放出される熱流によって決められる．いま，熱流束の速度が単位面積当たり一定であり，凝固中に放出される熱量が移動速度と共に増大すると仮定すると，移動速度の低い時には液相からの熱は平坦な界面で十分に放散させることができる．しかしながら，移動速度が高くなると熱量も増えるので，その熱を放散させるためにはより大きな面積の界面が必要となる．その結果，界面は平坦ではなくくぼんだ形状に変化する．くぼんだ形の中央での深さ（くぼみ）は図 3.18 に示すように，移動速度と共に増加する．また，ノンポーラススキン層の厚さは気孔の成長方向の角度 θ だけではなく，気孔と鋳塊の表面の間の距離 L にも関係している．図 3.19 に示すように，スキン層の厚さは成長方向の角度とその距離の sin の関係 $L \cdot \sin \theta$ から見積もることができる．**図 3.21** には L が移動速度の増加と共に減少する様子を示した．凝固が始まったときに，固相から排出される水素が拡散のみによって移動すると仮定すると，気孔形成直前の水素の濃度は**図 3.22** のような分布を示す．固相に接した液相領域に水素の濃化帯が存在し，凝固速度が速くなると固相から液相への水素の拡散が容易ではなくなるために，その濃化の度合いが加速される．いま，気孔の形成に要する臨界水素濃度を $C_H^{\text{pore}*}$ とすると，固液界面の液相領域の水素濃度が $C_H^{\text{pore}*}$ に達すると，気孔が生成し成長する．気孔が形成されるときの凝固部の距離 x_c は次式で与えられる[16]．

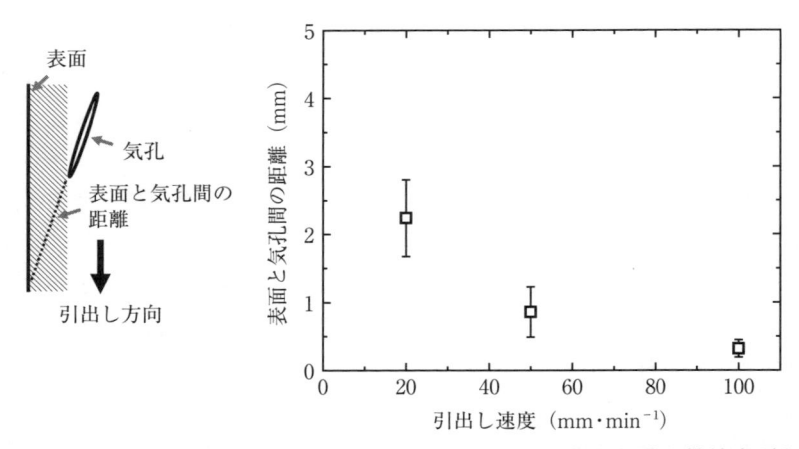

図 3.21　1.0 MPa の水素雰囲気で作製されたロータス銅の気孔と鋳塊表面との間の距離の移動速度依存性[13].

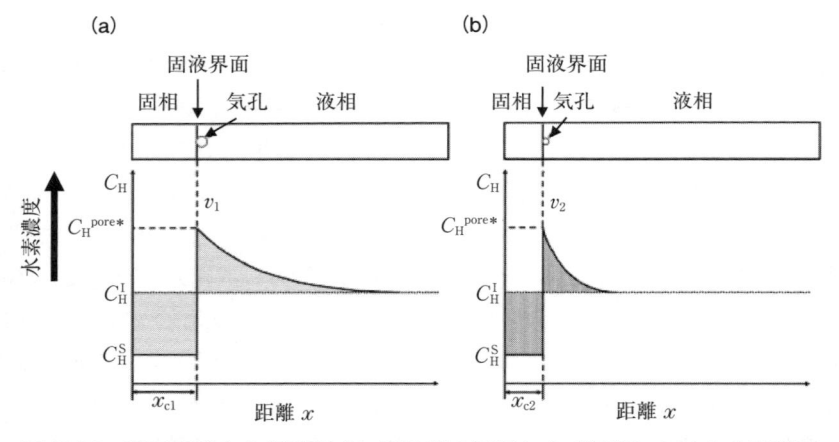

図 3.22　凝固開始から気孔形成に至る間の固相および液相における水素濃度分布.（a）凝固速度が遅い場合,（b）凝固速度が速い場合. C_H^I および C_H^S はそれぞれ液相中の水素濃度および固相中の水素濃度である[13].

$$x_c = \frac{D}{k_0 \nu} \tag{3.6}$$

ここで, D は融点における液体銅中の水素の拡散係数であり, $k_0 (=0.31)$ は平衡分配係数で 0.1 MPa の水素圧の下で 1357 K における固相と液相銅での水素

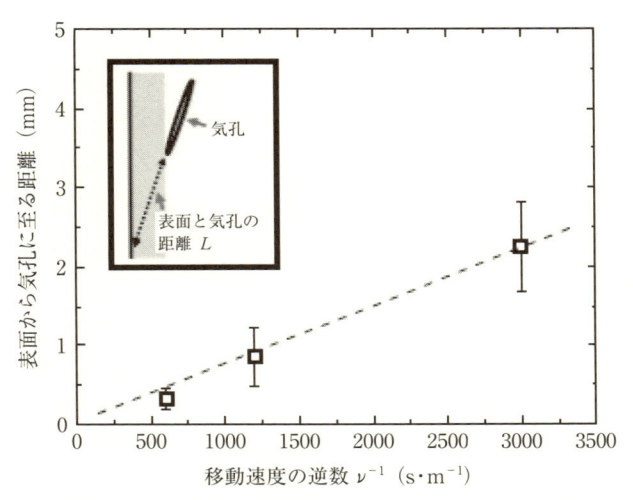

図 3.23　1.0 MPa の水素雰囲気で作製されたロータス銅の表面から気孔に至る距離を移動速度の逆数の関数としてプロットした図[13].

溶解度の比から求められる[17]. ここで，凝固速度が移動速度に等しいと仮定すれば，図 3.21 で示された距離 L を (3.6) 式に基づいて ν^{-1} の関数としてプロットすれば**図 3.23** のように表すことができる. 図中のフィッティング点線の傾きから評価された拡散係数 D は $2.28 \times 10^{-7}\,\mathrm{m^2 \cdot s^{-1}}$ であり，文献値とよく一致している[18]. 以上のように，ノンポーラススキン層の厚さは移動速度の増加と共に減少する.

3.3　化合物の熱分解法(TDM)

　前述の高圧ガス法(PGM)は高圧水素ガス雰囲気中で溶融金属を凝固させてロータス金属を作製する有用な製法である. しかしながら，この PGM 法は(1)高価な頑強な高圧チェンバーを必要とし，高圧容器の設置には都道府県の高圧事業所認定許可を取らなければならないこと，(2)水素は暴爆性，可燃性ガスであり取り扱いには細心の注意を払う必要があるなどの制約がある. これらは産業界でロータス金属を量産・事業化する際の不利な点になってしまう.

そこで，高圧水素ガスを使用しない製法開発が望まれる．Nakajima らはほぼ大気圧下で水素ガスを使用せずにガス元素を含む化合物の**熱分解法**(Thermal Decomposition Method : TDM)を用いてロータス金属を作製する方法を見出した[19]．PGM では水素雰囲気中で金属を溶解させると平衡濃度に至るまで溶融金属中に水素が解離して吸収される．PGM では，水素の圧力を増加させれば Sieverts の法則により水素の溶解度を増大させることができるので，凝固時に高い気孔率のロータス金属を作製することができる．そのときの反応は

$$H_2(気体) \longrightarrow 2H(液相中に原子として解離)$$

である．一方，TDM では雰囲気に水素を用いずに，まず金属を溶解させ，その溶融金属中にガス元素を含む化合物の粉末を所定の量だけ添加する．その化合物が金属元素と水素とに分解し水素が溶融金属中に解離することを利用する．この時の分解反応は，

$$MH_2(固体粉末) \longrightarrow M + 2H(液相中に原子として解離)$$

である．その結果，水素ガスを雰囲気に用いなくても化合物の分解を利用して溶融金属中に水素を溶解させることができる．この TDM に適する化合物としては

TiH_2, MgH_2, ZrH_2, Fe_4N, TiN, Mn_4N, CrN, Mo_2N, $Ca(OH)_2$, Cu_2O, B_2O_3, $CaCO_3$, $SrCO_3$, $MgCO_3$, $BaCO_3$, $NaHCO_3$

などが挙げられる．これらの化合物を溶融金属に添加する場合，その化合物は瞬時に金属元素とガス元素とに分解しなければならないので，化合物の分解温度は溶媒金属(溶融金属)の融点よりも低い温度でなければならない．もし分解温度が金属の融点よりも高いと，溶融金属中にガス原子が十分に解離できないからである．

3.3.1　熱分解法による鋳型鋳造法

（**1**）　熱分解法によるロータス銅の作製

Nakajima らはアルゴン雰囲気中で鋳型鋳造法を適用し，チタン水素化物を水素源として以下のようなロータス銅の作製を行っている[19]．0.1～0.5 MPa のアルゴン雰囲気中でグラファイト坩堝に入れた銅を高周波溶解し，その溶融銅を底面を冷却した鋳型に流し込んだ．200 g の溶融銅に対して 0.075～0.25 g

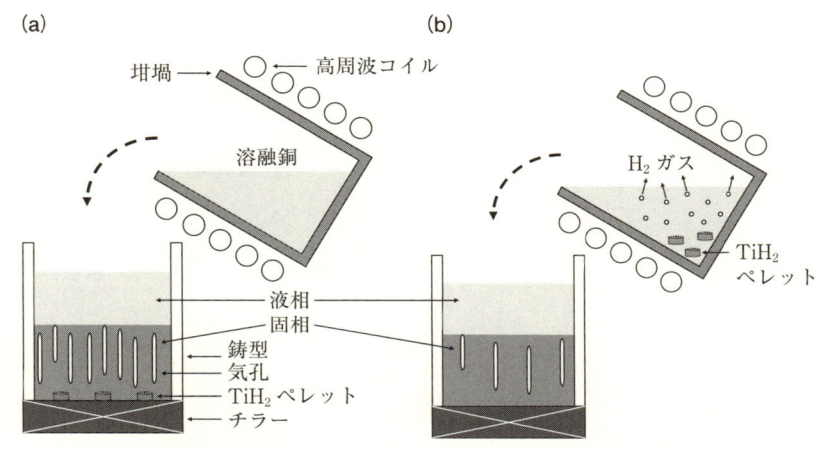

図 3.24 鋳型鋳造法を用いた TDM によるロータス金属作製法の原理．（ a ）
チタン水素化物ペレットを鋳型に置いた場合，（ b ）チタン水素化物ペレット
を坩堝に入れた場合[19]．

のチタン水素化物のペレットを**図 3.24**(a)のように鋳型の底面に設定した．
チタン水素化物は溶融銅中で瞬時に水素に解離し一方向凝固によってロータス
銅が作製できる．そのインゴットはワイヤーカット放電加工機により凝固方向
に平行あるいは垂直に切断された．**図 3.24**(b)に示すように，チタン水素化
物ペレットを鋳型ではなく溶融銅の入った坩堝に供給した場合，坩堝内で水素
化物は瞬時に反応し生成された水素気泡のほとんどは浮上して雰囲気中に消滅
する．その結果，鋳型に凝固した銅インゴット内にはほとんど気孔が形成され
なかった．**図 3.25** には凝固方向に平行(下図)および垂直(上図)なロータス銅
の断面写真を示した．気孔の成長方向は高圧ガス法で作製したロータス銅のそ
れと同じで凝固方向である．したがって，TDM でも PGM 法でも気孔の形成
機構は同じであると言える．**図 3.26** は 0.1 MPa のアルゴン雰囲気中で TDM
によって作製されたロータス銅の気孔率と平均気孔径のチタン水素化物の添加
量依存性を調べた結果を示したものである．0.10 g のチタン水素化物を添加す
ると気孔率は急に増加するが，それ以上の量の水素化物を添加しても気孔率は
変わらず一定であった．溶融銅 200 g に 0.10 g のチタン水素化物を添加する
と，水素の濃度は 0.128 at% となる．TDM の雰囲気中の水素圧力は溶解度測

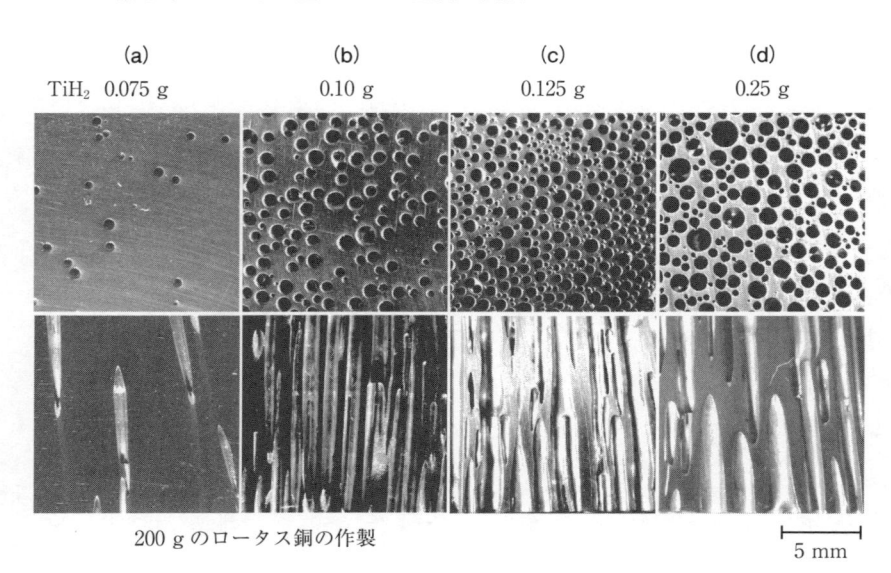

200 g のロータス銅の作製

5 mm

図3.25　熱分解法によって作製されたロータス銅の凝固方向に垂直な断面写真（上図）および凝固方向に平行な断面写真（下図）．鋳型に添加されたチタン水素化物の量，（a）0.075 g，（b）0.10 g，（c）0.125 g，（d）0.25 g．0.1 MPa のアルゴン雰囲気中で溶解凝固が行われた [19]．

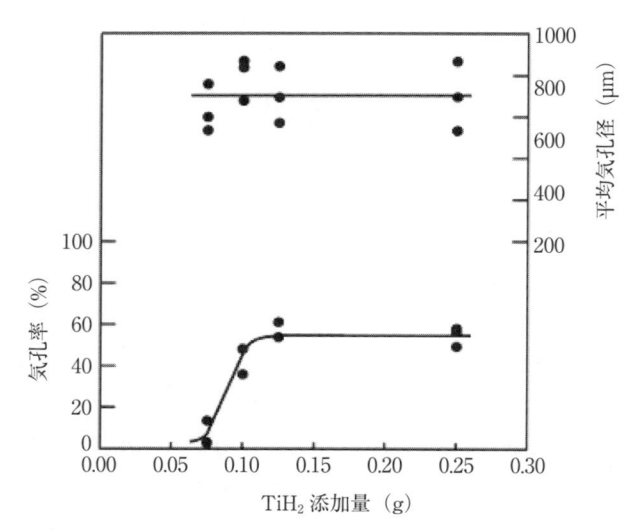

図3.26　0.1 MPa のアルゴン雰囲気中で TDM によって作製されたロータス銅の気孔率と平均気孔径のチタン水素化物の添加量依存性 [19]．

定時の水素圧力(0.1 MPa)と異なるので，チタン水素化物から解離した水素濃度と融点(T_m)1083 K 直上の溶融銅中の水素の溶解度を直接比較することはできないが，TDM プロセス中に解離した水素濃度は T_m における溶融銅中の水素の溶解度とほぼ同程度であった．さらに，雰囲気の圧力の効果も調べられている．チタン水素化物の添加量を 0.25 g と一定にしてアルゴン雰囲気の圧力を変えた実験結果を図 3.27 に示した．アルゴン圧を 0.1 MPa から 0.5 MPa に増加させると，気孔の形態に大きな変化が生じている．図 3.28 に示された気孔率と気孔径の圧力依存性の結果によれば，気孔率も気孔径も圧力の増加と共に減少している．気孔の総体積 v は気孔率に比例するが，Boyle-Charles の法則 $v = nRT/P$ によって雰囲気圧力 P に逆比例する．ただし，n, R および T はそれぞれ水素のモル数，気体定数および温度である．一方，気孔径 d は $d \propto P^{-1/3}$ と記述することができるから，気孔率と気孔径の圧力依存性はこの Boyle-Charles の法則で説明できると考えられる．しかしながら，実験結果は Boyle-Charles の法則の予測値よりも実測の圧力依存性の変化が大きい．このように差が生じるのは，アルゴン圧力の増加によってチタン水素化物の熱分解

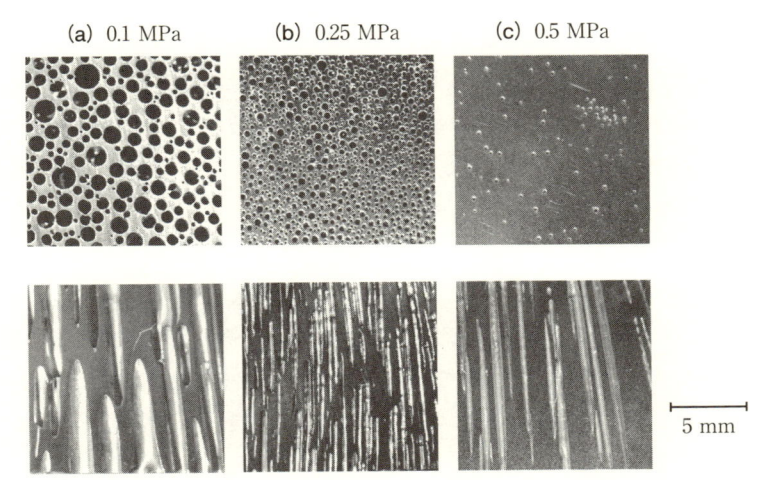

(a) 0.1 MPa　(b) 0.25 MPa　(c) 0.5 MPa

5 mm

図 3.27　異なるアルゴン圧の雰囲気中で TDM によって作製されたロータス銅の断面写真．（a）0.1 MPa，（b）0.25 MPa，（c）0.5 MPa．上図および下図はそれぞれ凝固方向に垂直および平行な断面写真である．鋳型には 0.25 g のチタン水素化物が添加されている[19]．

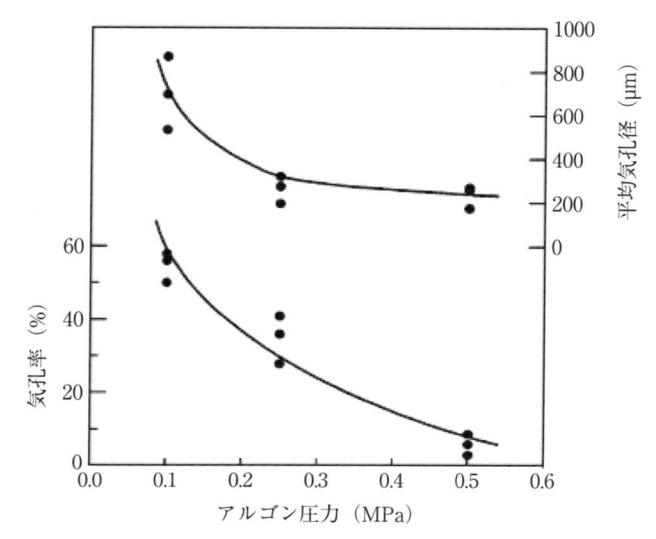

図 3.28　アルゴン雰囲気中で TDM によって作製されたロータス銅の気孔率および気孔径のアルゴン圧力依存性[19].

速度が遅れるためではないかと推察されている.

　チタン水素化物の熱分解によって解離したチタンは活性元素であるので溶融銅中の残留酸素と反応してチタン酸化物微粒子を形成する. それが均一に分布すれば気泡の核生成サイトとなるので, TDM によって PGM より均一な気孔の分布を生じるであろうと考えられる.

（2）　熱分解法によるロータスアルミニウムの作製

　溶融アルミニウム中の水素溶解度が小さいために高圧ガス法(PGM)によって, 従来せいぜい数 % の気孔率を有するロータスアルミニウムしか作製されていなかった. ところが, 水酸化カルシウム, 重炭酸ナトリウムあるいはチタン水素化物の熱分解法(TDM)によって 10% 以上の気孔率をもつロータスアルミニウムが鋳型鋳造法を用いて作製された[20]. 真空中でグラファイト坩堝に約 100 g の純度 99.99% のアルミニウムを入れ高周波溶解を行った. 鋳型の底面をチラー冷却によって冷却し, 鋳型の側面にはステンレス鋼板を用いた.

0.2 g の水酸化カルシウム，重炭酸ナトリウムあるいはチタン水素化物をアルミニウムフォイルに包んで鋳型の底面上に設置した．1023 K の溶融アルミニウムを坩堝から鋳型に鋳込むと，化合物から分解した水素が溶融アルミニウム中に解離し一方向凝固中に固相に固溶しきれない過剰の水素が析出して気孔を形成する．**図 3.29** には 3 種の化合物を添加して作製されたロータスアルミニウムの凝固方向に垂直（上部）と平行（下部）の断面写真を示した．アスペクト比は異なるが，いずれの場合も気孔は凝固方向に成長していることがわかる．**表**

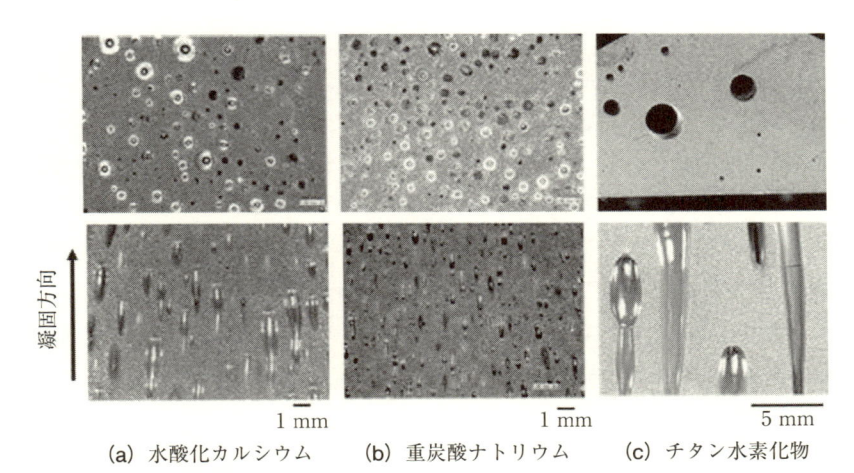

(a) 水酸化カルシウム　　(b) 重炭酸ナトリウム　　(c) チタン水素化物

図 3.29 鋳型鋳造法を用いて異なったガス化合物（（a）水酸化カルシウム，（b）重炭酸ナトリウムあるいは（c）チタン水素化物）を用いて作製されたロータスアルミニウムの断面写真．（上図）凝固方向に垂直方向，（下図）凝固方向に平行．溶解温度 1023 K，雰囲気は真空[20]．

表 3.2 ガス生成化合物の分解反応，分解温度および生成ガス[20]．

分解反応	分解温度（K）	生成ガス分子あるいは原子
$Ca(OH)_2 \longrightarrow CaO + H_2O$ $H_2O \longrightarrow$ 金属酸化物 $+ 2H$	853	H
$2NaHCO_3 \longrightarrow Na_2CO_3 + H_2O + CO_2$ $H_2O \longrightarrow$ 金属酸化物 $+ 2H$	473	H, CO, CO_2, O
$TiH_2 \longrightarrow Ti + 2H$ $Ti \longrightarrow$ 液相に解離	723	H

3.2 に示すような分解反応によって溶融アルミニウム中に解離したガスがこれらの気孔を形成させたものと考えられる．$Ca(OH)_2$ ははじめ CaO と H_2O に分解し H_2O の再分解により水素が解離して気孔を生成する．$NaHCO_3$ では Na_2CO_3 と H_2O，CO_2 に分解するので，これらはさらに H，CO，CO_2，O などに解離する可能性がある．そのうちのどれが気孔の形成に寄与するかは気孔内のガスを分析すればわかる．一方，TiH_2 は H に分解されるので，気孔内には H_2 が充填される．気孔内のガスの組成を調べるために食塩飽和蒸留水の中で，ロータスアルミニウム片を切断するとクローズド気孔から気泡が浮上する．その蒸留水で充填されたバイアルの口を開けたままで倒立させ浮上してきた気泡をバイアル内に採取し，そのガスをガスクロマトグラフで H，CO，CO_2 を分析し，LECO 製のガスアナライザーで H を分析することができる．その結果，3 種の化合物の熱分解で作製されたロータスアルミニウム中の気孔はいずれの場合も水素が充填されていることがわかった．これらの気孔率と気孔径をプロットしたものを**図 3.30** に示した．気孔径は $Ca(OH)_2$，$NaHCO_3$ の場合，$300 \sim 400\ \mu m$ であるが，TiH_2 では $1100\ \mu m$ と大きく，気孔率は 20% 前後で大差はなかった．前 2 者の場合に気孔のサイズが小さく均一に分布しているのは第 1 段階の分解反応で CaO や Na_2CO_3 などの微粒子が生成され，そ

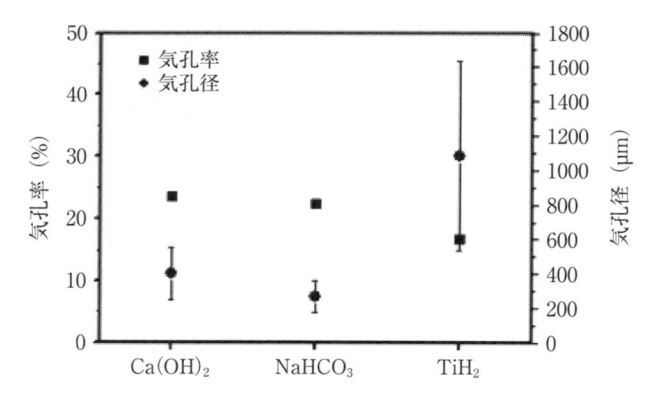

図 3.30　水酸化カルシウム，重炭酸ナトリウムあるいはチタン水素化物を用いて TDM で作製されたロータスアルミニウムの気孔率および気孔サイズの比較[20]．

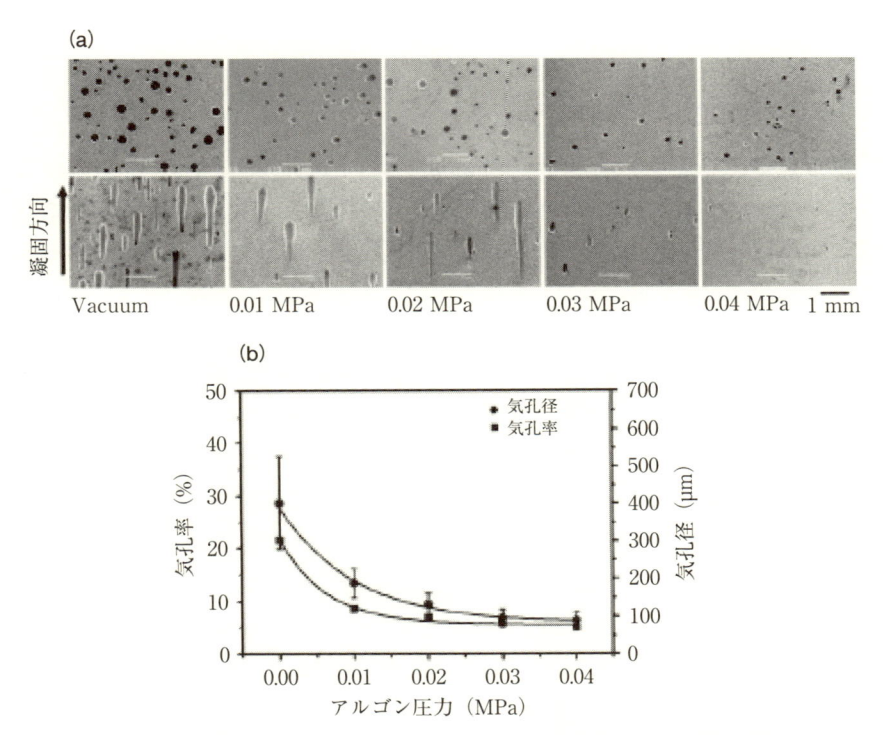

図 3.31 （a）真空中および異なるアルゴン圧の雰囲気中で水酸化カルシウム
を用いて TDM によって作製されたロータスアルミニウムの凝固方向に垂直
（上）および平行方向（下）の断面写真，（b）ロータスアルミニウムの気孔率お
よび気孔径のアルゴン圧力依存性[20]．

れが気泡の核生成サイトになったためであろう．

　ところで，0.2 g の Ca(OH)$_2$ を化合物に用いて TDM によるロータスアルミ
ニウムの作製を行う際に，チェンバー内のアルゴン雰囲気の圧力を変えてみる
と**図 3.31** に示すように真空では気孔率，気孔径共に大きく，0.04 MPa まで加
圧すると両者とも減少してしまう．3.3.1（1）節のロータス銅の場合と同じ傾
向を示し，これらの結果は Boyle-Charles の法則によって説明できる．ただ
し，ロータス銅の場合と異なりロータスアルミニウムではかなりの減圧下にし
ないと気孔が生成されない．これはアルミニウムの水素の溶解度が銅の 1/100

と小さいためである.

3.3.2　熱分解法による連続帯溶融法

すでに前節で述べたように, 熱伝導度の低い金属や合金のポーラス化には鋳型鋳造法は適さない. チラーによる冷却部に近いところでは凝固が速く小さな気孔が形成されるが, 冷却部から遠ざかるにつれて熱の放散が十分に行われないために凝固速度が低下し気孔が粗大化してしまい凝固方向に均一気孔をもつロータス金属ができなくなってしまう. TDM を採用した場合でもこの傾向は変わらない. そこで, 熱伝導度の小さな金属や合金に対しては連続帯溶融法を用いるのが望ましい. ここでは TDM による連続帯溶融法によってロータス鉄を作製した結果[21]について説明する. 直径 10 mm, 長さ 80 mm の純鉄のロッドが試料に使われた. 中心部に直径 2 mm の貫通孔を電気ドリルで開け, この孔の中にクロム窒化物粉末が充填された. クロム窒化物が熱分解によって窒素ガスを放出する温度が鉄の融点に近い(若干低い)ので, この化合物がガス供給源として用いられた. $Cr_{1.18}N$ と Cr_2N の2種類の組成を持つクロム窒化物が使われた. 前者は 81.4 mass% の CrN と 18.6 mass% の Cr_2N の混合物である. $Cr_{1.18}N$ 粉末の 1.0 mass% が鉄ロッドの 2 mm の孔に満たされ移動速度

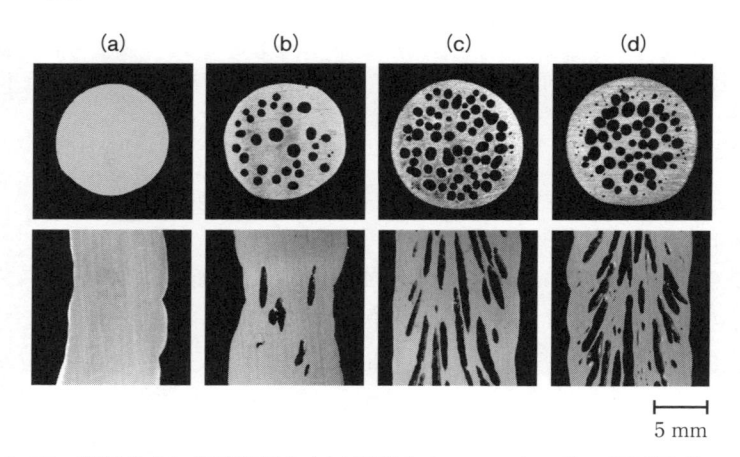

|(a)|(b)|(c)|(d)|

5 mm

図 3.32　凝固方向に(下)平行と(上)垂直方向のロータス鉄の断面写真. ロッドの移動速度, (a)80 μm·s^{-1}, (b)250 μm·s^{-1}, (c)410 μm·s^{-1}, (d) 580 μm·s^{-1}. 溶解凝固時の雰囲気は 0.5 MPa ヘリウム[21].

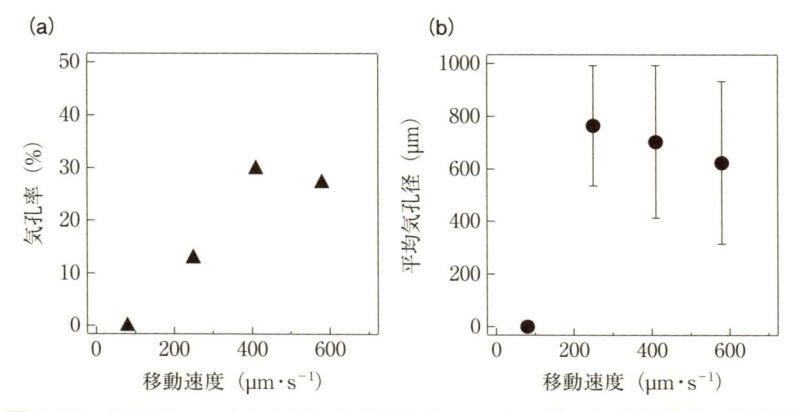

図 3.33 0.5 MPa ヘリウム下で作製されたロータス鉄の(a)気孔率の移動速度依存性および(b)平均気孔径の移動速度依存性[21].

80 μm·s^{-1} から 580 μm·s^{-1} まで変化させて連続帯溶融法によってロータス鉄が作製された. **図 3.32** には凝固方向に平行と垂直方向のロータス鉄の断面写真を示した. 80 μm·s^{-1} の移動速度の場合, 気孔は生成されなかった. **図 3.33** に気孔率および気孔径の移動速度依存性を示した. 気孔率は移動速度と共に増加する. 一方, 気孔径の変化は従来の PGM の結果[12,13]と異なっている. PGM では, 気孔を形成するためのガスが雰囲気から常時, 供給される. それに対して, TDM の連続帯溶融法の場合, ロッドの移動速度を変えるとガス化合物から溶融金属に供給されるガス放出量が変化するために気孔の生成に影響を及ぼす. 一般に, ガス化合物の熱分解挙動は加熱昇温速度に強く依存するためである[22]. 以下では, 鉄ロッドの温度勾配および窒化物の熱分解速度の移動速度依存性を考慮して気孔の形成を検討していくことにする. 移動速度 v の下で固液界面からの距離 x と予熱されたロッドの温度 T との関係は

$$\frac{d}{dx}\left(\lambda \frac{dT}{dx}\right) + \rho c v \frac{dT}{dx} = 0 \tag{3.7}$$

で示される. ただし, ρ, c および λ はそれぞれ鉄の比重, 比熱および熱伝導度である. **図 3.34** は温度と加熱速度の固液界面からの距離 x による変化を示した. 温度勾配および加熱速度はロッドの移動速度と共に増加している.

(a) 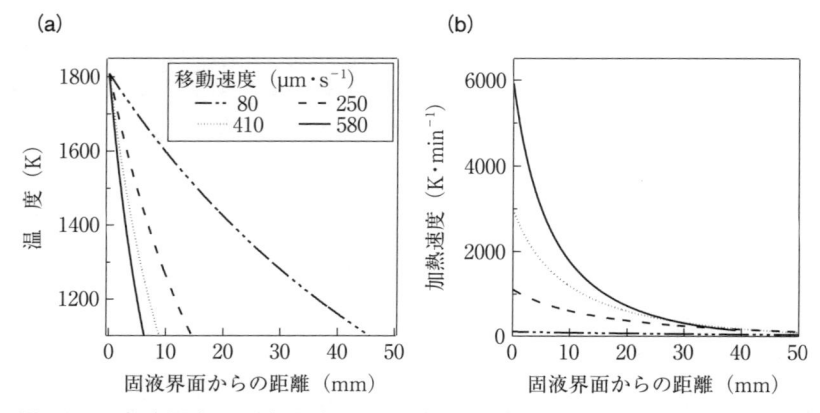 (b)

図3.34　（a）温度と固液界面からの距離との関係，（b）加熱速度と固液界面からの距離との関係[21].

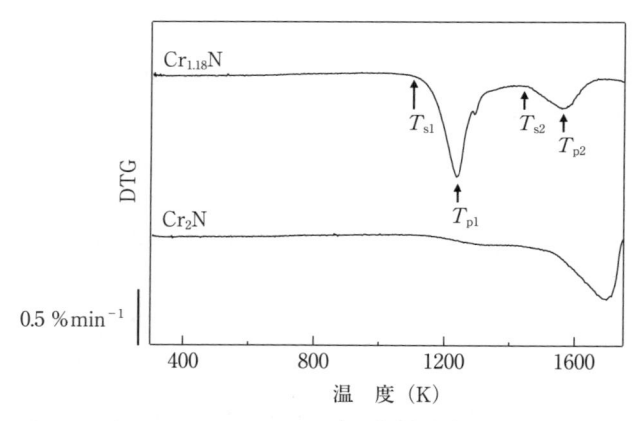

図3.35　$Cr_{1.18}N$ と Cr_2N の $10\,K\cdot min^{-1}$ の加熱速度の DTG 曲線の測定結果. T_s および T_p はそれぞれガス放出の開始温度およびピーク温度である[21].

$Cr_{1.18}N$ および Cr_2N 粉末の発生熱量が微分熱重量分析法（DTG）によって 0.1 MPa のアルゴンガスフローの下で室温から 1773 K の温度範囲で調べられた. **図3.35** には $10\,K\cdot min^{-1}$ の加熱速度の DTG 曲線の測定結果を示した. $Cr_{1.18}N$ を加熱すると 1240 K（T_{p1}）と 1570 K（T_{p2}）でガス放出に伴う 2 つのピークが見出され，Cr_2N からは 1680 K の 1 つのピークが観測された. Cr_2N からの結果によれば，1570 K ピークは Cr_2N 自身からのガス放出によるもの

である．$Cr_{1.18}N$ は CrN と Cr_2N の混合物であるので，1240 K ピークは CrN からのガス放出によるものであると考えることができる．加熱速度を変えて $Cr_{1.18}N$ の DTG 測定を行うと，ガス放出に伴うガス放出開始温度とピーク温度は加熱温度の増加と共に高温にシフトしていく．Kissinger[23] によれば，加熱速度 β はピーク温度 T_p と次の関係にある．

$$\frac{d \ln (\beta / T_p^2)}{d (1/T_p)} = - \frac{E_a}{R} \qquad (3.8)$$

ただし，E_a は反応のための活性化エネルギー，R が気体定数である．測定された DTG 曲線データを用いて Kissinger プロットすると，鉄の融点における CrN および Cr_2N から窒素ガスを放出するための加熱速度はそれぞれ $3.58 \times 10^4\,K \cdot min^{-1}$($HR_1$)および $5.70 \times 10^2\,K \cdot min^{-1}$($HR_2$)と見積もることができる．$HR_1$，$HR_2$ よりロッドの移動速度が遅いと溶融帯からの熱伝導で固相粉末の CrN や Cr_2N が熱分解されて窒素が雰囲気中に放出されてしまい気孔が生成されない．つまり溶融帯からの凝固で窒素による気孔が生成されるためにはロッドの移動速度が HR_1，HR_2 の加熱速度を超えるような速さでなければならない．図 3.36 は図 3.34(a)，(b)から得られたロッドの温度と加熱

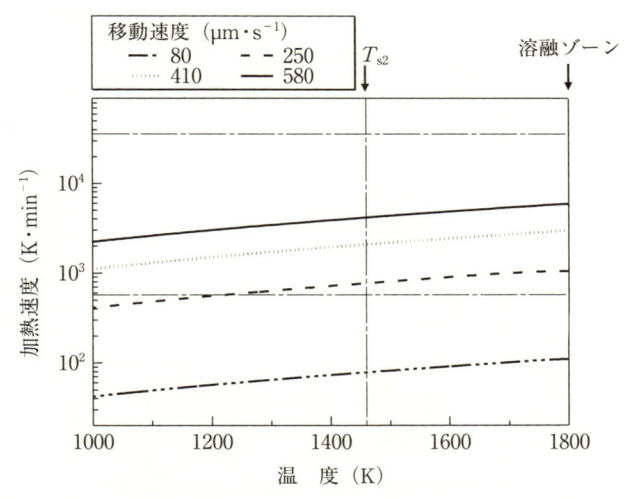

図 3.36 異なる移動速度での加熱速度とロッドの温度の関係[21].

速度の関係を示したものである．この図から次のことが言える．HR_1 はすべての移動速度による加熱速度より大きいので CrN は鉄が融点に達する前に窒素を放出してしまい気孔を生成させることはできない．一方，$250\ \mu m\cdot s^{-1}$ 以上の移動速度による加熱速度は HR_2 より大きいので，Cr_2N はロッドの溶融部で熱分解を起こし窒素を放出し凝固の際に固溶しきれない窒素が析出し気孔が生成される．このように窒化物を孔に充塡して TDM によって連続帯溶融法でポーラス鉄を作製しようとするには鉄ロッドが溶解するまで窒素化合物の熱分解を起こさせないような速いスピードで鉄ロッドを移動させなければならない．

3.3.3　熱分解法による連続鋳造法

　TDM は暴爆性の高圧水素ガスを使わないで溶融金属に水素を供給できる簡素な方法であり，連続鋳造法は気孔サイズや気孔率を制御できる長尺のロータス金属を作製できる優れた製法である．これらの両技術を併用すると簡単な製法でロータス金属を量産化できる．Ide らはこの製法を用いてロータス銅を作製した[24]．図3.37 には TDM による連続鋳造法を用いたロータス金属の作製装置を示した．この装置は溶融部，タンディッシュ部，凝固インゴットの引

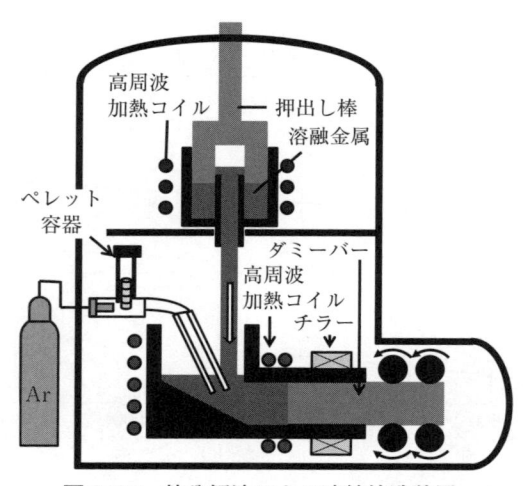

図3.37　熱分解法による連続鋳造装置.

出部の3つの部分を構成したものである．溶融部では坩堝中に銅素材を入れて高周波溶解し上方からグラファイトの押出し棒を溶融銅の中に入れて坩堝の中心部に設けられたグラファイト製の筒の中にオーバーフローによって溶融銅を流し込み，それが下方のタンディッシュに落下する．一時的な溜め置場であるタンディッシュ(グラファイト製)は高周波加熱による溶融状態を保持できるようにしてある．そこに成型したチタン水素化物粉末をアルゴンガスで加圧してノズルから一定の供給速度で供給する．チタン水素化物は溶融銅中に瞬時に熱分解し水素原子が解離する．タンディッシュの右端の冷却された鋳型の部分で溶融銅を凝固させ，凝固されたインゴットはピンチローラーで機械的に連続的に水平方向に引き出される．

　凝固速度を制御するためにダミーバーの移動速度を変化させる場合，溶融銅中の水素濃度を一定に保つためには TiH_2 のペレット量を調整しなければならない．表3.3 は移動速度とペレット供給の時間間隔の関係を示した．例えば，移動速度 $20\,mm\cdot min^{-1}$ のとき，時間間隔4分ごとに1個のペレットを供給したとすると，それは $80\,mm\cdot min^{-1}$ のときの供給時間間隔1分ごとに1個と同等の水素化物の供給濃度に相当する．図3.38 には移動速度をいろいろと変えた場合の移動方向に平行と垂直のロータス銅の断面写真を示した．0.1 MPa のアルゴン雰囲気中で銅の溶融温度は 1573 K で表3.3 の添加の仕様に基づいてロータス銅が作製された．図3.39(a)には，それらの気孔率と平均気孔径を

表3.3　異なる移動速度でのチタン水素化物ペレットの供給の時間間隔[24].

移動速度 (mm·min⁻¹)	20	40	60	80	100
ペレットの供給の時間間隔(min)	4	2	1.3	1	0.8

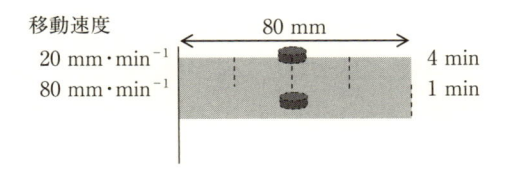

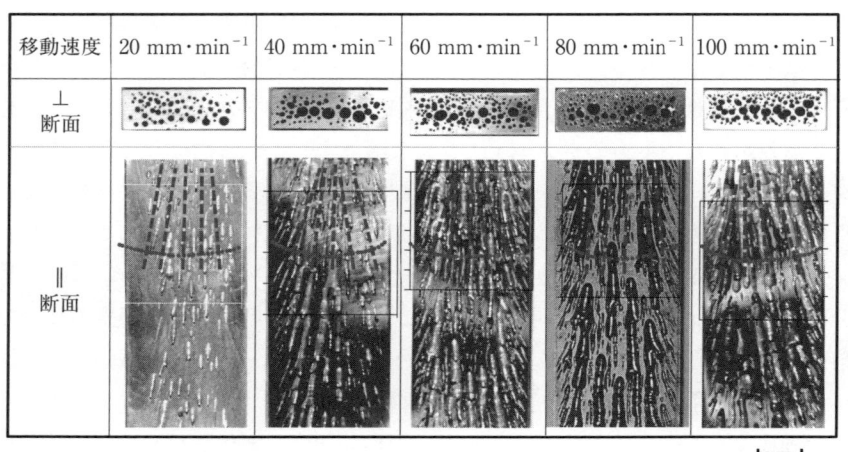

移動速度	20 mm·min^{-1}	40 mm·min^{-1}	60 mm·min^{-1}	80 mm·min^{-1}	100 mm·min^{-1}
⊥ 断面					
∥ 断面					

10 mm

図 3.38　アルゴン 0.1 MPa 中でさまざまな移動速度で連続鋳造法によって作製されたロータス銅の断面写真．（上）凝固方向に垂直な断面，（下）凝固方向に平行な断面．点線は傾斜した気孔方向を示している．気孔の粗大化は点線の交差部で生じている[24]．

移動速度に対してプロットしたものを示す．気孔径は移動速度に無関係に一定であるが，気孔率は移動速度の増大と共にわずかに増加した．気孔はバイモーダル分布しているので，図 3.39（b）に示すように気孔を中心部と外側の２つの領域に分けてみると中心部では大小の気孔が混在しているが，外側は小さな気孔だけであり共に移動速度には依存しない．このような気孔の不均一性は**図 3.40（b）**に示すような気孔が傾斜して成長することによると考えられる．移動速度が速いと中心部ではその凝固の速さに追随できずに鋳型に接した部分と内部で凝固差が生じてしまう．その結果，固液界面が平らではなく湾曲してしまい鋳型に接した部分に近いほど，気孔が傾斜してしまい中心部で気孔の癒着が起こり気孔の粗大化が生じる．一方，移動速度が遅いと図 3.40（a）のように，移動方向に平行な気孔が成長する．

　ところで，気孔径の移動速度依存性の結果は，PGM による連続鋳造法の結果（図 3.41（b））と大きく異なっている．PGM では凝固速度が速いと過冷却部によって気孔の核生成サイトが増え気孔径が小さくなったと解釈できる．一

(a)

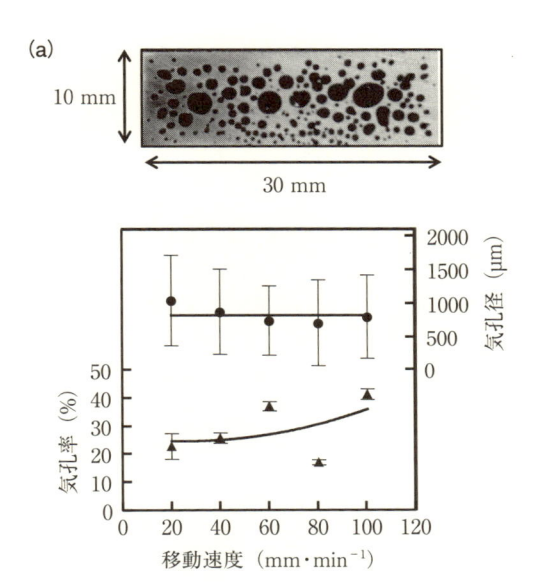

(b)

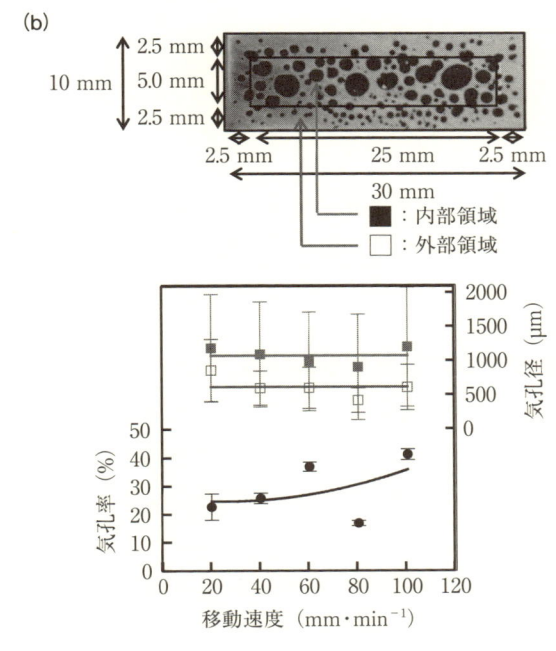

- ■：内部領域
- □：外部領域

図 3.39 ロータス銅の断面写真および気孔率と気孔径の移動速度依存性．（a）断面全体の気孔に関してデータ処理したもの，（b）断面の中心部と外側部とに分けてデータ処理したもの[24]．

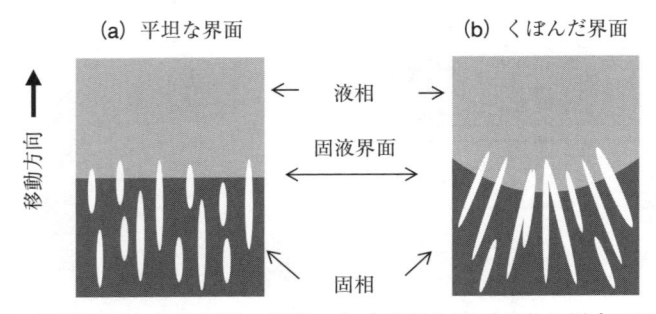

図3.40　固液界面と気孔形態の関係．（ａ）平坦な界面がある場合では，単一気孔を形成し気孔同士の癒着はない，（ｂ）くぼんだ界面がある場合には，気孔が癒着するものもあり粗大化する[24]．

方，TDM では添加したチタン水素化物のチタンが Ti_xO_2 や $TiCu_x$ などの微細な化合物粒子となり気孔の核生成サイトとして働くので過冷却の影響はなくなり移動速度には影響されないと考えられる．

3.4　水分の熱分解法

水素の供給源として高圧水素を用いたり水素化物を用いなくても水分の熱分解を利用すれば，ある特定の金属ではロータス型ポーラス化することができる．

3.4.1　水分の熱分解法によるロータスニッケルの作製

アルゴン雰囲気中で Al_2O_3-Na_2SiO_3 をコーティングしたモリブデンシートを鋳型とした鋳型鋳造法によってロータスニッケルが作製された[25]．**図3.42**に示すように，0.1 MPa のアルゴン中で溶融ニッケルを坩堝から鋳型に注ぎ込んだ．鋳型の底面を水冷チラーで冷却して側面は断熱のためのセラミックスでコーティングしているので凝固は下から上方に一方向に起こる．**図3.43** には凝固方向に平行に切断した断面写真である．鋳型の Al_2O_3-Na_2SiO_3 コーティング層には，（ａ）0.0596 g，（ｂ）0.0876 g，（ｃ）0.1070 g および（ｄ）0.1201 g の

(a) TDM

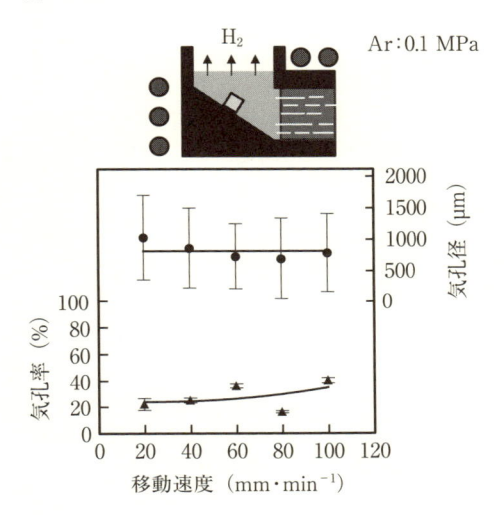

(b) PGM

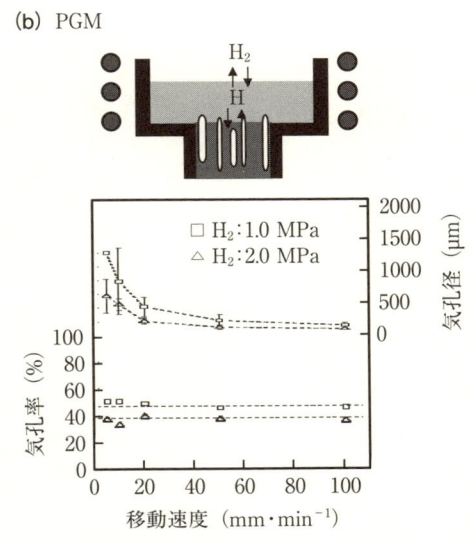

図 3.41 ロータス銅の気孔率および気孔径の移動速度依存性.（a）TDM に
よる,（b）1.0 MPa および 2.0 MPa の水素圧における PGM による[24].

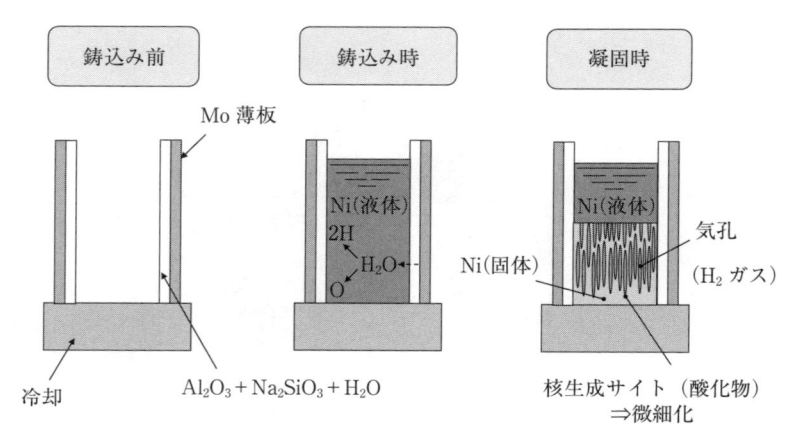

| 鋳込み前 | 鋳込み時 | 凝固時 |

Mo 薄板

Ni(液体)
2H
H_2O
O

Ni(液体)
Ni(固体)
気孔
(H_2 ガス)

冷却
$Al_2O_3 + Na_2SiO_3 + H_2O$
核生成サイト（酸化物）
⇒微細化

図 3.42　水分の熱分解法による気孔形成の機構モデル．（a）溶融ニッケル注入前の鋳型，（b）溶融ニッケルを鋳型に注入した直後の水分の解離状態，（c）一方向凝固過程における気孔の形成[25]．

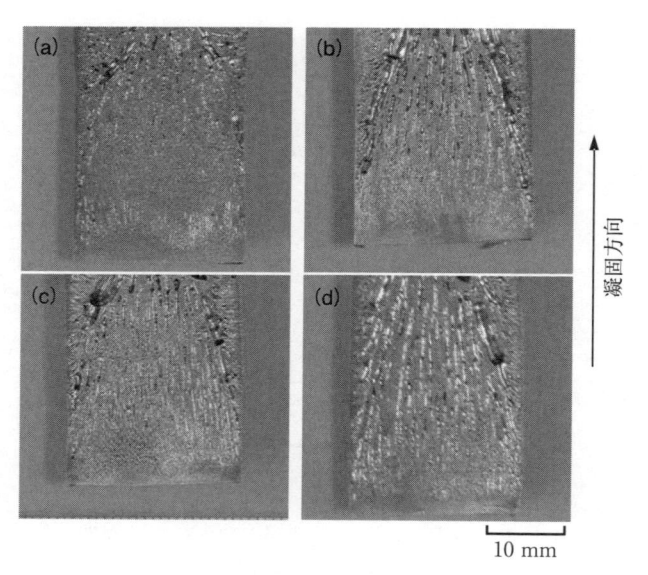

凝固方向

10 mm

図 3.43　0.3 MPa のアルゴン雰囲気中で水分の熱分解法によって作製されたロータスニッケルの凝固方向に平行な断面写真．鋳型中の水分量，（a）0.0596 g，（b）0.0876 g，（c）0.1070 g，（d）0.1201 g[25]．

ように水分量を変えている．0.0596 g の水分を添加したインゴットでは気孔は球状であり細長い円柱形の気孔は生成されなかった．水分量を増加させると細長い気孔が多数生成した．したがって，細長い一方向の気孔の形成には水素の十分な量が必要であると言える．その水素は断熱用セラミックス中に含まれていた水分が溶融金属中に解離して生成されたと考えることができる．図 3.42 は鋳型に溶融ニッケルを注入して鋳型側壁から水分が H と O に解離し，H が気孔を形成させる様子を示したモデル図である．その反応は

$$nH_2O(gas) + mM \longleftrightarrow M_mO_n + 2nH \tag{3.9}$$

ここで，M は金属元素（Ni）である．溶融金属に解離した水素のうち凝固相に固溶しきれない水素が気孔を形成する．他方，溶融金属中に解離した酸素は Ni と結合して酸化物を形成し，それが気孔の核生成サイトになると考えられる．PGM の高圧水素で作製されたロータスニッケルよりも水分熱分解法によって作製されたロータスニッケルの方が気孔が細かく均一性が増しているのは，多数の核生成サイトの存在によるものであると考えられる．

3.4.2 水分の熱分解によるロータスコバルトおよびシリコンの作製

前節で水分の熱分解を利用してロータスニッケルが作製できることを述べたが，それでは他の金属でも水分を利用してロータス型ポーラス化が可能かどうかを知ることは興味深い．水分の熱分解法を用いてシリコン，コバルトおよび銅のポーラス化を試みた研究[26]があるので紹介したい．ロータスニッケルの作製と同じ鋳型鋳造法が用いられた．Mo 鋳型側板にはアルミナ，水ガラス（54.5% H_2O，31.2% SiO_2，14.3% Na_2O）と水の重量比 1：1.5：1 の混合物がコーティングされた．鋳型は 423 K で 7.2 ks だけオーブンで乾燥処理が行われた．その後，チェンバーには 0.15 g の水（0.083 モルの水）が保持され 90% の湿度に保たれた．湿度は湿度計で測定された．この湿気によって水分がセラミックス被覆膜に吸収された．図 3.44 には所定のアルゴンの雰囲気中で一方向凝固によって作製されたシリコン，コバルトおよび銅の凝固方向に平行と垂直方向の断面写真を示した．シリコンとコバルトでは凝固方向に成長した気孔が存在するが，銅では全く気孔が見られなかった．シリコンとコバルトでは水分の熱分解を利用せずに高圧水素を用いて PGM によってもロータス金属が作製さ

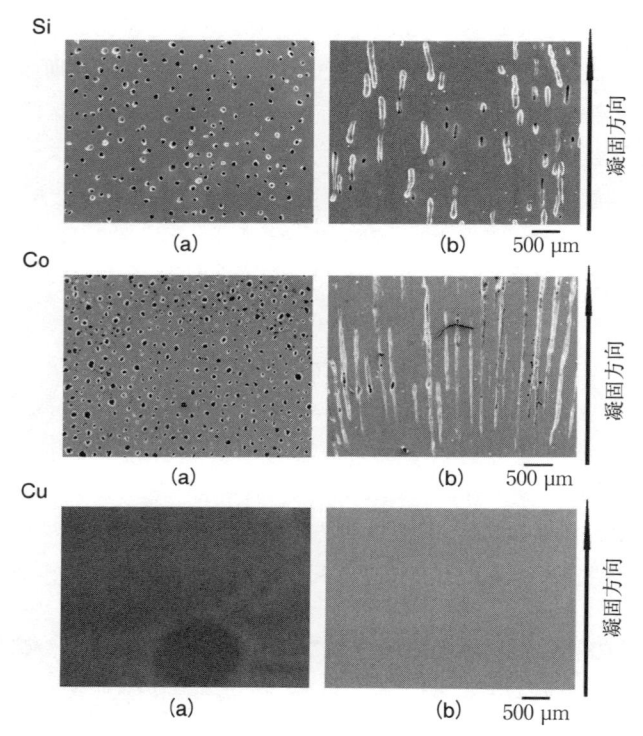

図3.44　所定のアルゴンの雰囲気中で一方向凝固によって作製されたシリコン，コバルトおよび銅の凝固方向に（a）垂直方向および（b）平行方向の断面写真．作製時のアルゴン圧力，Si 0.4 MPa，Co 0.8 MPa，Cu 0.4 MPa [26].

　れた．**図3.45**に示すように，それらの気孔サイズは水分の熱分解によって作製されたものよりもかなり大きい．少量の不純物の存在によって溶融金属中で温度の降下と共に不均一核生成が起こることが知られている [27]．いま，水分から分解した酸素が金属元素と結びついて酸化物クラスターを形成し図3.44に示すように，それが細かに均一に分布した気孔の核生成サイトになると考えると気孔サイズの違いを説明することができる．

　ところで，水分の熱分解法によってコバルトやシリコンでは気孔ができるが，銅ではできないのはなぜだろうか．式(3.9)と同様に，反応は

$$Co + H_2O \longleftrightarrow CoO + 2H \tag{3.10}$$

Si

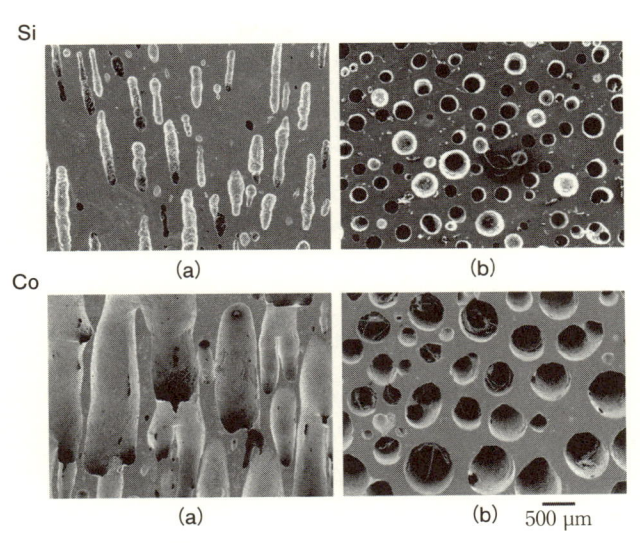

Co

(a)　　　　　　　　　(b)　500 μm

図 3.45　PGM によって作製されたロータスシリコンおよびコバルトの凝固方向に（a）平行方向および（b）垂直方向の断面写真．ロータスシリコンは 0.4 MPa 水素で，ロータスコバルトは 0.15 MPa 水素と 0.65 MPa アルゴンの混合ガス中で作製された[26]．

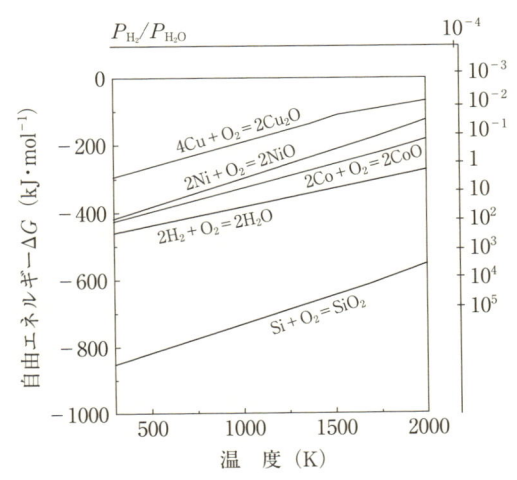

図 3.46　水分，ニッケル，シリコン，コバルトおよび銅酸化物の自由エネルギー変化の温度依存性[28, 29]．

$$\text{Si} + 2\text{H}_2\text{O} \longleftrightarrow \text{SiO}_2 + 4\text{H} \tag{3.11}$$

と記述できる．鋳造の初期の段階で水分は水素と酸素原子に分解すると考えられる．Ellingham ダイアグラムによれば水素の水分に対する圧力比 $P_{\text{H}_2}/P_{\text{H}_2\text{O}}$ は Gibbs の自由エネルギー ΔG の変化で表すことができる．**図 3.46** には水分，ニッケル，シリコン，コバルトおよび銅酸化物の自由エネルギー変化の温度依存性を示した[28, 29]．ロータスニッケルを作製する際，凝固温度での $P_{\text{H}_2}/P_{\text{H}_2\text{O}}$ の値は次式に基づいて見積もることができ，1.18×10^{-2} である[26]．

$$P_{\text{H}_2}/P_{\text{H}_2\text{O}} = \exp\left(-\frac{\Delta G}{2RT}\right). \tag{3.12}$$

シリコン，コバルト，銅酸化物の形成のための $P_{\text{H}_2}/P_{\text{H}_2\text{O}}$ は**表 3.4** に示したとおりである．以上の結果から判断すると，水分の熱分解によってシリコン，コバルトおよびニッケルで気孔ができるのは $P_{\text{H}_2}/P_{\text{H}_2\text{O}}$ が大きな値であるのに対し，銅ではかなり小さいために気孔が形成させるに十分な水素が水分から供給されずに熱分解できないことによると結論付けることができる．

表 3.4　水分と Si，Co，Cu および Ni との反応および反応に伴う自由エネルギー[26]．

反　応	$\Delta G(\text{kJ} \cdot \text{mol}^{-1})$	鋳造温度(K)	$P_{\text{H}_2}/P_{\text{H}_2\text{O}}$
$\text{Si} + 2\text{H}_2\text{O} = \text{SiO}_2 + 2\text{H}_2$	-298.5	1773	2.15×10^4
$\text{Co} + \text{H}_2\text{O} = \text{CoO} + \text{H}_2$	41.56	1873	6.93×10^{-2}
$2\text{Cu} + \text{H}_2\text{O} = \text{Cu}_2\text{O} + \text{H}_2$	53.41	1673	4.91×10^{-4}
$\text{Ni} + \text{H}_2\text{O} = \text{NiO} + \text{H}_2$	69.13	—	1.18×10^{-2}

3.5　冷間圧接によるロータス銅の作製

　ロータス金属は通常，ガスを溶解させた溶融金属を一方向凝固させることによって作製される．これに対して，Utsunomiya らは冷間圧接させた異種金属ワイヤーを押出し加工し，一方の金属を浸出させることによってロータス金属を作製する方法を開発した[30]．**図 3.47** には，ロータス銅の作製手順を示した．銅ワイヤーとアルミニウムワイヤーを用意しそれらを銅管に充填することによって押出し素材(ビレット)を作製した．ビレットを押出し加工により圧縮

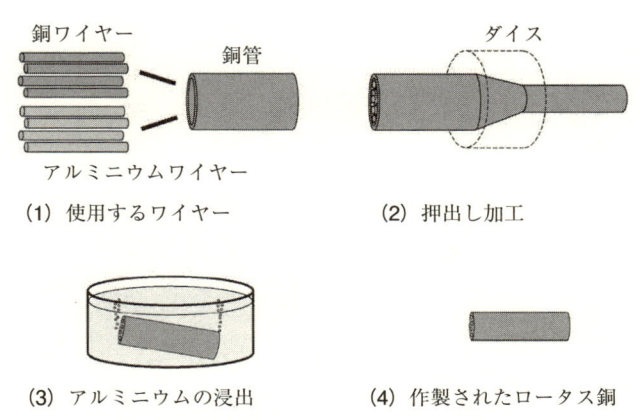

(1) 使用するワイヤー　　　　　　　(2) 押出し加工

(3) アルミニウムの浸出　　　　　(4) 作製されたロータス銅

図 3.47　冷間押出によるロータス銅の作製法 [30].

して一体化させる．一体化させた加工材を水酸化ナトリウム (NaOH) 溶液中に浸漬することによりアルミニウムのみを化学的に除去しロータス銅を得る．具体的には，一端を閉じた長さ 40 mm の $\phi 10.8 \times 0.9$ mm の銅管の中に $\phi 7 \times 0.5$ t，$\phi 4 \times 0.5$ t の銅管を同心円状に配置した三重管を準備した．管と管の間の空隙および中心の管の内側に，$\phi 0.9$ の銅線および $\phi 0.9$ のアルミニウム線を幾何学的に密に挿入しビレットを作製した．浸出後のポーラス銅の気孔率を変化させるために銅ワイヤー材とアルミニウムワイヤー材の割合を変えた 4 通りのビレットを作製した．ワイヤーを充填させた管はダイスを用いて室温で押出し加工を施し，外径 5 mm の円柱ロッドに成形された．押出し速度は 0.05 mm・s^{-1}，圧下率は 4.7 であった．押出し加工前に潤滑性を改善するために傾斜角 60° のダイスにはポリテトラフッ化エチレンをコーティングし，銅管にはラノリンをコーティングした．押出し成形されたロッドから長さ 7 mm のディスクを切り出した．それらの試料を 20%NaOH 溶液に 24 h 浸しアルミニウムを溶解除去した．気孔率は試料の重量と体積を測定して算出された．

　図 3.48 には (a) ワイヤーを充填した試料，（ b) 押出し加工した試料，（ c) 浸出させた試料の断面写真を示した．ワイヤー充填後の銅とアルミニウムワイヤーは円周方向に規則的に配列している．押出しによって空隙は消失し銅とアルミニウムとの複合材料が得られた．押出し加工後，アルミニウムワイヤーの

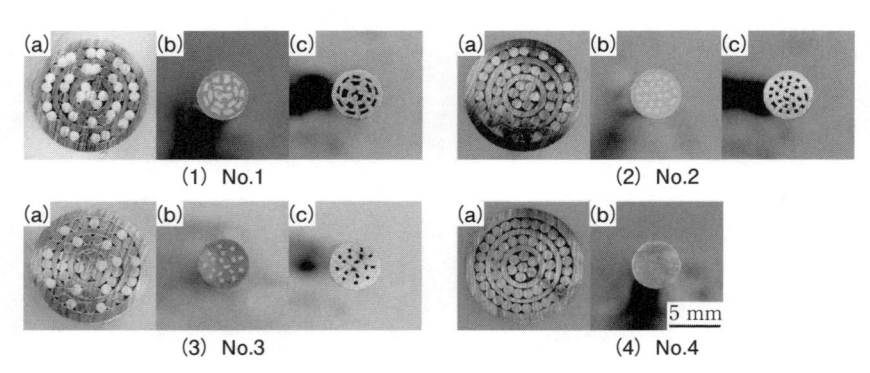

図3.48　各段階の銅管の断面写真．（a）銅ワイヤーおよびアルミニウムワイ
ヤーの充填，（b）押出し加工後，（c）浸出後．気孔率 No. 1：29.2%，No. 2：
21.1%，No. 3：14.0%，No. 4：1.1%（No. 4 は銅ワイヤーのみ）[30]．

変形の度合いは銅よりも大きいけれども充填時の銅とアルミニウムワイヤーの
配列はほぼ維持されている．浸出後，銅ロッドはレンコン状の一方向に伸びた
気孔を有している．測定された気孔率は計算値とほぼ一致していることからア
ルミニウムは浸出によってほぼ完全に取り除かれていると見なすことができ
る．

　類似の手法を使って Utsunomiya らはハニカム型ポーラス銅の作製も行って
いる[30]．銅の体積分率が 15% になるようにアルミニウムに銅をコーティング
した．ワイヤーの太さは 1.8 mm と 0.9 mm である．それを一端を封じた外径
10.8 mm，内径 9 mm の銅管に挿入，充填し押出し加工後，浸出処理した．こ
のようにして気孔が一方向に伸びたハニカム断面を有するロータス銅を作製し
た．銅管を含めた全体としての気孔率は 54% であるが，ハニカム断面部の気
孔率は 85% 程度と高いハニカム型ロータス銅が作製された．

文　　　献

［1］　B. Chalmers, Scientific American, **200**(1959)114-122.

［2］　M. Imabayashi, M. Ichimura and Y. Kanno, Trans. JIM, **24**(1983)93-100.

［3］　I. Svensson and H. S. Fredriksson, Proc. Conf. oraganized by the Applied

Metallurgy and Metals Tech Group of TMS, University of Warwick (1980) p. 376-380.

[4]　O. Knacke, H. Probst and J. Wernekinck, Z. Metallkde., **70** (1979) 1-6.

[5]　L. V. Bioko, V. I. Shapovalov and E. A. Chernykh, Metallurgiya, **346** (1991) 78-81.

[6]　S. K. Hyun, Y. Shiota, K. Murakami and H. Nakajima, Proc. Int. Conf. on Solid-Solid. Phase Transformations' 99 (JIMIC-3), edited by M. Koiwa, K. Otsuka, T. Miyazaki, Japan Inst Metals, Kyoto (1999) p. 341-344.

[7]　H. Nakajima, S. K. Hyun, K. Ohashi, K. Ota and K. Murakami, Colloids Surf. A : Physicochem. Eng. Aspects, **197** (2001) 209-214.

[8]　H. Nakajima, Mater Trans., **42** (2001) 1827-1829.

[9]　V. I. Shapovalov, MRS Bull XIX (1994) 24-28.

[10]　D. P. Smith, Hydrogen in Metals, The University of Chicago Press, Chicago (1947) p. 34.

[11]　S. K. Hyun, K. Murakami and H. Nakajima, Mater. Sci. Eng. A, **299** (2001) 241-248.

[12]　T. Ikeda, T. Aoki and H. Nakajima, Metall. Mater. Trans., **36A** (2005) 77-86.

[13]　J. S. Park, S. K. Hyun, S. Suzuki and H. Nakajima, Acta Mater., **55** (2007) 5646-5654.

[14]　J. C. Fisher, J. Appl. Phys., **19** (1948) 1062-1067.

[15]　M. C. Flemings, Solidification Processing, McGraw-Hill, New York (1974).

[16]　B. Chalmers, Principles of Solidification, Wiley & Sons, New York (1964).

[17]　E. Fromm and E. Gebhardt, Gases and Carbon in Metals. Springer, Berlin (1976).

[18]　J. H. Wright and M. G. Hocking, Metall. Trans., **3** (1972) 1749-1753.

[19]　H. Nakajima and T. Ide, Metall. Mater. Trans. A, **39A** (2008) 390-394.

[20]　S. Y. Kim, J. S. Park and H. Nakajima, Metall. Mater. Trans. A, **40A** (2009) 937-942.

[21]　T. Wada, T. Ide and H. Nakajima, Metall. Mater. Trans. A, **40A** (2009) 3204-3209.

[22]　P. Murray and J. White, Trans. Br. Ceram. Soc., **54** (1955) 204-237.

[23]　H. E. Kissinger, Anal. Chem., **29** (1957) 1702-1706.

[24]　T. Ide, A. Tsunemi and H. Nakajima, Metall. Mater. Trans. B, **45B** (2014) 1418-1424.

[25]　T. Suematsu, S. K. Hyun and H. Nakajima, J. Japan Inst. Metals, **68** (2004) 257-261.

[26]   H. Onishi, S. Ueno, S. K. Hyun and H. Nakajima, Metall. Mater. Trans. A, **40A** (2009)438-443.

[27]   H. Fredriksson and U. Akerlind, Materials Processing during Casting, Chichester, England(2006)p.141-142.

[28]   O. Kubachewski and C. B. Alcock, Metallurgical Thermochemistry, 5th edn., Pergamon, Oxford(1979).

[29]   J. F. Elliott, M. Gleiser and V. Ramakrishna, Thermochemistry for Steelmaking, vol. 1, Addition-Wesley, New York, p. 161-215.

[30]   H. Utsunomiya, H. Koh, J. Miyamoto and T. Sakai, Adv. Eng. Mater., **10**(2008) 826-829.

第**4**章

気孔の核生成と成長機構

　溶融金属中に溶解したガス原子が凝固の際に気孔を形成するには，まず気孔の核生成が起こり，その後に気孔が成長する．一方向凝固下では気孔は一方向に成長する．本章では，その気孔の核生成と成長機構をモデルに基づいて考えていく．ロータス金属中の気孔の成長は二酸化炭素を含んだ水を凍らせたロータス氷のモデル実験で再現することができる．このようなロータス材料中の気孔の形成機構は発泡金属の発泡機構と大きく異なっている．

4.1　金属中のガスの溶解度に関する Sieverts の法則

　溶融金属中のガスの溶解度は雰囲気ガスの圧力に依存する．通常のガスは室温で 2 原子より成る分子である．高温（金属の溶融温度）においては金属原子 M の表面でガス G_2 と接触し，ガス原子に解離すると，その反応は

$$\mathrm{M} + G_2 \leftrightarrow \mathrm{M} + 2\underline{G} \tag{4.1}$$

と表すことができる．解離したガス原子 $\underline{G}$ と雰囲気ガス p_{G_2} の間の化学平衡は Guldberg–Waage's 則によって次のように表すことができる．

$$\frac{[G]^2}{p_{G_2}} = \text{定数} \tag{4.2}$$

ここで，定数は温度に依存する量である．$\underline{G}$ は溶液中に解離したガス原子を示す．化学平衡状態で固相あるいは液相に解離したガス原子の濃度 $[\underline{G}]$ は雰囲気ガスの圧力の平方根に比例し，Sieverts の法則として知られている[1]．

$$[\underline{G}] = \text{定数} \times \sqrt{p_{G_2}} \tag{4.3}$$

4.2　気孔の核生成

　核生成が母相中のすべての場所に全くでたらめに起こり得る場合は均一核生成と呼ばれ，母相が化学的，エネルギー的および組織学的に均一である場合に

起こり得るものである．液体状態からなんの下地もないところで固体ができる
現象は均一核生成によるものであり，その核生成は表面エネルギーの自由エネ
ルギーへの寄与が大きいことから大きな駆動力を必要とする．しかしながら，
実在の固体では不純物や格子欠陥などが存在するので完全に均一な核生成が起
こるとは考えられない．このようにエネルギーの高い場所では核生成は完全結
晶の領域におけるよりも起こりやすい．このような核生成のための優先的位置
が存在する場合は不均一核生成が起こる．

4.2.1　均一核生成

いま，液体中での圧力が P_e であるとすると，この圧力に抗して体積 V の気
孔を形成するには $P_e V$ だけの仕事量が必要になる．また，液体/気体界面を
形成し面積 A だけ張り出させるには γA の仕事量が必要である．ただし，γ は
単位面積当たりの界面エネルギーである．圧力 P_i の蒸気あるいは気体を気孔
に満たすに要する仕事量は $-P_i V$ である．したがって，すべての仕事量[2]は

$$\Delta G = \gamma A + P_e V - P_i V$$
$$= 4\pi r^2 \gamma + (4/3)\pi r^3 (P_e - P_i) \tag{4.4}$$

となる．ただし，r は気孔の半径である．$(P_e - P_i)$ は気孔の外圧と内圧の差
ΔP である．ΔG を r に対してプロットすると**図 4.1** のようになる．ΔG は次
式に示す臨界半径 r^* で最大となる．

$$r^* = -\frac{2\gamma}{\Delta P^*} \tag{4.5}$$

r^* より小さな気孔は生成しても消滅し r^* より大きな気孔は成長する．原子サ
イズと液体金属の表面エネルギー γ の実験値を用い臨界半径が原子直径の数倍
であると仮定することによって，**表 4.1** のような値を得ることができる．式
(4.5) と Fisher の臨界圧力の計算値[2]がほぼ一致していることは臨界半径が
ほぼ 2 原子直径程度であることを示唆している．この表から明らかなように，
液体では金属中で気孔が均一核生成するにはきわめて高い圧力が必要であり均
一核生成は実際には起こりにくいことを示している．

また，界面エネルギー γ は温度によってあまり変化しないが，ΔP^* は融点
T_m においてゼロで，過冷度 ΔT が大きくなると急速に増大する．したがっ

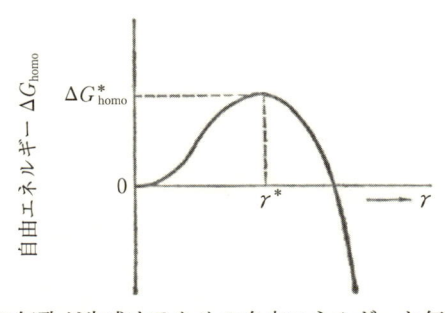

図4.1 液体中の気孔が生成するための自由エネルギーと気孔の半径の関係.

表4.1 核生成のための臨界圧力[1].

液相	表面張力 $(N \cdot m^{-1})$	原子直径 (nm)	式(4.5)から評価された ΔP^* (atm)	Fisher[1,2]によって評価された ΔP^* (atm)
水	0.072	—	—	1320
水銀	0.5	0.30	16700	22300
アルミニウム	0.9	0.29	31000	30000
銅	1.3	0.26	50000	50000
鉄	1.9	0.25	76000	70000

て，臨界半径 r^* は**図4.2**に示すように，温度 T_m では無限大で過冷度 ΔT が大きいほど小さくなる．式(4.5)を式(4.4)に代入すれば，$r = r^*$ のときの臨界エネルギー ΔG^*_{homo} は

$$\Delta G^*_{homo} = \frac{16\pi}{3} \frac{\gamma^3}{(\Delta P^*)^2} \tag{4.6}$$

したがって，ΔG^* も図4.2のように温度 T_m では無限大で，過冷度 ΔT が大きくなるほど小さくなる．

4.2.2 不均一核生成

実際は，液体金属中に不純物などが存在し不均一核生成[3]が起こっている．不均一核生成は固相と気相の間の界面エネルギー σ_{SG} が液相と気相の間の界面エネルギー S_{LG} よりも小さいときに起こる．異相界面に生成した気相 G が図

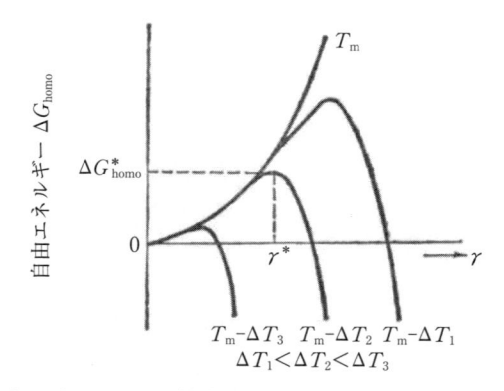

図 4.2　過冷度の違いによる核生成の気孔の臨界半径の変化.　T_{m}：融点,
ΔT：過冷度[3].

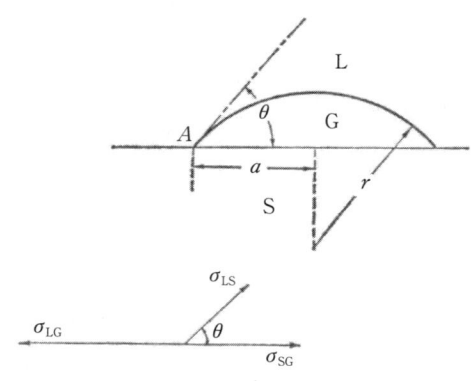

図 4.3　固液界面に核生成した気相.　L：液相,　G：気相,　S：固相.

4.3 に示すように切断球の形状であるとしてその球の半径を r, 気相 G との固相 S の界面(円)の半径を a とする. 液相 L, 気相 G, 固相 S の 3 相の合一する相境界線(円)上の 1 点 A における L-G 界面の接線と S-G 界面とのなす最大角を θ とし, L-S 界面, S-G 界面, L-G 界面の界面張力(単位面積当たりの界面エネルギー)をそれぞれ σ_{LS}, σ_{SG}, σ_{LG} とすれば,

$$\sigma_{\mathrm{LS}} = \sigma_{\mathrm{SG}} + \sigma_{\mathrm{LG}} \cos \theta \tag{4.7}$$

L-G 界面の面積 A_{LG} は**図 4.4** により

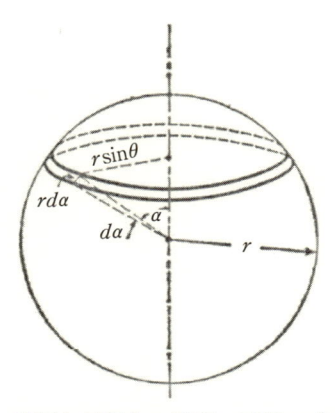

図 4.4 液相と気相との界面の面積の求め方[3].

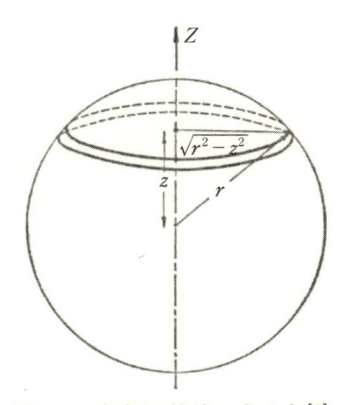

図 4.5 気相の体積の求め方[3].

$$A_{\mathrm{LG}} = \int_0^\theta 2\pi r^2 \sin \alpha d\alpha = 2\pi a^2 \{(1-\cos\theta)/\sin^2\theta\} \tag{4.8}$$

S-G 界面の面積 A_{SG} は

$$A_{\mathrm{SG}} = \pi a^2 \tag{4.9}$$

G 相の体積 V は**図 4.5** より

$$V = \int_{r\cos\theta}^r \pi(r^2-z^2)\,dz = \frac{\pi a^3}{3}(2+\cos\theta)(1-\cos\theta)^2/\sin^3\theta \tag{4.10}$$

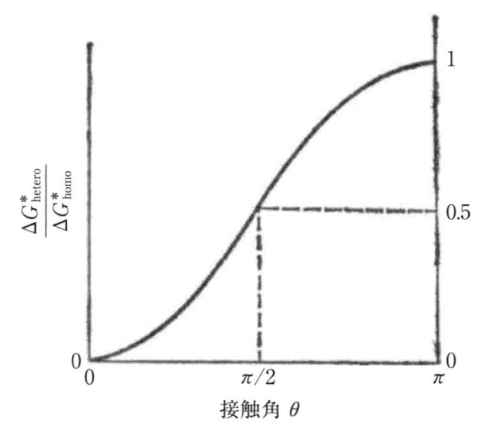

図4.6　均一核生成のための臨界エネルギーに対する不均一核生成のための臨界エネルギーの比の接触角依存性[3].

G相が生成するときの界面エネルギー変化 ΔG_{surf} は式(4.7), (4.8), (4.9)から

$$\Delta G_{\text{surf}} = 2\pi a^2 \{(1-\cos\theta)/\sin^2\theta\}\sigma_{\text{LG}} + \pi a^2(\sigma_{\text{SG}} - \sigma_{\text{LS}})$$
$$= \pi a^2\{(2+\cos\theta)(1-\cos\theta)^2/\sin^2\theta\}\sigma_{\text{LG}} \qquad (4.11)$$

また，G相が生成するときの単位体積当たりの自由エネルギー変化は $-\Delta P^*$ に等しいから式(4.10)から

$$\Delta G_{\text{vol}} = -\pi a^3\{(2+\cos\theta)(1-\cos\theta)^2/(3\sin^3\theta\}(-\Delta P^*) \qquad (4.12)$$

したがって，不均一核生成の際の自由エネルギー変化 ΔG_{hetero} は，

$$\Delta G_{\text{hetero}} = \Delta G_{\text{surf}} + \Delta G_{\text{vol}}$$
$$= \left(\frac{\pi a^2 \sigma_{\text{LG}}}{\sin^2\theta} - \frac{\pi a^3(-\Delta P^*)}{3\sin^3\theta}\right)(2+\cos\theta)(1-\cos\theta)^2 \qquad (4.13)$$

となる．この両辺を微分すると

$$\frac{d}{da}(\Delta G_{\text{hetero}}) = a\left(\frac{2\pi\sigma_{\text{LG}}}{\sin^2\theta} - \frac{\pi a(-\Delta P^*)}{\sin^3\theta}\right)(2+\cos\theta)(1-\cos\theta)^2$$
$$= 0 \qquad (4.14)$$

から

$$a \equiv a^* = \frac{2\sigma_{\text{LG}}}{(-\Delta P^*)}\sin\theta = r^*\sin\theta \qquad (4.15)$$

を得る．ここで，r^* は式(4.5)で示され，均一核生成の場合の臨界半径である．a^* は不均一核生成の場合の臨界半径である．式(4.15)を式(4.13)に代入すれば臨界エネルギー $\Delta G^*_{\text{hetero}}$ として次式が得られる．

$$\Delta G^*_{\text{hetero}} = \frac{4\pi\sigma^3_{\text{LG}}}{3(\Delta P^*)^2}(2+\cos\theta)(1-\cos\theta)^2 \qquad (4.16)$$

不均一核生成の場合の臨界エネルギー $\Delta G^*_{\text{hetero}}$ と式(4.6)の均一核生成の場合の臨界エネルギー ΔG^*_{homo} との比は，

$$\frac{\Delta G^*_{\text{hetero}}}{\Delta G^*_{\text{homo}}} = (2+\cos\theta)(1-\cos\theta)^2/4 \qquad (4.17)$$

この値は図 4.6 に示すように，$\theta = 0$ のときにゼロで，θ が大きくなるに従って増加し，$\theta = \pi$ のときに 1 となる．つまり，不均一核生成の臨界エネルギーが均一核生成の臨界エネルギーよりも小さいことから不均一核生成の方がはるかに起こりやすいことがわかる．

4.3　気孔の成長プロセスに及ぼす凝固速度の影響

　図 4.7 には固液界面の移動速度，すなわち凝固速度が固液界面に発生した気孔の形態に及ぼす影響について 3 つのモデルを図示している[4]．溶融金属中のガス原子の濃度が高く，それが凝固した固相中での固溶度がかなり低い場合，融点において不連続な溶解度差を生じる．その溶解度の違いにより固相に固溶しきれない過剰のガス原子が析出し固液界面付近で気孔核を生成し周辺の濃化したガス原子が拡散によって気孔内に吸収され気孔が成長していく．この際，気孔の成長速度と固液界面の移動速度が競い合う 3 つの場合が考えられる．（a）固液界面の移動速度が遅い場合，固液界面の液相側に濃化したガス原子は十分な拡散時間があるため長距離の拡散をすることができ，より遠方からもガス原子が気孔に到達し気孔は成長し粗大化する．一方，（c）固液界面の移動速度が速い場合，固液界面の液相側に濃化したガス原子は十分な長距離拡散を行うことができないために気孔の成長は抑制され十分なガス原子の供給が断たれてしまうため小さな気孔が凝固相内に取り残されてしまう．（a）と（c）の中間の固液界面の移動速度が中庸の場合，液相側に濃化したガス原子による気

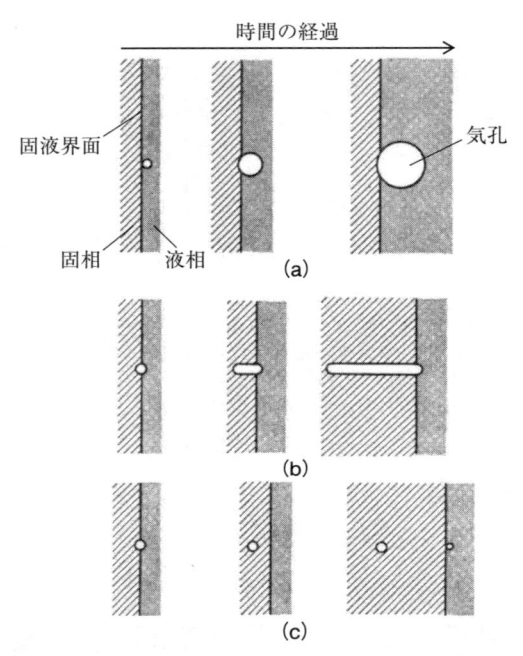

図 4.7　固液界面の移動速度の違いによる気孔の形状の変化．（a）気孔の成長
速度が固液界面の移動速度よりも速い場合，（b）気孔の成長速度が固液界面
の移動速度に等しい場合，（c）気孔の成長速度が固液界面の移動速度よりも
遅い場合．（左端）固液界面に気孔が生成される．（真中→右端）固液界面が凝
固の進行と共に右方向に移動する [4]．

孔の成長の速さと固液界面の移動速度が一致した場合，つまり気孔の成長と界
面移動が釣り合ったときには細長い気孔の直径が一定に保持されつつ界面の移
動方向に気孔が連続的に成長していく．これによって理想的な場合，無限に長
い気孔ができるはずであるが，実際は液相には対流が生じており定常的なガス
原子の拡散による気孔への供給が阻止されたり，固液界面の平坦性に乱れが生
じたり不純物の存在が界面をピン止めしたり温度勾配がガスの原子の拡散や界
面移動速度に不均一性を生じさせたりして，気孔が閉鎖したり枝分かれしたり
湾曲したりしてしまうことが多い．これらの外乱要因を極力取り除くことに
よって凝固方向の平行に長い円柱状の気孔を成長させることができる．

4.4 一方向性気孔の成長

　Yamamura らは水素とアルゴンの混合ガスの加圧雰囲気下で溶融銅を一方向凝固させてロータス銅を作製した，その気孔率の水素圧力依存性の結果を説明するために，ロータス銅中の一方向性気孔の成長モデルを提案した[5]．モデルには以下の 4 つの仮定が設定されている．

（1）一方向凝固は固液界面の一定の移動速度の下で進行する．

（2）銅の液相および固相中でのアルゴンガスの溶解度は無視し得るほど小さい．

（3）銅の固相中における水素濃度は凝固前面からの所定の距離では一定である．

（4）鋳造材の温度勾配は一定である．

　図 4.8 には一方向凝固中の固液界面近傍の固相側に形成される一方向性気孔の成長過程の模式図を示した．坩堝内で溶融する銅中の水素は飽和濃度に達しているが，その水素の何 10% かは凝固中に液相から雰囲気中に放出されている．ここで，溶融銅中の水素量に対する，液相から雰囲気ガス中へ放出された水素量の比を a とする．いま，図に示すように円柱状の気孔が l から $l+dl$

$$\boxed{\text{液相の体積要素中に含まれる初期の水素量}} + \boxed{\begin{array}{l}\text{凝固収縮に伴い体積要}\\\text{素中に流入する液相中}\\\text{の水素}\end{array}} - \boxed{\begin{array}{l}\text{気孔形成のため体積要}\\\text{素から流出する液相中}\\\text{の水素量}\end{array}}$$

$$+ \boxed{\begin{array}{l}\text{長さ } l \text{ の気孔中の水素}\\\text{量}\end{array}} - \boxed{\begin{array}{l}\text{長さ } l \text{ の気孔周辺の固}\\\text{相に固溶した水素量}\end{array}}$$

$$= \boxed{\begin{array}{l}\text{長さ } l+dl \text{ の気孔中の}\\\text{水素量}\end{array}} + \boxed{\begin{array}{l}\text{長さ } l+dl \text{ の気孔周辺}\\\text{の固相中に固溶した水}\\\text{素量}\end{array}}$$

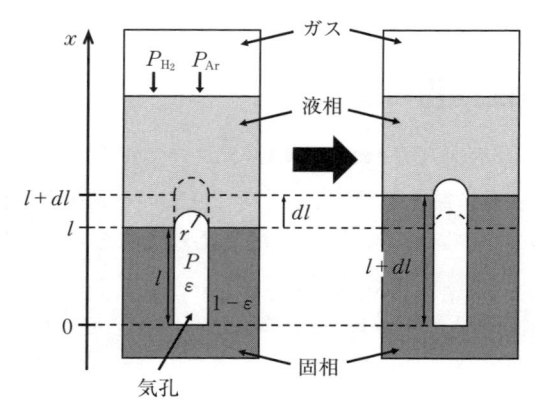

図 4.8　水素分圧 P_{H_2} とアルゴン分圧 P_{Ar} の混合ガス雰囲気下での溶融金属の一方向凝固界面付近における一方向性気孔の成長モデル [5].

の長さに成長するとき，水素のマスバランスは前ページの式のように記述できる．すなわち，

$$\rho_{L}(l \cdot dl)\frac{C_{m}}{a+1} + \rho_{L}\{\beta(1-\varepsilon)(l \cdot dl)\}\frac{C_{m}}{a+1}$$

$$- \rho_{L}\{\varepsilon(l \cdot dl)\}\frac{C_{m}}{a+1} + W_{l} + S_{l} = W_{l+dl} + S_{l+dl} \qquad (4.18)$$

ここで，ρ_{L} は液相の密度，8.00×10^{3} kg·m^{-3}，ρ_{s} は固相の密度，8.40×10^{3} kg·m^{-3}，β は凝固収縮率，0.0476，C_{m} は保持温度における水素とアルゴンの混合ガスと平衡する溶融銅中の水素濃度，T_{n} は溶融銅の保持温度(1523 K)，W_{l} は長さ l の気孔内の水素の質量，W_{l+dl} は長さ $l+d$ の気孔内の水素の質量，S_{l} は長さ l の気孔周辺の固相銅に固溶した水素の質量，S_{l+dl} は長さ $l+dl$ の気孔周辺の固相銅に固溶した水素の質量である．

　始めに，気孔内の水素量を見積もることにする．円柱状の気孔径を ε，気孔の断面積を 1 とすると，この気孔率は ε に等しい．気孔内の水素の圧力を P とし，円柱状気孔の最上端の温度を T_{n}，気孔内の温度勾配を G とすると，円柱状気孔内の x における温度 T は，$T = G \cdot x + (T_{n} - G \cdot l)$ である．長さ dx の気孔の体積要素における水素量 dw は

$$dw = \frac{M \times P(\varepsilon dx)}{R\{Gx + (T_\mathrm{n} - Gl)\}} \tag{4.19}$$

ここで，M は水素の分子量 $2.016\,\mathrm{kg \cdot mol^{-1}}$，$R$ は気体定数である．したがって，長さ l の気孔内の水素全量 W は

$$W = \int_0^l dw = \frac{MP\varepsilon}{RG} \ln\left(\frac{T_\mathrm{n}}{T_\mathrm{n} - Gl}\right) \tag{4.20}$$

気孔が dl の長さだけ成長すると気孔内の水素の質量は dW だけ増加するので.

$$dW = \frac{dW}{dl} dl = \frac{MP\varepsilon}{R(T_\mathrm{n} - Gl)} dl \tag{4.21}$$

で与えられる．

次に気孔周辺の固相銅中の水素量を評価する．その水素濃度 C_s は

$$C_\mathrm{s}(T) = \eta(T)\sqrt{P} \tag{4.22}$$
$$\eta(T) = 4.34 \times 10^{-7} \exp(-5.888 \times 10^3 / T) \quad （重量分率）$$

長さ l および $l + dl$ の気孔周辺の固相銅中の水素量をそれぞれ S_l および S_{l+dl}，とすれば，それらは

$$S_l = \rho_\mathrm{s}(1 - \varepsilon) \int_0^l C_\mathrm{s}(T)\, dx \tag{4.23}$$

および

$$S_{l+dl} = \rho_\mathrm{s}(1 - \varepsilon) \int_0^{l+dl} C_\mathrm{s}(T)\, dx \tag{4.24}$$

で与えられる．**図4.9** には気孔の長さが l と $l + dl$ の場合の凝固方向での水素の濃度分布の違いを示した．面積 ABCD は面積 HIFG に等しいので水素の質量の差 $S_{l+dl} - S_l$ は EBIH となる．dl は微少長さであるので，面積 EBIH は長方形 ABIH の面積に近似的に等しいので，

$$S_{l+dl} - S_l = \rho_\mathrm{s} dl \cdot C_0 \tag{4.25}$$

と表すことができる．式(4.25)と(4.21)を式(4.18)に代入すると，

$$P = \left[\frac{-\rho_\mathrm{s}(1-\varepsilon)\eta(T_\mathrm{m}) + \sqrt{\rho_\mathrm{s}^2(1-\varepsilon)^2 \eta_{(T_\mathrm{n}-Gl)^2} - [4 \times M\varepsilon/R(T_\mathrm{n}-Gl)][\rho_\mathrm{L}(1+\beta)(1-\varepsilon)\xi_{(T_\mathrm{m})}\sqrt{P_{\mathrm{H}_2}}]/(a+1)}}{2 \times M\varepsilon/R(T_\mathrm{n}-Gl)}\right]^2 \tag{4.26}$$

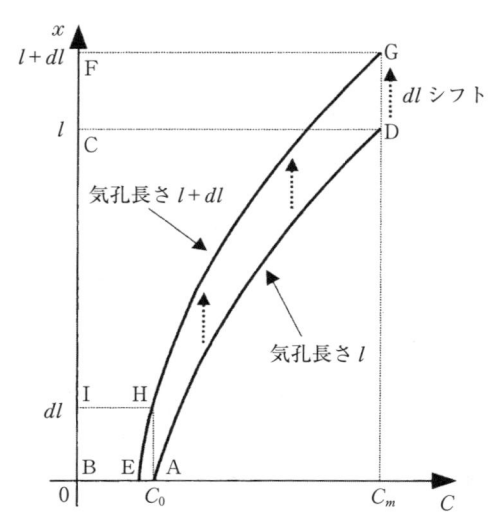

図 4.9　気孔の長さが l から $l+dl$ への成長に伴う水素の濃度分布の変化[5].

を得ることができる.

　いま, 溶融銅の静水圧を無視できると仮定すると, 気孔内の圧力 P はガス雰囲気の圧力と溶融銅の表面張力による気孔の毛管圧 P_r との和となり,

$$P = P_{H_2} + P_{Ar} + P_r \tag{4.27}$$

である. ここで, P_{Ar} はアルゴンの圧力, $P_r = 2\sigma/r$ である. r は気孔の半径である. したがって, 水素とアルゴンの圧力の関係は次式で示される.

$$P_{Ar} = \left[\frac{-\rho_s(1-\varepsilon)\eta_{(T_m)} + \sqrt{\rho_s^2(1-\varepsilon)^2\eta_{(T_n-Gl)}^2 - [4\times M\varepsilon/R(T_n-Gl)][\rho_L(1+\beta)(1-\varepsilon)\xi_{(T_m)}\sqrt{P_{H_2}}]/(a+1)}}{2\times M\varepsilon/R(T_n-Gl)} \right]^2$$

$$- \left(P_{H_2} - \frac{2\sigma}{r} \right) \tag{4.28}$$

図 4.10 にはさまざまな水素分圧とアルゴン分圧よりなる混合ガス雰囲気下で作製されたロータス銅の気孔率の測定結果をマップで示した. また, 実線(平均気孔径を 100 μm)と点線(平均気孔径を 20 μm)は式(4.27)によって計算された気孔率の曲線である. a を 0.52 とすると計算値が測定値とよい一致を見る. これは 1523 K の保持温度で溶融銅中に解離した水素の 34.3%($=0.52/(1+0.52)\times100$)が液相からガス雰囲気に放出されることを意味して

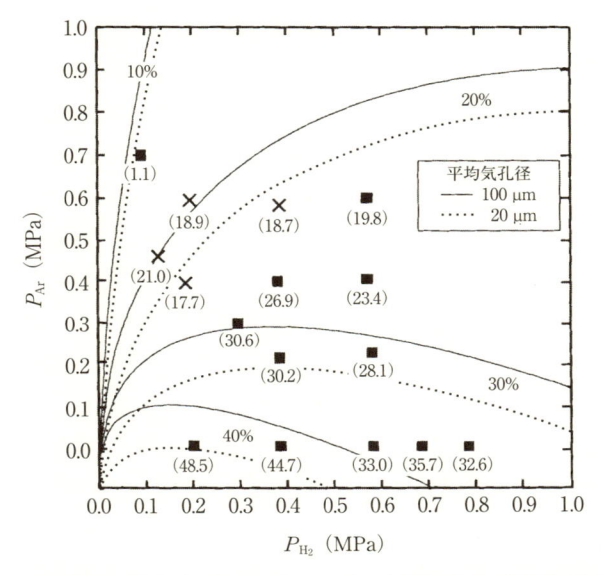

図 4.10 さまざまな水素分圧およびアルゴン分圧よりなる混合ガス雰囲気下で作製されたロータス銅の気孔率の測定結果および Yamamura らのモデルによる計算結果(実線および点線) [5].

いる. つまり, この 34.3% の水素は気孔の形成には寄与しない. 混合ガスの全圧が 0.6 MPa の場合の気孔率に注目してみると, 水素分圧 0.6 MPa, アルゴン分圧 0 MPa では気孔率が 33% であるが, 水素分圧 0.2 MPa, アルゴン分圧 0.4 MPa になると, 気孔率は 17.7% に減少する. この気孔率の減少は溶融銅における水素の溶解度の減少による. この傾向は計算値とよく一致することがこの図から理解できる. 以上のように, 固液界面の移動に伴う気孔の成長プロセスに水素の物質収支を考慮したモデルを適用することによって気孔率と雰囲気ガス圧との関係をうまく説明できる.

4.5 二酸化炭素を含んだ水による一方向凝固モデル実験

ガス気孔の形成機構を研究する目的で水–ガス系を使ったモデル実験が広く行われている. 水の凝固過程でガス気孔の核生成と成長を直接観察することが

できる．Chalmers は空気を含んだ水を凍結する実験を行い，氷中の気孔の形成に及ぼす凝固(凍結)速度の影響を調べた[6]．その結果，凝固速度が遅いと固液界面の液相側からより多くの空気が気孔に拡散するため気孔が大きく成長すること，しかしながら，凝固速度が速いと拡散が十分に起こらず気孔は小さいことを見出した．一方，Murakami らはロータス金属の気孔の形成の模擬実験をすることを目的として，二酸化炭素を含んだ水の一方向凝固のモデル実験を行った[7]．まず，大気圧下の 293 K において脱気した蒸留水に二酸化炭素ガスを吹き込んで飽和させた水-二酸化炭素溶液を準備した．図 4.11 に示すように，ガラスセルの中にその水溶液を充填させ，253 K に冷却したアルコール浴に浸してセルを下方に 3～45 μm$\cdot$s^{-1} の範囲の一定速度で移動させる．一方向凝固の進行と共に凝固方向に二酸化炭素の気孔が成長する．二酸化炭素は水によく溶解するが，氷にはほとんど溶解しないことを利用してポーラス化することができる．まさにロータス金属の製法と同じである．この気孔の核生成および成長過程はデジタルマイクロスコープを使って直接観察する．氷の成長速度はガラスセルの移動速度と同一であった．

　図 4.12 にはさまざまな成長速度における氷中の二酸化炭素気孔の形態を示した．図 4.12(a)のように，気孔成長速度が 3 μm$\cdot$s^{-1} のときには凝固方向に長い円柱状気孔が成長し固液界面は広い気孔間ではくぼみが見られるものの，ほぼ平坦である．凝固前面では球状の気孔が核生成し凝固前面の進行と共

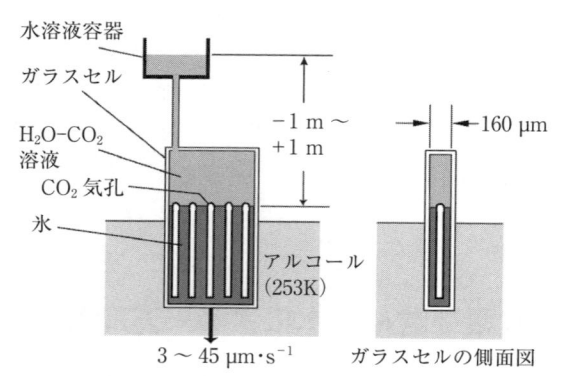

図 4.11　二酸化炭素を飽和させた水溶液を用いた一方向凝固のモデル実験装置の模式図[7]．

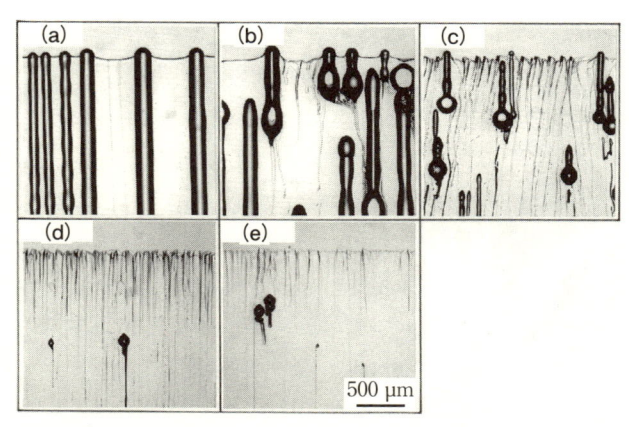

図4.12　さまざまな成長速度における氷中の二酸化炭素ガス気孔の形態．上部は水相，下部は氷相．成長速度，（a）3 μm·s^{-1}，（b）6 μm·s^{-1}，（c）9 μm·s^{-1}，（d）12 μm·s^{-1}，（e）18 μm·s^{-1} [7].

に円柱状の気孔として成長する．図4.12（b）のように，球状気孔が核生成した直後には，それらの気孔の底部から下方に非常に細い線が伸びている．この線は氷の結晶粒界であり，粒界は凝固中の粒界偏析により高濃度の二酸化炭素の溶液で満たされている．この結晶粒界のある所から気孔の核生成が起こっている．このことから凝固前面における結晶粒界の溝が気孔の核生成の優先サイトになっていると考えられる．成長速度がさらに増加すると，円柱状気孔の長さと直径は減少し図4.12（d）～（e）のように，12 μm·s^{-1}や18 μm·s^{-1}の成長速度では球状気孔だけが観察される．凝固前面の形態は平坦状からセル状に変化している．これは成長速度の増加に伴って凝固前面に隣接した液相で組成的過冷却が起こっているためである．氷に凝固するときに実際には氷中の二酸化炭素の拡散が遅れ液相の濃度が平衡値からずれている．固液界面の温度は低下しているにもかかわらず液相の濃度が温度でいうと高い状態になっているためで，界面付近では多角柱的樹枝状晶（セルデンドライト）が発生している．

4.6　発泡金属の等方性気孔の成長

ロータス金属の一方向性気孔は溶融金属中に解離した水素などのガスが一方

向凝固時に固溶できずに生成される．これまでその核生成と成長について説明してきた．一方，溶融金属中に水素化物などのガス発生化合物を添加すると，水素などのバブルを多量に発泡させたものを冷却させて作製されたポーラス金属は発泡金属として知られている．ここでは発泡金属の気孔の成長について解説する．発泡金属は溶融金属中での水素ガスによるスウェリング(膨張)によって作製されるもので，気孔は等方的な球状に近い形状を有するものである．

　Korner らによって Lattice Boltzmann 法を用いて溶融金属中のガスバブルの膨張によって形成された発泡金属のセル構造の変化プロセスのシミュレーションがなされた[8]．そこでは水素の均一な体積源によって発泡剤の分解過程がモデル化された．具体的には溶融アルミニウム中に水素を解離させ，水素が発泡の開始時にすでに存在する確率論的に分布したバブルの核に拡散し，ガスがバブル内に流入する，その際，周辺の雰囲気は拡散方程式と Sieverts 則で決定づけられる．また，溶融金属の動きは Navier-Stokes の式で支配されるとした．図4.13 にはシミュレーションで得られた発泡構造の開始から気孔の粗大化に至るまでの経時変化の様子を示した．初めのバブルの核の密度が十分に高い場合，泡の膨張に始まりバブルの癒着・粗大化へと進行していく．図4.14 には小さなバブルには粗大化の様子がもっと詳細に示されている．図中の左側は小さなバブルの膨張のコンピューターシミュレーションであり，右側

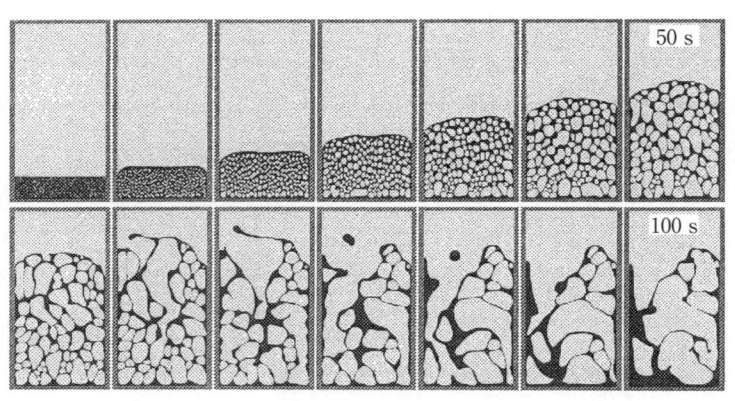

図4.13　シミュレーションで得られた発泡の開始から気孔の粗大化に至る気孔の形態の経時変化[8]．

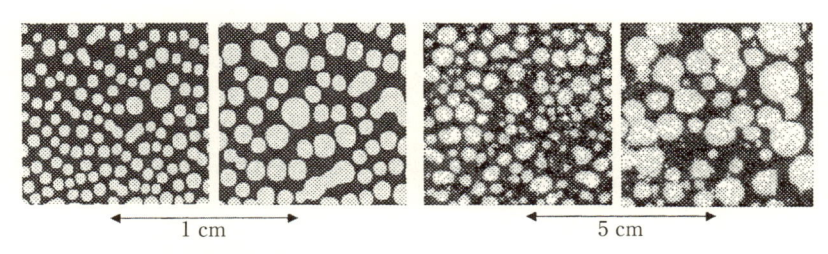

図 4.14 気孔の粗大化過程．（左）コンピューターシミュレーション，（右）発泡アルミニウム合金の µCT の解析画像[8]．

は実際の発泡アルミニウムのマイクロコンピュータートモグラフィ（µCT）解析画像である．両者はよい一致を見ている．

発泡金属が発泡過程で膨張を起こすのは以下の 2 つのガスの損失機構によって決められる．① 1 つ目はガスが泡表面まで拡散してガス損失を生じる機構であり，この効果は泡の体積に対する表面の比率，雰囲気，圧力および発泡進行速度に依存する．5 mmϕ より小さい気孔の発泡金属や数分間より長時間に及ぶ発泡時間に対してはこのガス損失が重要であり膨張を抑制する．② 2 つ目のガス損失は図 4.13 に示すように，発泡金属表面付近のセル壁の破裂によるものである．この場合，セルは消失し内在したガスは完全に失われてしまう．泡のサイズが小さい場合には，この効果は重要ではない．しかしながら，大きな泡が発泡金属の泡のサイズと同一のオーダーになるとこの効果の重要性が増す．この場合には周辺の雰囲気へのガスの損失量は泡の膨張する体積よりも大きくなる．

ところで，Banhart らはアルミニウムの発泡過程のその場観察を 150 kV マイクロフォーカス X 線源を用いたリアルタイム透過法により行った[9]．図 **4.15** には加熱開始後，200 s を経過した AlSi$_{11}$ 合金の発泡の様子と Fe, Sb, Sn あるいは In をそれぞれ 1% 添加した場合の発泡の様子を示した．1%Fe の添加によって泡はつぶれ Sn 添加では Fe ほどではないにしてもつぶれは認められる．一方，Sb や In の添加では無添加の場合と比較すると，泡がより均一化している．200 s の加熱によってもこれらの 5 種の試料では有意なドレナージの違いは見出されていない．

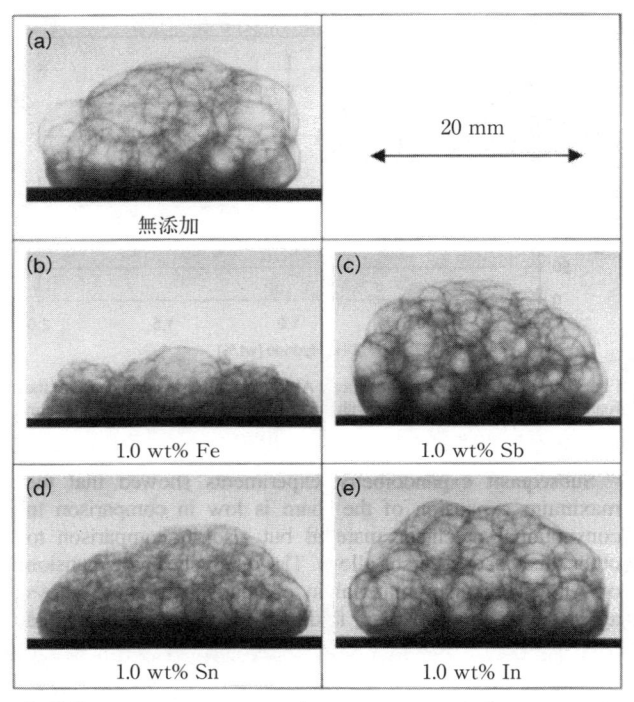

図 4.15 加熱後，200 s における発泡アルミニウム合金 AlSi$_{11}$ の気孔の成長
過程．（a）無添加，（b）1 wt%Fe 添加合金，（c）1 wt%Sb 添加合金，（d）1
wt%Sn 添加合金，（e）1 wt%In 添加合金[9]．

文　　献

[1]　H. Fredriksson and U. Akerlind, Materials Processing during Casting, Wiley &
Sons, Ltd., Chichester, England (2006) p. 258-259.

[2]　J. C. Fisher, J. Appl. Phys., **19** (1948) 1062-1067.

[3]　阿部秀夫，金属組織学序論，コロナ社 (1993) p. 51-54.

[4]　B. Chalmers, Principles of Solidification, John Wiley & Sons, New York (1964) p.
191.

[5]　S. Yamamura, H. Shiota, K. Murakami and H. Nakajima, Mater. Sci. Eng., **A 318**
(2001) 137-143.

[6]　B. Chalmers, Sci. Amer., **200** (1959) 114-122.

[7] 　K. Murakami and H. Nakajima, Mater. Trans., **43**(2002)2582-2588.

[8] 　C. Korner, M. Thies, M. Arnold and R. F. Singer, Cellular Metals and Metal Foaming Technology, edited by J. Banhart, M. F. Ashby and N. A. Fleck, Verlag MIT Publishing(2001)93-98.

[9] 　J. Weise, M. MaHaesche, F. Garcia-Moreno and J. Banhart, Porous Metals and Metal Foaming Technology, edited by H. Nakajima and N. Kanetake, Japan Inst. Metals, Sendai(2005)123-128.

第5章

さまざまなロータス材料の製法

　ロータス材料は水素ガス以外の窒素や酸素ガスを用いても作製することができる．また，金属だけではなく，金属間化合物，半導体やセラミックスでもロータス型ポーラス材料を作製することができる．本章では，さまざまな材料特有のロータス材料の製法を紹介する．

5.1　窒素ガスを用いたロータス鉄の製法

　従来はロータス金属を作製するために溶融金属中への解離ガスとして水素が使われてきた．しかしながら，水素は引火性，暴爆性ガスであるためロータス金属を実用化するための量産化製法に水素を用いることは望ましくない．水素以外のガスを用いることが望まれていた．ところで，窒素は鉄鋼の耐食性や機械的性質の改善に有効な添加元素としてよく知られている．固体および溶融鉄中の窒素溶解度の温度依存性が水素溶解度の温度依存性に似ていて，融点において固体と溶融鉄中の窒素の溶解度差が大きい．さらに，ガスの解離した溶融鉄から凝固させると固相と気泡(気相)に相分離するという不変反応が Fe-N 合金系で起こることが知られている．つまり，このような融点における窒素ガスの溶解度差を利用すれば，水素の場合と同様にロータス鉄を作製することができる[1]．窒素は安全なガスなので，量産化製造に適していると言える．

　図 5.1 には窒素分圧 1.0 MPa とアルゴン分圧 0.5 MPa より成る全圧 1.5 MPa の混合ガス雰囲気下で作製されたロータス鉄の断面の光学顕微鏡写真を示した．凝固方向に気孔が細長く成長している様子は水素を用いて作製されたロータス鉄と同様である．**図 5.2** にはロータス鉄の気孔率に及ぼす窒素ガス分圧あるいはアルゴンガス分圧の影響を調べた結果である．図 5.2(a) に示したように，窒素分圧一定の下では気孔率はアルゴン分圧の増加と共に減少する．また，図 5.2(b) に示すように，アルゴン分圧を一定にすると，気孔率は窒素分圧の増加と共に増加する．

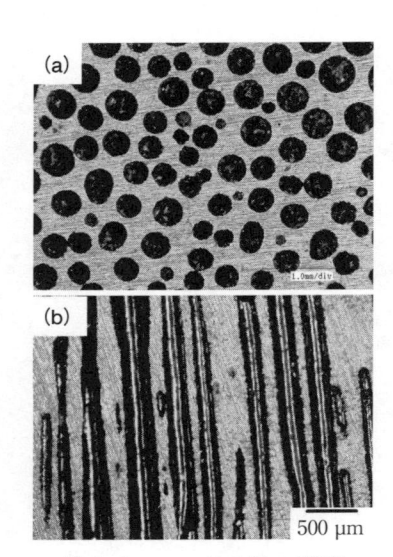

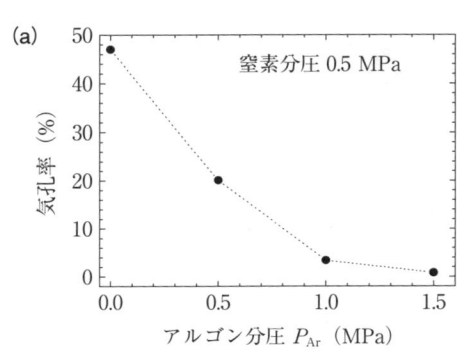

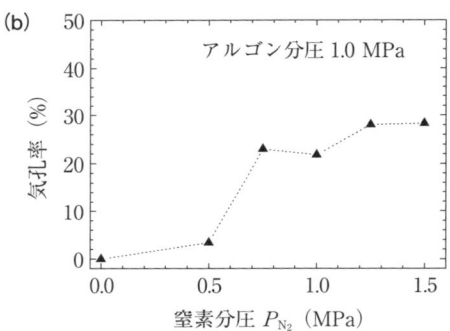

図5.1　ロータス鉄の断面の光学顕微鏡写真.（a）凝固方向に垂直方向の断面，（b）凝固方向に平行の断面.　気孔率：37.7%，作製条件：全圧 1.5 MPa（窒素分圧 1.0 MPa，アルゴン分圧 0.5 MPa）[1].

図5.2　ロータス鉄の気孔率に及ぼすアルゴンガス分圧および窒素ガス分圧の影響.（a）窒素ガス分圧 0.5 MPa の下での気孔率のアルゴンガス分圧依存性，（b）アルゴンガス分圧 1.0 MPa の下での気孔率の窒素ガス分圧依存性[1].

Sieverts の法則によれば，溶融鉄および δ-鉄における窒素の溶解度を C_N^L および C_N^δ とすれば，

$$\left. \begin{array}{l} C_N^L = K^L \sqrt{P_{N_2}} \\ C_N^\delta = K^\delta \sqrt{P_{N_2}} \end{array} \right\} \tag{5.1}$$

ここで，P_{N_2} は窒素ガス圧，K^L および K^δ は次式で表される平衡定数である.

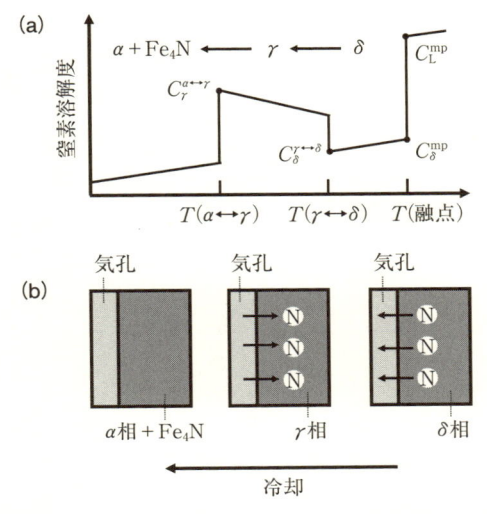

図5.3　（a）鉄中の窒素の溶解度の温度依存性，（b）窒素ガス雰囲気下で作製されたロータス鉄の凝固後の冷却過程における気孔と鉄マトリックスの間の窒素の移動モデル[1].

$$K = \exp\left(-\frac{\Delta G}{RT}\right) = \exp\left(\frac{\Delta S}{R} - \frac{\Delta H}{RT}\right) \tag{5.2}$$

ただし，ΔG は窒素溶解のための Gibbs 自由エネルギー変化，T は絶対温度，R は気体定数，ΔH と ΔS はそれぞれエンタルピーおよびエントロピーである．任意の相中の窒素の溶解度はガス圧の対数値を $1/T$ に対してプロットしたときの傾きから評価することができる．図5.3 に示すように，溶融鉄中の窒素の溶解度は δ-鉄のそれよりかなり大きい．したがって，固溶度以上の溶融鉄中に解離していた窒素は凝固中に固液界面に吐出され気孔の核が発生し一方向凝固によって一方向に気孔が成長する．窒素とアルゴンの混合ガス雰囲気下では溶融鉄中の窒素の溶解度は窒素の分圧によって決められるけれども，気孔近傍の固相中の窒素の溶解度は気孔周辺の固相と気孔内の気相間の平衡を満たすガスの内圧 P_i によって決定されるので，式(5.1)は

$$C_N^{\delta} = K^{\delta}\sqrt{P_i} \tag{5.3}$$

と書くことができる．この式から固相中の窒素の溶解度は窒素の分圧だけでは

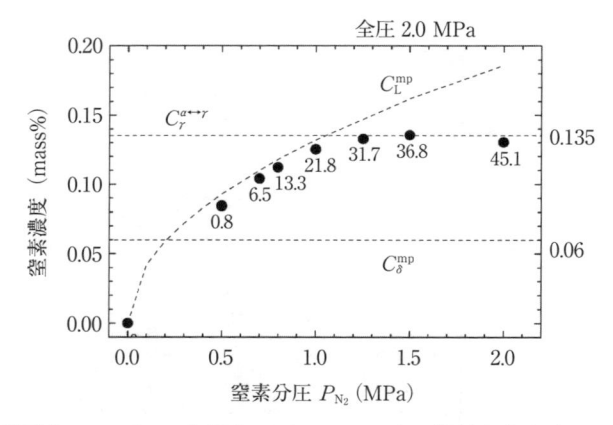

図5.4　窒素とアルゴンの全圧を 2.0 MPa に一定に保持したときのロータス鉄マトリックス中の窒素濃度と窒素分圧の関係[1].

なくアルゴンも含めた全圧で決まることがわかる．つまり全圧一定の下では，アルゴンの分圧の増加と共に溶融金属中の窒素の溶解度は減少するが，固相中の窒素の溶解度はほぼ一定である．

　図5.4 には窒素とアルゴンの全圧を 2.0 MPa に一定に保持したときのロータス鉄マトリックス中の窒素濃度と窒素分圧の関係を示した．図中の数値は気孔率を表している．窒素濃度は 0.07～0.135 mass% の範囲内にある．鉄中の窒素の溶解度曲線の測定結果によれば，γ-鉄中の窒素の溶解度は温度の上昇と共に減少し γ-鉄の最も低い温度で最大の溶解度 0.135 mass% を示す．他方，δ-鉄中では窒素の溶解度は融点直下で 0.06 mass% である．以上のことから図5.4 に示した窒素濃度がこの2つの溶解度限界値の間の大きさを示すことは理解できる．

　それでは測定された窒素濃度がなぜ δ-鉄中の窒素の溶解度よりずっと高くなるのであろうか？　図5.3 に示すように，溶融鉄を窒素とアルゴンの混合ガス中で凝固したときに固体鉄に固溶しきれない窒素が気孔を形成する．その後の冷却により δ-鉄中では窒素の溶解度は温度の低下と共に減少し，溶解しきれない濃度差 $(C_{\delta}^{mp} - C_{\delta}^{\gamma \leftrightarrow \delta})$ の窒素が δ-鉄マトリックスから気孔中に拡散流入する．しかしながら，γ-鉄中でのさらなる冷却過程では $\delta \rightarrow \gamma$ 相変態により窒素

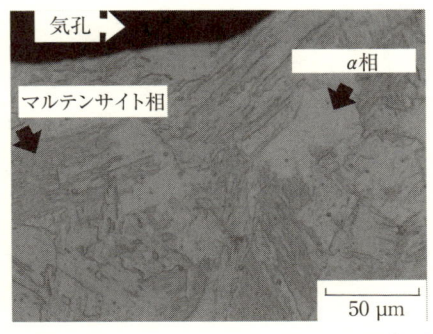

図 5.5 窒素ガス 1.25 MPa とアルゴン 0.75 MPa の混合ガス中で作製された
ロータス鉄の組織観察結果[1].

溶解度は急激に上昇し $\gamma \to \alpha$ 相変態温度に至るまで温度の低下と共に窒素溶解度は増加し続ける.この過程では,気孔中の窒素ガスが逆に γ-鉄中に解離して溶解していく.γ-鉄から α-鉄に相変態すると α(フェライト)相と Fe_4N 化合物相とが形成される(もはやこのような低い温度になると,窒素の拡散による移動は顕著でなくなる).図 5.5 には,窒素ガス 1.25 MPa とアルゴン 0.75 MPa の混合ガス中で作製されたロータス鉄の組織観察結果を示した.粒界や粒内には初析フェライトが観察されている.

5.2 酸素ガスを用いたロータス銀の製法

多くのロータス金属は水素ガスを用いて作製できるが,鉄は窒素ガスを用いて作製されることを述べた.ところで,ロータス銀は酸素ガスを用いて作製することができる.銀中の酸素の溶解度曲線は特異であり溶融銀中の酸素の溶解度は温度の低下と共に増加する.融点においてはやはり溶解度ギャップが存在し固体になると酸素の溶解度は減少する[2].したがって,酸素ガスを用いて銀をポーラス化することができる.ロータス銀の作製が酸素雰囲気中で鋳型鋳造法およびチョクラルスキー法を用いて作製された[3].図 5.6 にはチョクラルスキー法によるロータス銀の作製装置を示した.まずアルミナ坩堝の中で高周波溶解によって銀を酸素とアルゴンの混合ガス雰囲気下で溶解する.上部に

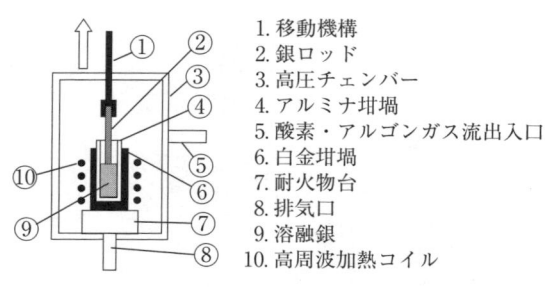

1. 移動機構
2. 銀ロッド
3. 高圧チェンバー
4. アルミナ坩堝
5. 酸素・アルゴンガス流出入口
6. 白金坩堝
7. 耐火物台
8. 排気口
9. 溶融銀
10. 高周波加熱コイル

図5.6　チョクラルスキー法によるロータス銀の作製装置[3].

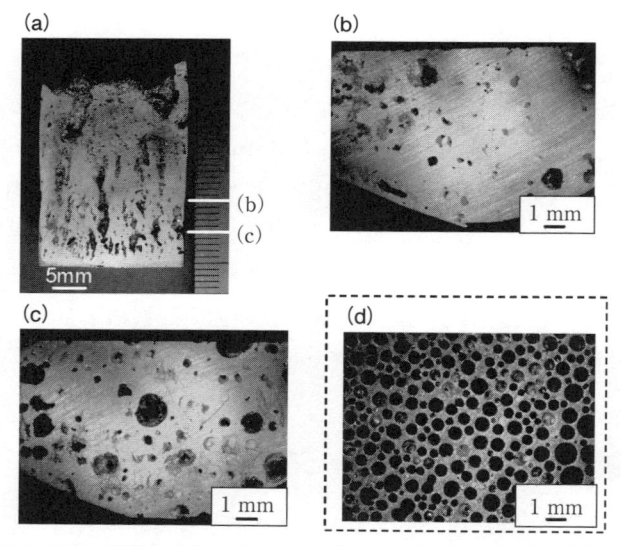

図5.7　0.05 MPa 酸素と 0.15 MPa アルゴンの混合ガス下で鋳型鋳造法によっ
て作製されたロータス銀.（a）凝固方向に平行に切断した断面,（b）イン
ゴット底面から 10 mm の位置で凝固方向に垂直に切断した断面,（c）イン
ゴット底面から 5 mm の位置で凝固方向に垂直に切断した断面,（d）凝固方
向に垂直に切断したロータス銅の切断断面[3].

つるした銀ロッドを坩堝内の溶融銀の液面に接触させた後, 1.6 mm・min^{-1} の
速度でロッドを上方に引き上げていき, 太さ 15 mmφ, 長さ 100 mm 程度の
ロータス銀のインゴットが作製された. また, 酸素とアルゴンの混合ガス雰囲

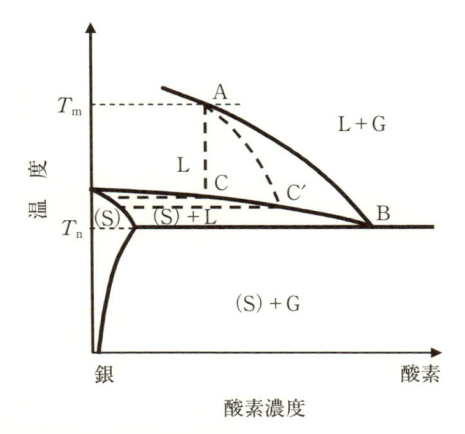

図 5.8　銀–酸素系二元状態図の銀リッチサイド[3].

気下で鋳型鋳造法によってもロータス銀の作製が行われた.

　図 5.7 には鋳型鋳造法で作製されたロータス銀の断面の光学顕微鏡観察写真である. ロータス銀の気孔の形はロータス銅や鉄の気孔とはだいぶ異なっている. 細長い気孔が凝固方向に伸びているものの, 真直ぐではなく気孔サイズも大きくばらついている. これは**図 5.8** に示した銀–酸素の二元状態図の特異性に由来している. いま, 凝固が平衡状態を保ちつつ起こっているとすると, 温度の低下に伴い溶融銀中の酸素濃度は A から B に増加する. 温度 T_n で L → (S) ＋G(L：液体, S：固体, G：気体)反応が起こると, 凝固によってロータス型の気孔が見られるはずであるが, 実際はそうではない. このことから凝固は平衡状態を維持せずに急速に起こり酸素ガス雰囲気から溶融銀への酸素の供給が間に合わず, その結果, 液相中の酸素濃度は一定のまま A から C に変化すると考えられる. つまり, 凝固は(S)＋L の混合相を通過して起こり, 一方向性の円柱状の気孔の形成を阻害していると考えられる.

　図 5.9(a), (b)にはそれぞれチョクラルスキー法で作製されたロータス銀の凝固方向とその垂直方向の断面写真を示した. チョクラルスキー法で作製されたロータス銀は(c), (d)の鋳型鋳造法によって作製されたものよりも気孔の向きとサイズがより均一になっている. チョクラルスキー法では引き上げつつある溶融銀が酸素雰囲気に曝されているため凝固直前での酸素の供給が十分

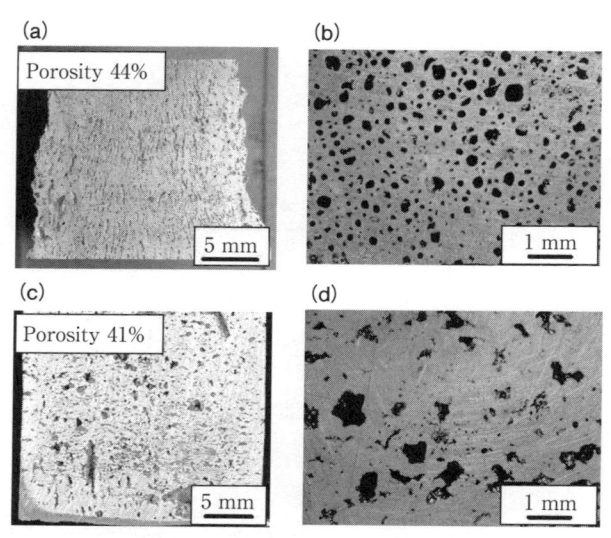

図 5.9　0.55 MPa 酸素および 0.55 MPa アルゴンの混合ガス下でチョクラルスキー法および鋳型鋳造法によって作製されたロータス銀.（a）チョクラルスキー法によって作製されたロータス銀の凝固方向に平行に切断した断面,（b）チョクラルスキー法によって作製されたロータス銀の凝固方向に垂直に切断した断面,（c）鋳型鋳造法によって作製されたロータス銀の凝固方向に平行に切断した断面,（d）鋳型鋳造法によって作製されたロータス銀の凝固方向に垂直に切断した断面 [3].

に行われているためであると考えられる.

5.3　ロータス金属間化合物の作製

　金属間化合物は高温強度,耐酸化性や耐蝕性などの優れた性質をもつので,高温構造材料や機能材料として用途が期待されている.もし金属間化合物に多数の一方向気孔を形成させることができるならば,軽量化高温構造材料,高温触媒,高温フィルターなどへの応用が可能になる.ロータス TiNi,Ni_3Al や TiAl などが作製された.ごく最近,Ide らはロータス Ni_3Al や NiAl 金属間化合物を含む広い組成におけるロータス Ni-Al 合金の気孔形態に及ぼす組成変化の影響の効果を詳細に調べているので,ここではロータス Ni-Al 合金の作

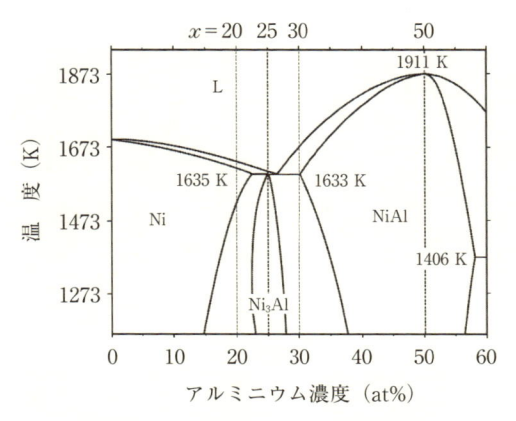

図5.10　Ni-Al 合金の状態図[4].

製の結果を紹介する[4].

　図5.10 には Ni-Al 合金状態図を示した. 25 at%Al および 50 at%Al を含む $Ni_{(100-x)}Al_x$ 合金はそれぞれ化学量論組成をもつ金属間化合物 Ni_3Al（$L1_2$ 型構造）および NiAl（B2 型構造）である. 4 種類の組成の異なる $Ni_{(100-x)}Al_x$ 合金（$x = 20, 25, 30, 50$）をアルゴン中のアーク溶解で作製し放電加工で直径 10 mmϕ, 長さ 100 mm のロッドを切り出した. ロータス $Ni_{(100-x)}Al_x$ 合金は 2.5 MPa の水素雰囲気で連続帯溶融法による一方向凝固で作製された. ロッドの下方への移動速度は 330 µm·s^{-1} に設定された. 溶融部の冷却は自然冷却とブロワーによりガスの吹付けによる強制冷却の 2 種で行っている. **図5.11**（a）と（b）はそれぞれロータス $Ni_{(100-x)}Al_x(x = 50)$ 金属間化合物の凝固方向に垂直方向および平行方向の断面写真を示した. 気孔断面は円形状であり凝固方向に細長く伸びており, これまで多くのロータス金属で観察された気孔形態と類似している. また, $x = 25$ の Ni_3Al 金属間化合物でも図 5.11（c）,（d）のようにロータス型の気孔が形成されているが, NiAl($x = 50$) に比べると, 気孔率は低下している.

　$x = 20$ および 30 の組成のロータス合金では**図5.12**（a）および（c）に示すように凝固方向に垂直な断面での気孔はほぼ円形状である. 平行方向の断面の気孔は（b）で細長い方向性を示すが,（d）では不規則な形状となっている. 強制

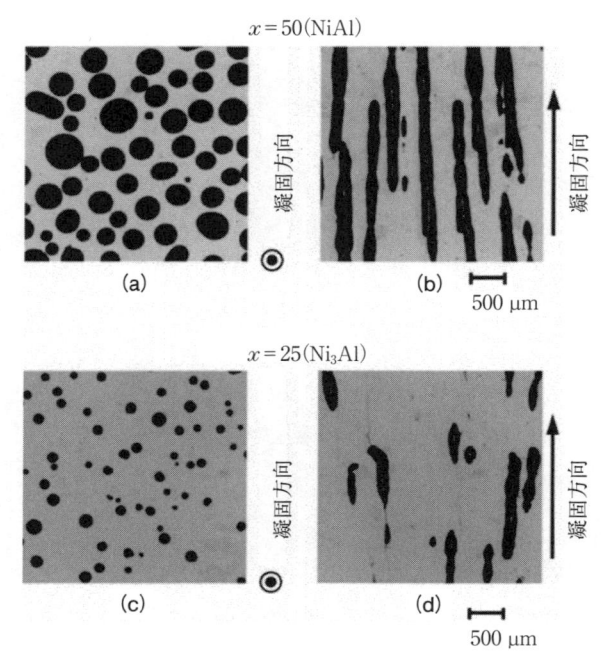

図 5.11　ロータス NiAl($x = 50$) 金属間化合物の凝固方向に (a) 垂直な断面写真，(b) 平行な断面写真．ロータス Ni$_3$Al($x = 25$) 金属間化合物の凝固方向に (c) 垂直な断面写真，(d) 平行な断面写真[4]．

冷却すると，**図 5.13**(a), (b)に示すように気孔は真円度の増した円形状であり (b), (d) では凝固方向に伸びた細長い気孔になっている．一般に，大きな凝固温度幅を持つ合金を一方向凝固させるとデンドライト構造を有する等軸の初晶や柱状晶が固液界面の前方に形成され，この領域は固相と液相との共存領域で，mushy ゾーンと言われている．凝固面前方の初晶の量やデンドライトの形状はこの mushy ゾーンの幅で決められる．それらは気孔の生成や成長に影響を及ぼす．したがって，mushy ゾーンの幅と気孔の均一性は密接に関係している．mushy ゾーンの幅 W は凝固中の温度勾配 G，凝固速度および凝固温度幅 ΔT によって決めることができる．

$$W = \frac{\Delta T}{G} \tag{5.4}$$

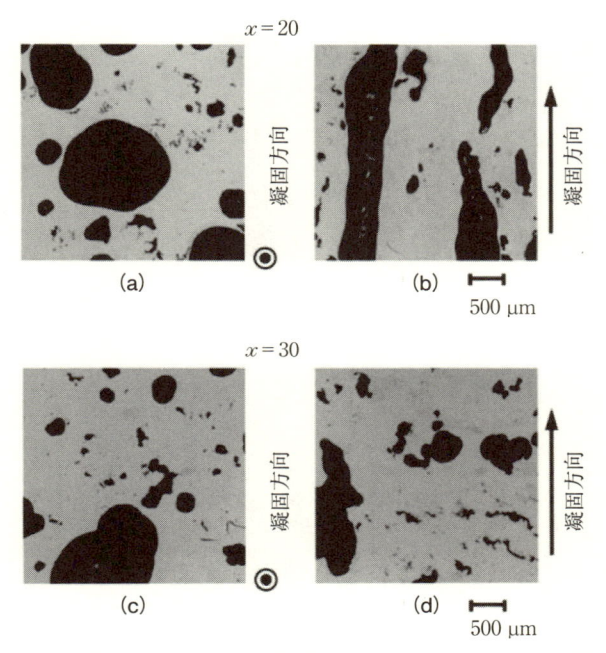

図 5.12　ロータス Ni$_{(100-x)}$Al$_x$ 金属間化合物 $x=20$ の凝固方向に（ a ）垂直
な断面写真，（ b ）平行な断面写真．ロータス Ni$_{(100-x)}$Al$_x$ 金属間化合 $x=30$
金属間化合物の凝固方向に（ c ）垂直な断面写真，（ d ）平行な断面写真[4].

例えば，$x=30$ の組成では状態図から $\Delta T=80$ K であり，自然冷却では
$G=15$ K・mm^{-1}，強制冷却では $G=25$ K・mm^{-1} となり，その結果，mushy
ゾーン幅はそれぞれ $W=5.2$ mm，$W=3.2$ mm と評価された．

　ところで，A を凝固方向に垂直断面における気孔の面積，L を気孔の周囲
長とすると，気孔の真円度 c は

$$c = \frac{4\pi A}{L^2} \tag{5.5}$$

で示される．気孔径を d，気孔の長さを l とすると，気孔のアスペクト比 a は

$$a = \frac{l}{d} \tag{5.6}$$

と表すことができる．mushy ゾーン幅が気孔の真円度に及ぼす影響を調べた

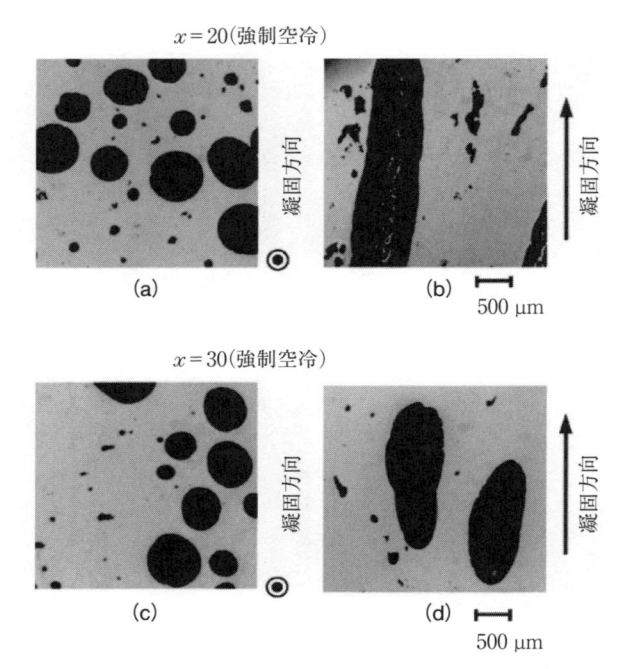

図5.13　ガスブロワーによる強制空冷によって作製されたロータス Ni$_{(100-x)}$Al$_x$ 金属間化合物 $x=20$ の凝固方向に（a）垂直な断面写真，（b）平行な断面写真．ロータス Ni$_{(100-x)}$Al$_x$ 金属間化合 $x=30$ 金属間化合物の凝固方向に（c）垂直な断面写真，（d）平行な断面写真[4]．

結果が**図5.14**（a）に示されている．気孔の真円度は mushy ゾーンの増加と共に減少し，気孔の形状は不均一になる．つまり mushy ゾーン幅が増加すると初晶が柱状晶から等軸のデンドライトに変化する．図5.14（b）に示すように，それに伴って気孔の真円度の変動係数（CV：coefficient of variation）も増加する．**図5.15**（a）および（b）に示すように，mushy ゾーン幅の増加と共に気孔のアスペクト比は減少する．それに伴ってアスペクト比の変動係数も増加する．つまり，mushy ゾーンが広くなると等軸の初晶が発生しやすくなり気孔の凝固方向への一方向性気孔の成長が阻止されてしまうことを示している．一方向凝固中の固液界面付近における気孔の成長と初晶発生の様子を図示したものが**図5.16**（a），（b），（c）である．まず（a）$x=25$ および 50 では ΔT が

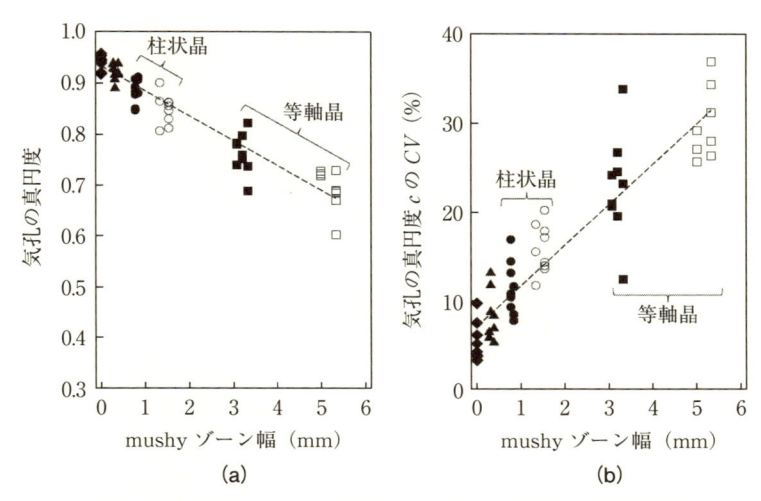

図 5.14 ロータス $Ni_{(100-x)}Al_x$ 金属間化合物の凝固方向に垂直な断面における（a）気孔の真円度の mushy ゾーン幅依存性，および（b）気孔の真円度の変動係数の mushy ゾーン幅依存性．○□：自然空冷，●■◆▲：強制空冷 [4].

ゼロかきわめて小さく mushy ゾーンはきわめて小さいので，気孔の成長の障害はなく，気孔は凝固方向に真直ぐに成長する．それに対して（b）$x = 20$ では，X 線ディフラクトメーター測定と SEM 観察により Ni_3Al の初晶が出現して気孔の成長を妨げるものの，初晶は柱状晶であり凝固方向に発生するためにある程度気孔には方向性が見られる．しかし（c）$x = 30$ 合金では NiAl と Ni_3Al の等軸晶が多数析出するため，凝固方向の気孔の成長は阻止されて球状気孔となってしまう．

　以上のように一方向に成長した気孔を有するロータス合金を作製するには mushy ゾーンの出現を抑制し，凝固温度幅を可能な限り狭くすることが重要である．また，強制冷却して凝固速度を増加させれば mushy ゾーンの通過時間を短縮することができ気孔のアスペクト比を増加させることができる．

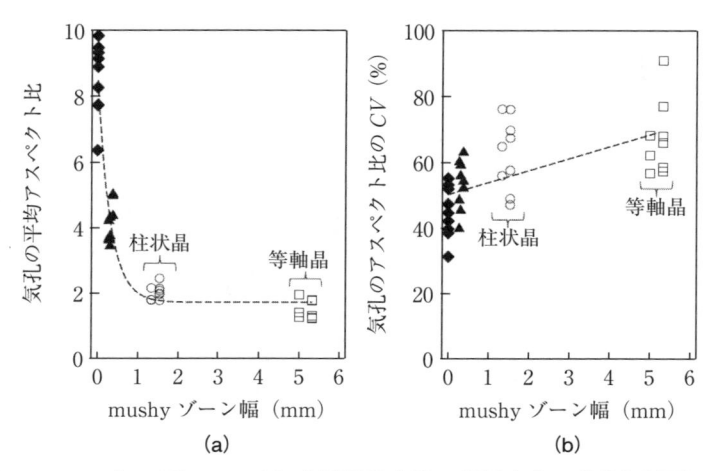

(a)　　　　　　　　　　(b)

図 5.15　ロータス Ni$_{(100-x)}$Al$_x$ 金属間化合物の凝固方向に垂直な断面における(a)気孔のアスペクト比の mushy ゾーン幅依存性，および(b)気孔のアスペクト比の変動係数の mushy ゾーン幅依存性．○□：自然空冷，◆▲：強制空冷[4]．

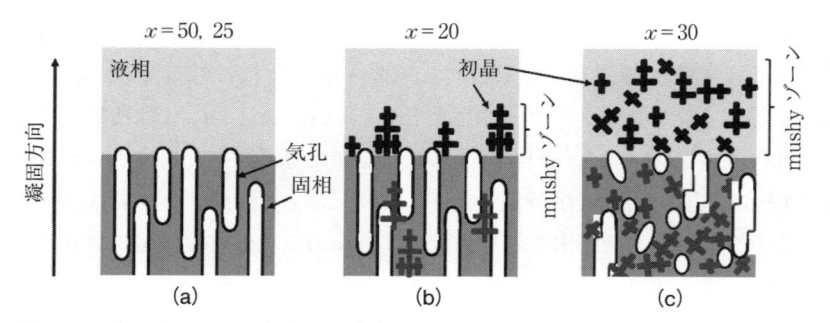

図 5.16　Ni$_{(100-x)}$Al$_x$ 合金の一方向凝固中の固液界面付近における気孔の成長と初晶発生の様子．(a)$x=50$, 25，(b)$x=20$，(c)$x=30$[4]．

5.4 ロータスシリコンの作製

　ナノオーダーサイズの気孔を有するポーラスシリコンは電解反応によって作製されることが知られている[5,6,7]．しかしながら，一方向に長いミクロンオーダーサイズの気孔を有するポーラスシリコンはこれまでに作製されていなかった．最近，Nakahata らによって加圧水素雰囲気下で一方向凝固によりロータスシリコンが作製された[8]．ロータスシリコンの気孔サイズは 100～500 μmφ 程度，気孔率は 10～40% であった．**図 5.17**（ a ）には 0.21 MPa の水素中で作製されたロータスシリコンのインゴットを切り出した外観を，図5.17（ b ），（ c ）には，それぞれ凝固方向に垂直および平行方向に切り出した断面の光学顕微鏡観察写真を示した．ロータスシリコンの気孔は凝固方向に一方向に伸びていて，その垂直断面の気孔は円形であり，ロータス金属の気孔形態と同じであった．**図 5.18**（ a ）にロータスシリコンの気孔率の水素圧力依存性を示した．水素圧の増加と共に気孔率は減少する．図 5.18（ b ）にはロータスシリコンの気孔径の水素圧力依存性を示した．気孔径は水素圧の増加と共に減

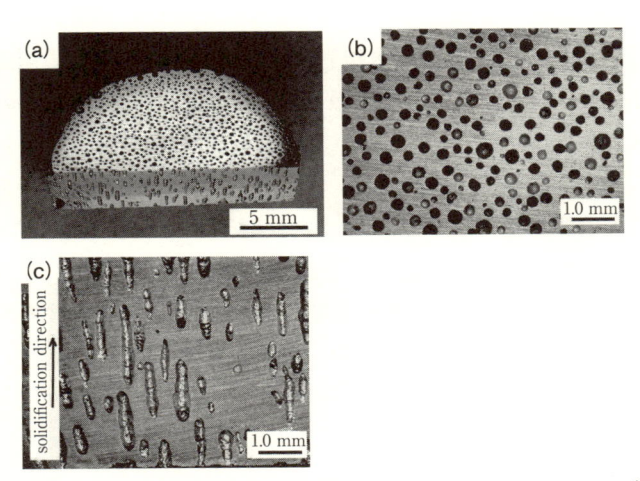

図 5.17　0.21 MPa 水素雰囲気下で作製されたロータスシリコン．（ a ）インゴットを切り出した一部，（ b ）凝固方向に垂直な断面写真，（ c ）凝固方向に平行な断面写真[8]．

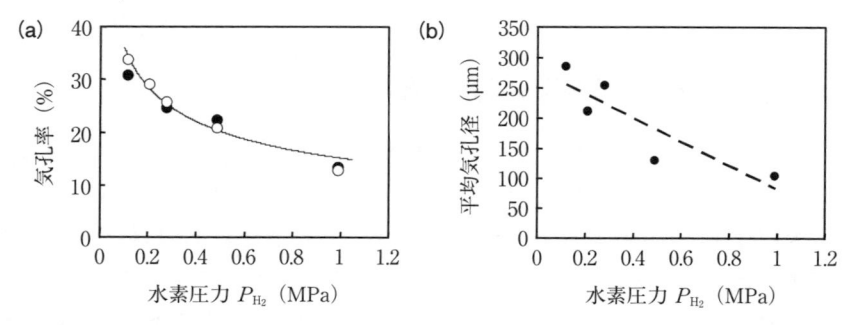

図 5.18 （a）ロータスシリコンの気孔率の水素圧力依存性. 図中の黒丸は
ロータスシリコンの見かけ上の密度から算出された気孔率, 白丸は銅チラー
から上に 5 mm 離れた垂直断面の気孔の定量観察によって算出された気孔
率.（b）平均気孔径の水素圧力依存性. 黒丸は銅チラーから上に 5 mm 離れ
た垂直断面の気孔の定量観察によって算出された気孔径[8].

少した. Sieverts と Boyle の法則を用いて気孔体積 V は次式で表すことがで
きる.

$$V = \frac{(k_1 - k_s) \times P_{H_2}^{1/2} \times RT_n}{2(P_{H_2} + 2\sigma/r)} \tag{5.7}$$

ここで, k_1 および k_s はそれぞれ液相および固相における水素の解離反応の平
衡定数である. σ および r はそれぞれ液体の表面張力および気孔の半径であ
る. T_n (1687 K) におけるシリコンの表面張力は 0.74 N·m^{-1}[9] であり, 気孔
径は 103〜286 μm であるので, $2\sigma/r$ の値はせいぜい 0.03 MPa であると評価
される. この値は水素圧 0.99 MPa に比べれば小さいので無視できる. その結
果, 気孔の体積は水素圧の平方根に逆比例することがわかる. 水素の圧力が
0.99 MPa から 0.12 MPa に減少すると気孔率は 2.7 倍だけ増加するが, これは
上述の関係式から予想される $(0.99/0.12)^{1/2} \approx 2.9$ の値とよく一致する. この評
価は温度勾配などの効果を無視しているので厳密とは言い難いが大よそ良い一
致を見ている.

5.5　ロータスアルミナの作製

　ポーラス酸化物セラミックスは機械的強度，耐熱性，化学的安定性のために高温ガスや液体金属のフィルター，触媒などに使われる．これらのポーラスセラミックスは粉末やファイバーの焼結法，ゾル–ゲル法，押出し法，凍結乾燥法などで作製されているが，気孔率や気孔サイズの制御が難しい．これに対してUenoらは加圧水素雰囲気下で一方向凝固法によってロータスアルミナを作製した[10]．99.99% の純度のアルミナ粉とバインダーとを混合しスリップ鋳造法で成型後，1473 K の温度で 7.2 ks の間，大気中で焼成した．ロッド径は 8 mmϕ，長さは 150 mm であった．図 5.19 に図示したような光学式浮遊帯溶融装置を用いて 100% 水素の雰囲気，50% 水素–50% アルゴンの混合ガス，あるいは 10% 水素–90% アルゴンの混合ガス中でアルミナロッドを一方向凝固させてロータスアルミナが作製された．光源にはキセノンランプが用いられた．キセノンランプからの光線は楕円型の球面ミラーに反射して中央部に集光されそこに置かれたアルミナロッドを溶融した．溶融部は 20 rpm に回転しつつ

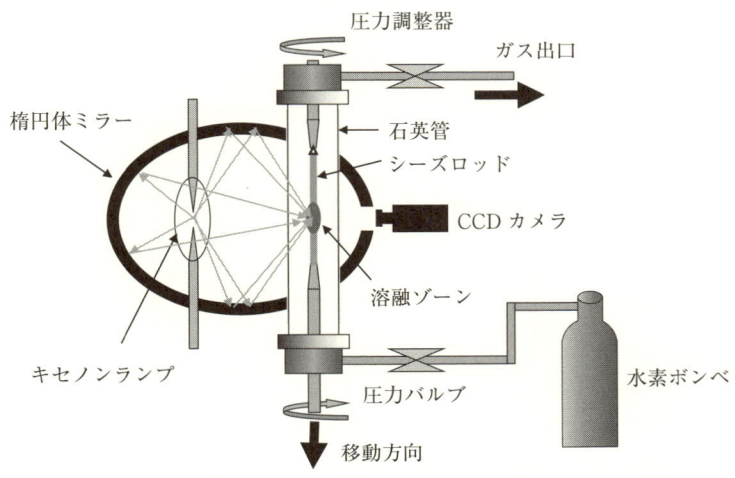

図 5.19　ロータスセラミックス作製のための光学式浮遊帯溶融装置[10].

$200\,\mathrm{mm \cdot h^{-1}}$ の速度で下方に移動させ，ロータスアルミナが作製された．**図 5.20**（a），（b）は50% 水素-50% アルゴンの混合ガス雰囲気下で作製されたロータスアルミナの横断面と縦断面の写真である．多数の円柱状の気孔が凝固方向に沿って配列しているが，中心部の気孔は球状に近く周辺部の気孔より大きい．比較的均一で小さな気孔は凝固方向に長く伸びており，固液界面で凝固時に固溶しきれないために生じたロータス型の気孔である．一方，球状気孔は一方向凝固中に固液界面から液相に吐出された過飽和気泡であろうと考えられ

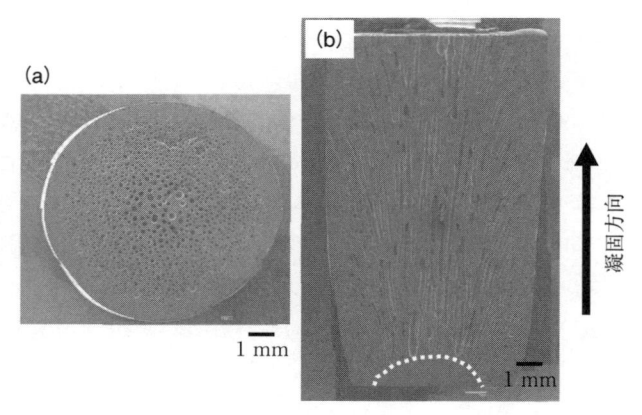

図 5.20　圧力 0.8 MPa の混合ガス（50% 水素-50% アルゴンガス）中で作製されたロータスアルミナの凝固方向に（a）垂直な断面および（b）平行な断面[10]．

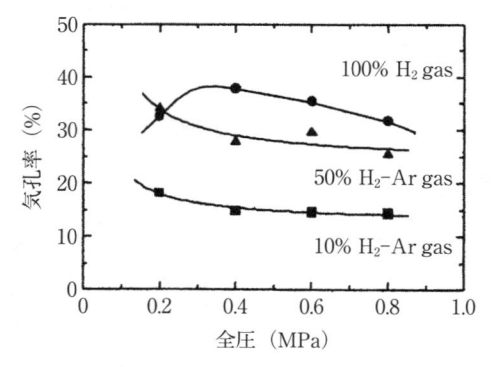

図 5.21　3種の異なる混合ガス中で作製されたロータスアルミナの気孔率の全圧力依存性[10]．

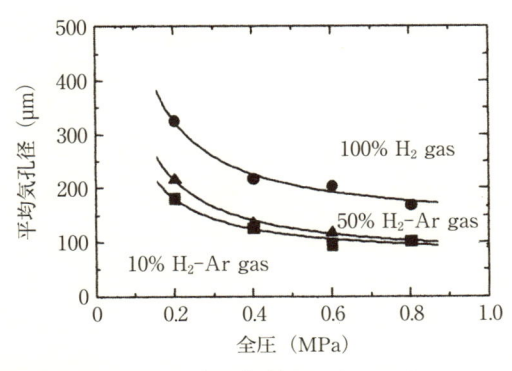

図 5.22　3 種の異なる混合ガス中で作製されたロータスアルミナの平均気孔
　　径の全圧力依存性[10].

る.

　図 5.21 にはロータスアルミナの気孔率のガス圧力依存性を示した. 3 種類
のガスで共通して言えるのは，気孔率はそれぞれのガスの圧力の増加と共に減
少することであり，Boyle の法則で説明することができる. また，同じ圧力で
比較すると，水素の含有量の増加と共に気孔率が増加する. これは Sieverts
の法則によって説明することができる. 図 5.22 はロータスアルミナの平均気
孔径の圧力依存性を示した. 平均気孔サイズはガスの圧力と共に減少するが，
Boyle の法則で理解できる. 一方，Sieverts の法則によれば，ガス中の水素の
含有量が増えると水素の分圧が増加するので，水素気孔体積が増えるために気
孔サイズが大きくなると考えられる.

5.6　固相拡散を利用したロータス黄銅の作製

　ガス雰囲気中で一方向凝固法によりロータス黄銅を作製できない. これは黄
銅の液相と固相における水素の溶解度差が小さいことに起因していると考えら
れる. そこで，凝固法を用いる代わりに，作製しやすいロータス銅を用いて
ロータス銅に亜鉛を固相拡散させることによってロータス黄銅を作製する試み
がなされた[11]. 鋳型鋳造法によって作製されたロータス銅試料を亜鉛小片と

一緒に真空引きした石英管に封入し所定の温度で，所定の時間だけアニールした．蒸発させた亜鉛をロータス銅の表面およびオープン気孔の内壁に蒸着させて固相拡散させた．その試料の組成が X 線マイクロアナライザー(EPMA)によって組成分析された．図5.23 には 953 K で 4.32 × 10^4 s アニールして作製されたロータス黄銅の断面の(a)亜鉛の濃度分布，(b)銅の濃度分布であり，(c)は2つの気孔間の領域の亜鉛の濃度-距離曲線を示した．アニール後の石英管内部には亜鉛の小片が残っていなかったことからすべての亜鉛は蒸発し，ロータス銅や石英管内壁に蒸着したと見られる．EPMA の分析の結果，亜鉛はロータス銅中に完全に拡散し，ほぼ均一に分布しており亜鉛の濃度はほぼ 40 at% であった．このように，溶解凝固法によってロータス化し難い合金からロータス合金を作製するには異種金属を固相拡散させることが有効な方法である．

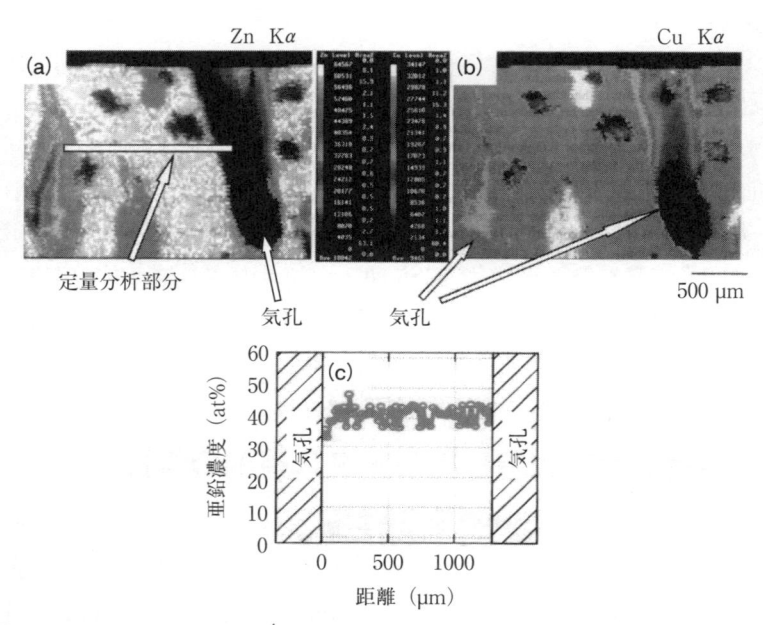

図5.23　953 K で 4.32 × 10^4 s アニールして作製されたロータス黄銅の断面の(a)亜鉛の濃度分布，(b)銅の濃度分布，(c)2つの気孔間の領域の亜鉛の濃度-距離曲線[11]．

5.7　連続鋳造法によるロータス Al–Si 合金の作製

　アルミニウムは軽金属であるが，さらにポーラス化することによって超軽量構造材料としての用途が期待される．図3.3に示すように，アルミニウム中への水素の溶解度は他の金属に比べてかなり小さいので，ロータスアルミニウムの作製は容易ではない．そこで，ここではアルミニウムに水素との親和力の強

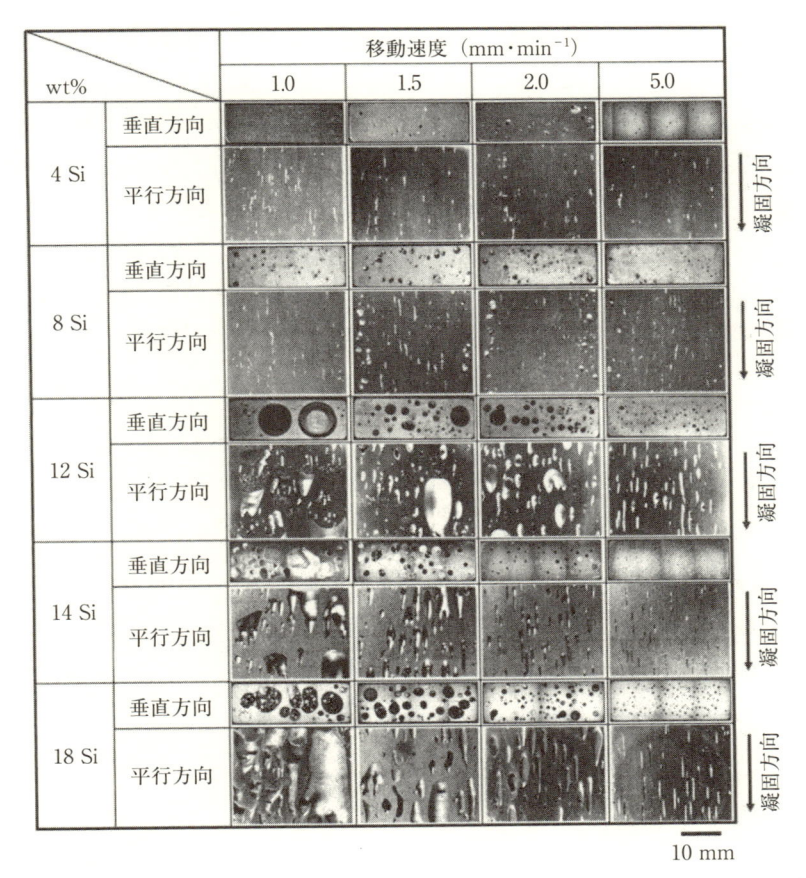

10 mm

図 5.24　0.1 MPa 水素雰囲気下で作製された Al-x·wt%Si($x = 4, 8, 12, 14, 18$) 合金の凝固方向に垂直および平行な断面写真[13].

い合金元素を添加することによって水素の溶解度を増すことができれば気孔率を増加させたロータスアルミニウム合金を作製することができるとの期待から行われた研究を紹介する．Al-Si合金に関しては，溶融状態で溶解していた水素が凝固の際に溶けきらず気泡や凝固収縮気泡が形成され，鋳造欠陥が形成されたという報告がある[12]．そのことに注目して，ParkらはSi濃度を変えたAl-Si合金を水素雰囲気中で一方向凝固させロータスAl-Si合金の作製を試みた[13]．Al(99.99%純度)にさまざまな量のAl-35 wt%Si母合金を加え4 wt%から18 wt%のSi組成の異なるAl-Si合金を用いて0.1 MPaの水素雰囲気中で連続鋳造法によってロータスAl-Si合金が作製された．**図5.24**はさまざまな移動速度の連続鋳造法によって作製されたロータスAl-Si合金の移動方向に平行と垂直の断面の観察結果である．**図5.25**にはロータスAl-Si合金の気孔率の濃度依存性の結果を示した．気孔率はAl-Si合金中のSiの濃度の増加と共に増大している．また，12 wt%Si濃度以上では，移動速度の減少と共に気孔率が増えている．**図5.26**(a)は平均気孔径に及ぼすSi濃度と移動速度の影響を調べたものである．平均気孔径はSi濃度の増加と共に増大する．また12 wt%Si濃度以上では移動速度の減少と共に平均気孔径は大きくなる．図5.26

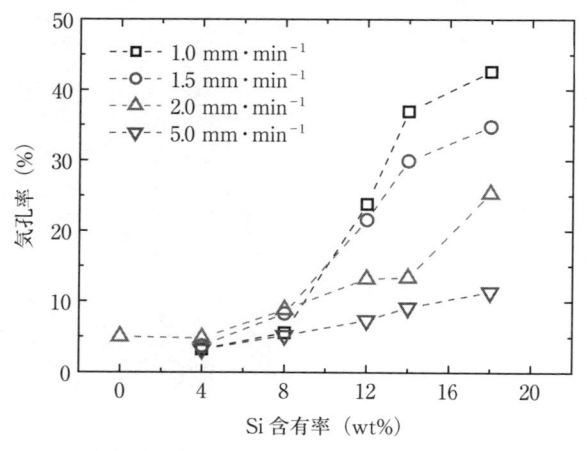

図5.25　0.1 MPa水素雰囲気下で作製されたAl-x・wt%Si合金の気孔率のSi濃度依存性[13]．

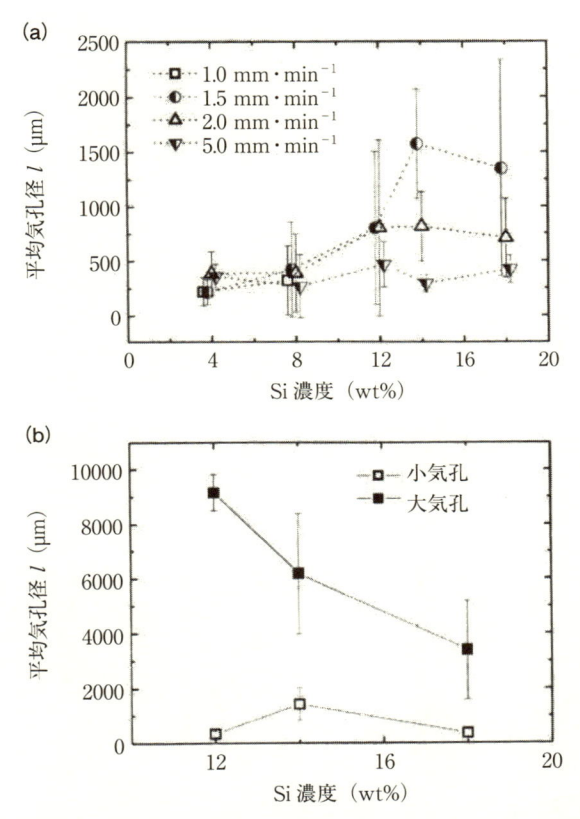

図 5.26　（a）0.1 MPa 水素雰囲気下で作製された Al-x・wt%Si 合金の平均気
孔径に及ぼす Si 濃度および移動速度の影響，（b）移動速度 1 mm・min^{-1} の
下で，Si の濃度が 12 wt% から 18 wt% の範囲において気孔はバイモーダル
分布を示したので，大気孔と小気孔に分けてそれぞれの平均気孔径の Si 濃
度依存性をプロットした図[13].

（b）に示すように，1.0 mm・min^{-1} の移動速度で作製されたロータス Al-Si 合
金の 12 wt%Si 濃度以上の範囲では形成された気孔はバイモーダル分布を示し
少数の大気孔と多数の小気孔が混在している．図 5.24 から明らかなように，
大気孔は数個の小気孔の癒着によって形成されたと考えられる．図 5.27 には
2.0 mm・min^{-1} の移動速度で作製されたロータス Al-Si 合金の移動方向の垂直

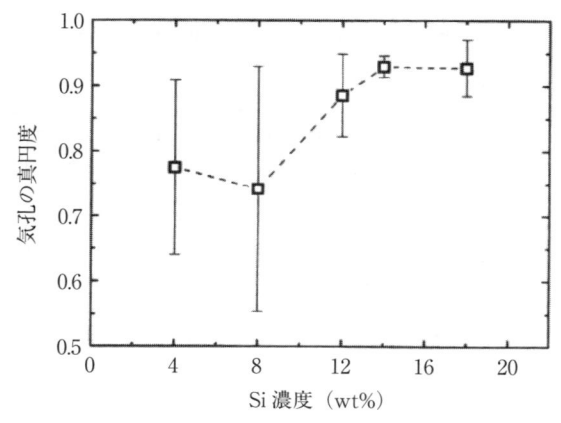

図5.27　$2.0\,\mathrm{mm}\cdot\mathrm{min}^{-1}$の移動速度で作製されたロータスAl-Si合金の移動方向の垂直断面における気孔の真円度のSi濃度依存性[13].

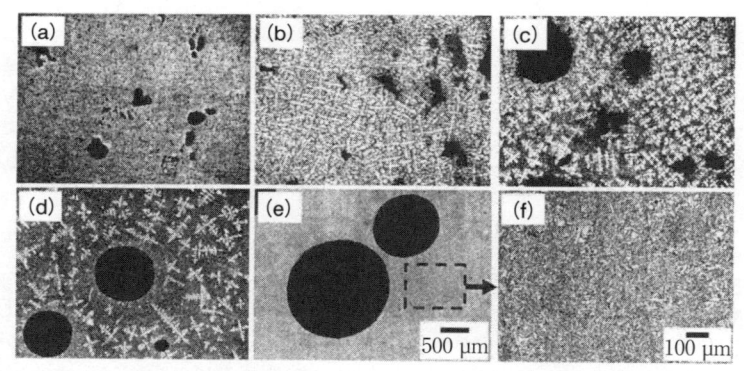

図5.28　$0.1\,\mathrm{MPa}$水素雰囲気下で$2.0\,\mathrm{mm}\cdot\mathrm{min}^{-1}$の移動速度で作製されたロータスAl-Si合金の凝固方向に垂直な断面における微細組織.（a）4,（b）8,（c）12,（d）14,（e）$18\,\mathrm{wt\%Si}$.（f）は（e）のマトリックスを拡大した写真[13].

断面における気孔の真円度のSi濃度依存性の結果を示した．気孔の真円度はSi濃度の増加と共に増加する．すなわち，Si濃度が4, $8\,\mathrm{wt\%}$では気孔径が不規則な形をとるが，$12\,\mathrm{wt\%}$以上になるとほぼ円形になる．**図5.28**には，移

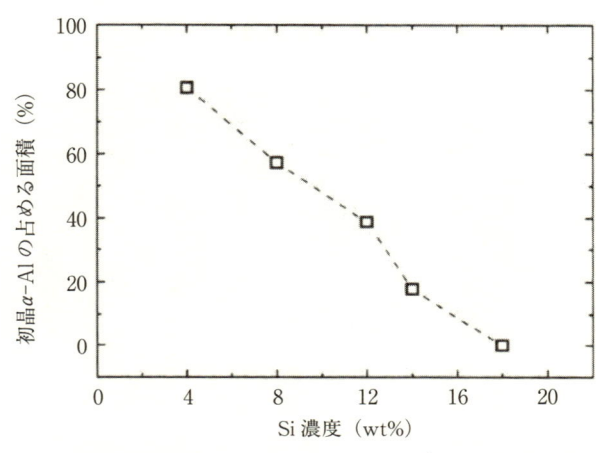

図 5.29 0.1 MPa 水素雰囲気下で 2.0 mm·min^{-1} の移動速度で作製された
ロータス Al–Si 合金中の初晶 α-Al の占める面積の割合の Si 濃度依存性[13].

動速度 2.0 mm·min^{-1} の連続鋳造によって作製された合金の Si 濃度の違いに
よるロータス Al–Si 合金の移動方向に垂直な断面の組織の変化の観察結果を示
した．**図 5.28**（a）から（e）中の白色の部分は初晶 α-Al であり，初晶 α-Al の
占有する面積の割合は**図 5.29** に示すように，Si 濃度の増加と共に減少する．
特に図 5.28（e）では初晶 α-Al も Si も観察されていない．したがって 2.0 mm·
min^{-1} の移動速度で作製された Al–Si 合金では Si の共晶組成はほぼ 18 wt%
であると考えられている．**図 5.30** に示すように，ロータス Al–12 wt%Si 合金
の組織と気孔に及ぼす移動速度の影響が調べられた．初晶デンドライト α-Al
と気孔の向きはほぼ同じ方向に配列して気孔は柱状デンドライトの間に成長し
ている．さらに，気孔の体積と成長方向は初晶デンドライト α-Al の密度の影
響を受けている．

　ところで，Park らは溶融 Al と Al–Si 合金中の水素の溶解度のデータを用い
て水素の溶解度の Si 濃度依存性を調べた．**図 5.31** に示した結果によれば，
固体と液体 Al–Si 合金における水素の溶解度差は Si 濃度の増大と共に減少す
る．この水素の溶解度差がロータス金属の気孔を形成させるのであるから，気
孔率は Si 濃度と共に増加するという図 5.25 の結果と一致しない．

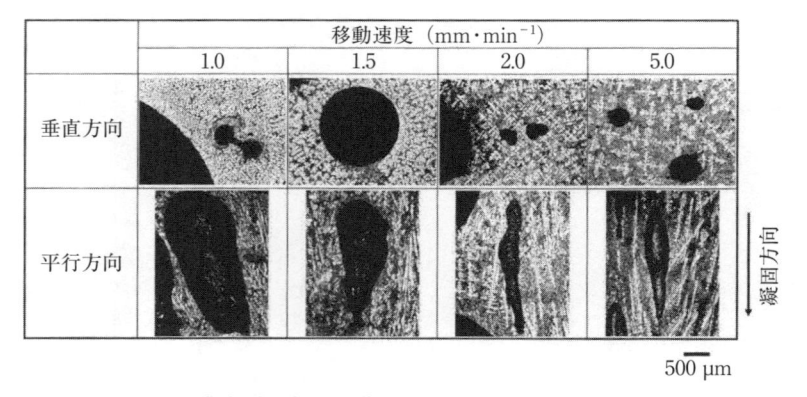

図5.30 0.1 MPa 水素雰囲気下で作製されたロータス Al-12 wt%Si 合金の気孔形態に及ぼす移動速度の影響[13].

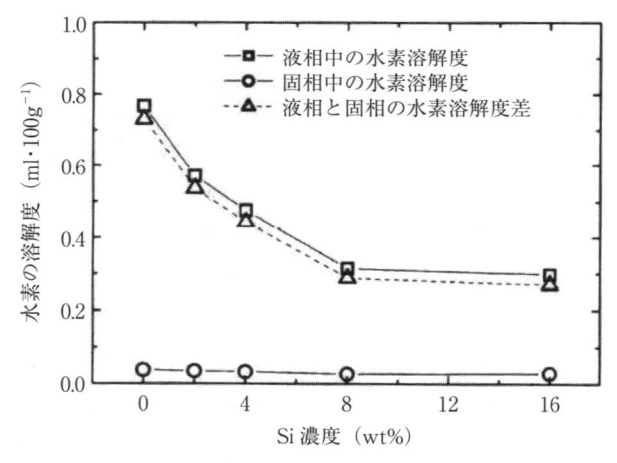

図5.31 固体と液体 Al-Si 合金における水素の溶解度および溶解度差の Si 濃度依存性[13].

　この不一致を説明するために，**図5.32** に示すような固液界面付近における
デンドライトと気孔の生成と成長モデルが考えられた．液相に溶解していた水
素が凝固の際に固溶しきれなかった水素は初晶 α-Al と液相に接した共晶前面
から放出される．気孔率の増加に寄与するような大気孔は初晶 α-Al と液相と

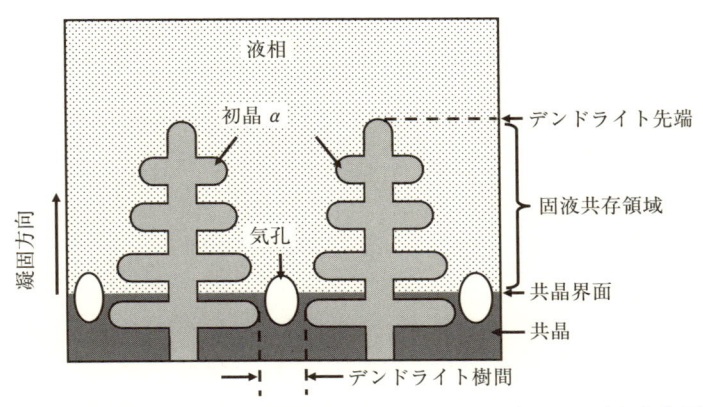

図 5.32　亜共晶 Al-Si 合金の固液界面付近におけるデンドライトと気孔の生成と成長モデル[13].

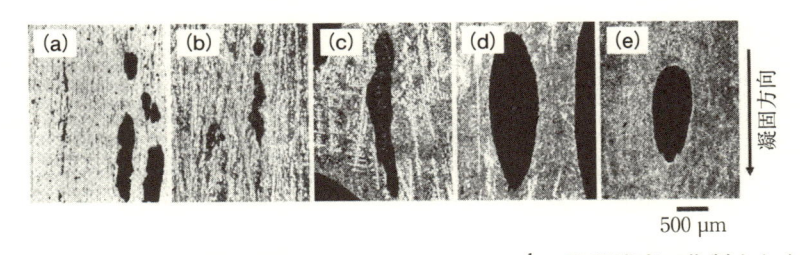

図 5.33　0.1 MPa 水素雰囲気下で 2.0 mm·min^{-1} の移動速度で作製されたロータス Al-Si 合金の凝固方向に平行の断面における気孔と微細組織. Si 濃度, （a）4, （b）8, （c）12, （d）14, （e）18 wt%Si[13].

の界面で形成されるのではなく，共晶前面で形成される．すなわち，気孔は凝固方向に沿った柱状デンドライトの間のチャンネルで成長すると考えられる．このことは図 5.30 の観察結果と一致する．また，気孔の真円度もこのモデルで説明できる．

　図 5.33 に示すように，初晶 α-Al の多い低 Si 濃度では気孔の成長は柱状デンドライトのチャンネル内で起こるので気孔は不規則な形になるが，Si 濃度の増加，すなわち共晶組織の増加と共に気孔の真円度は増してくる．このモデルによれば気孔率も共晶組織の増加と共に増えるはずである．

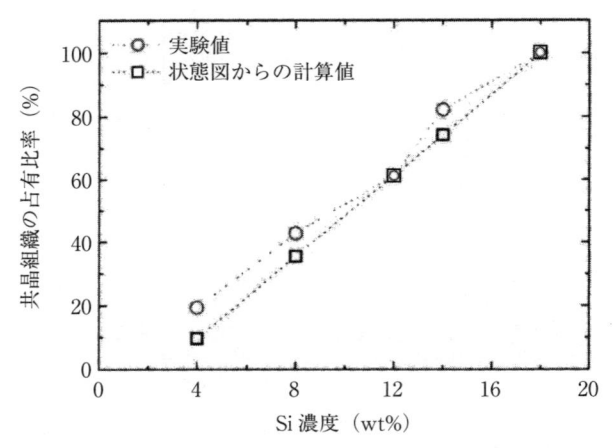

図 5.34　Al–Si 系二元状態図から見積もられた共晶組織の比率とロータス Al–Si 合金の観察結果に基づいて評価された共晶組織の比率の Si 濃度依存性 [13].

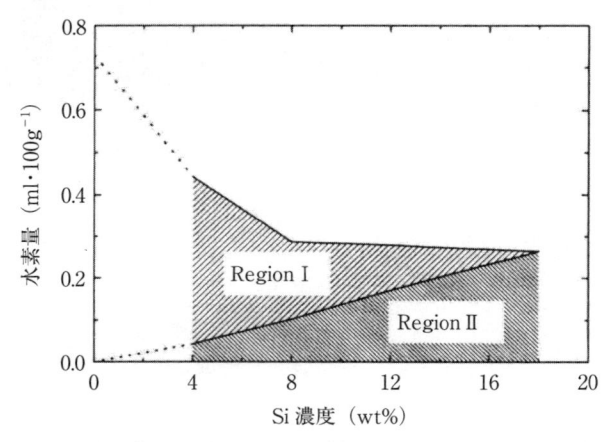

図 5.35　凝固中に固相から放出された，溶解しきれない水素量の Si 濃度依存性．Region I および Region II はそれぞれ初晶 α-Al および共晶から放出された水素量である [13].

図 5.34 には Al-Si 系二元状態図から見積もられた共晶組織の比率とロータス Al-Si 合金の観察結果に基づいて評価された共晶組織の比率とを Si 濃度に対してプロットしたものである. 2.0 mm·min^{-1} の移動速度では過冷が生じており平衡状態図の共晶組成 12.6 wt%Si とは若干異なり, その共晶組成が 18 wt%Si であることを示唆している.

図 5.35 には凝固中に固相から放出された, 溶解しきれない水素量を Si 濃度に対してプロットした図である. 図中の固溶しきれない水素は初晶 α-Al から放出される水素(Region I)と共晶組織から放出される水素(Region II)に分けることができる. Region I と II の比率は図 5.34 に示された相の占有比率と一致する傾向にあると考えられる. Region I と Region II の水素の全量は Si 濃度の増加と共に減少するが, Region II から放出された水素量は Si 濃度の増加と共に増大する. これらの結果は共晶組織の割合が増えるほど気孔の形成と成長のための水素量が増えることを示している. 以上のことから, Si 濃度の増加と共に気孔率および気孔径が増大することを説明することができる.

5.8 連続鋳造法によるロータス炭素鋼の作製

ロータス炭素鋼は軽量の高強度構造材料として有望であり, 例えば工作機械のサドルに使えば軽量化による省エネ効果や工作時の振動吸収, ひいては工作精度の向上などを発現させることが期待される. これまでに, 長尺のロータス銅, マグネシウム, アルミニウムを作製するのに連続鋳造装置が用いられてきたが, ロータス炭素鋼を作製するにはいくつかの問題があった. これまで用いられたグラファイト坩堝では鉄と反応してしまうために, 坩堝と反応しない坩堝を使用しなければならない. また, 溶融金属の漏れを防ぐためには坩堝, ブレークリングや鋳型の接合がしっかりしていなければならない. さらに鋳型と炭素鋼の間には摩擦が生じやすく連続鋳造中に凝固材が鋳型内をスムーズに移動できなくなってしまうという問題がある. これを解決するために, 図 5.36 に示すようにダミーバーの移動と停止を間欠的に操作する工夫が必要である. この操作によって炭素鋼材に振動を与えて摩擦を減じることができる[14].

図 5.37 には 100 mm·min^{-1} の移動速度で連続鋳造によって作製されたロー

タス炭素鋼材と鋳型を通過するときに生じるリップルマークを示した．この
リップルマークは周期的に観察され，間欠的操作の1周期ごとに生じており固
液界面の痕跡である．リップルマークは連続鋳造中に固液界面が深さ h の凹
状の曲線になっていることを示している．なぜリップルマークが水平線ではな
く凹状の曲線になるかと言うと，鋳型を移動しつつある1つのサイクル間に固
液界面付近の溶融金属の全量を凝固させるに十分な冷却能力を鋳型が持ってい
ないからである（鋳型の冷却部から離れた中心部は側面部より遅れて凝固す

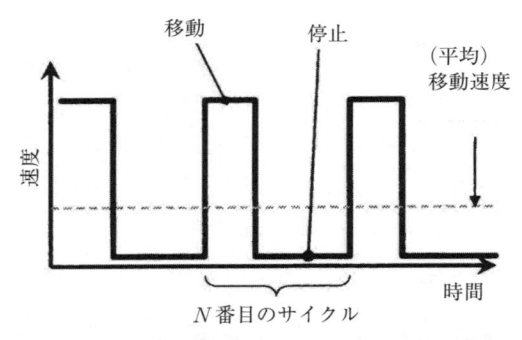

図5.36　ダミーバーの移動と停止を繰り返す間欠的操作図[14]．

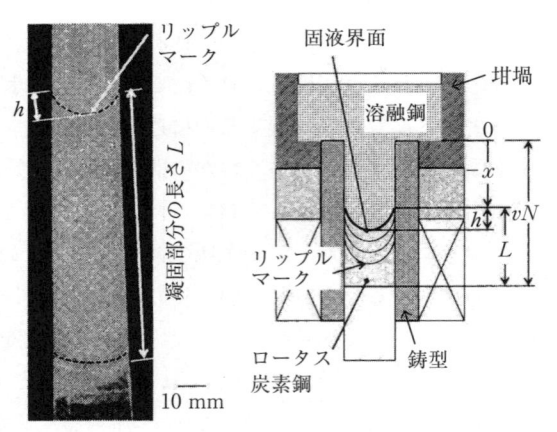

図5.37　（左図）2.5 MPa 窒素ガス雰囲気下で移動速度 100 mm・min^{-1} で作製
されたロータス炭素鋼，（右図）連続鋳造中の固液界面形状とリップルマー
ク[14]．

る）．いま，N 回のサイクル間に凝固したインゴットの長さを L とすると L はリップルマークから測定できる．v は 1 サイクル当たりの移動距離とすると，ダミーバーの移動距離は vN から評価できる．したがって，L と vN の差から固液界面の位置を知ることができる．

図 5.38 にはロータス炭素鋼の連続鋳造時の移動速度 $100\,\text{mm·min}^{-1}$ における固液界面の位置とダミーバーの移動距離の関係の測定結果および（a），（b）における固液界面の観察結果を示した．連続鋳造の開始時では固液界面は坩堝

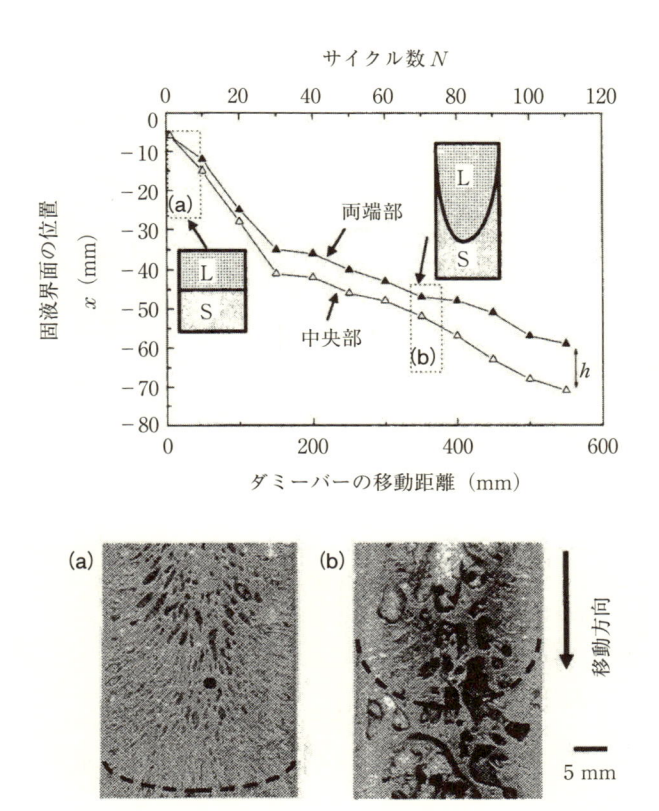

図 5.38 2.5 MPa 窒素ガス雰囲気下で移動速度 $100\,\text{mm·min}^{-1}$ で作製されたロータス炭素鋼の固液界面の位置とダミーバーの移動距離の関係．（a）移動開始時の移動方向に平行なロータス炭素鋼の断面，（b）180 サイクル後の移動方向に平行なロータス炭素鋼の断面．L：液相，S：固相[14].

の近くに存在し h は小さい．したがって固液界面はほぼ水平であり，小さな均一な気孔が生成される．サイクル数の増加と共に，固液界面の位置は下方に移動し，その界面は h の大きな，深い凹形に変化する．気孔は粗大化し不均一な分布となる．これらの結果は**図5.39**に図示されている．連続鋳造の開始時（a）では溶融金属は縦方向の放熱によって冷却され，固液界面は水平状である．しかし，連続鋳造の進行（b）と共に凝固時の放熱は主に鋳型に接する横方向となるためその界面形状は凹形になる．気孔は固液界面に垂直な方向に成長

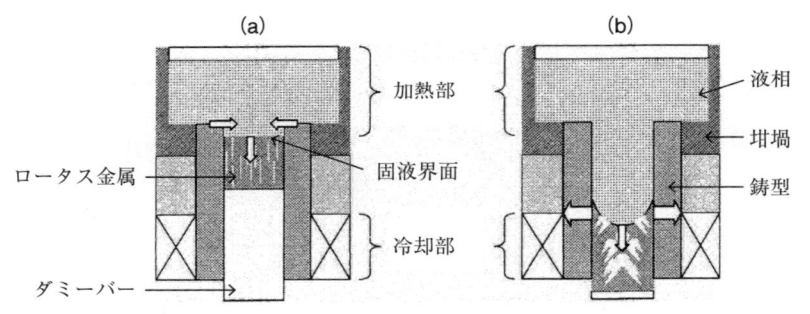

図5.39　連続鋳造における溶融金属の鋳型への放熱効果．（a）連続鋳造開始時の放熱は縦方向なので，固液界面は平坦，（b）連続鋳造の進行と共に溶融金属の接する鋳型への（横方向への）放熱が支配的となるので，固液界面形状は凹形[14].

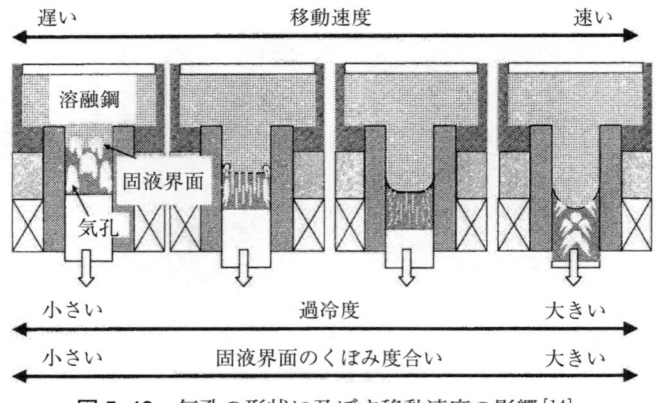

図5.40　気孔の形状に及ぼす移動速度の影響[14].

することが知られているので，側面近くの気孔は傾きそれら同士が合体して癒着し大きな不規則な気孔が形成される．これらの結果を移動速度の関数として図示したものを**図 5.40** に示した．小さな気孔が均一に分布したロータス炭素鋼の移動速度は 20 mm·min^{-1} であると結論付けている．

5.9　連続鋳造法によるロータスアルミニウムの作製

アルミニウムやマグネシウムやそれらの合金は軽量化実用金属合金としてさまざまな分野で使用されている．特に，マグネシウムは最も軽量な実用合金として注目されているが，アルミニウムに比べて塑性加工性が悪く，耐食性が劣るという欠点がある．この欠点を補うためには軽量化を目指したポーラスアルミニウムの製造が望まれる．従来の発泡アルミニウムは等方的な気孔をもっているために負荷をかけると応力集中が起きやすく脆弱である．それに対して，

表 5.1　他研究者によって水素雰囲気中で作製された一方向性気孔を有するポーラスアルミニウムの気孔率および気孔サイズの結果．

材料 （質量 %）	雰囲気圧力 (H_2/MPa)	気孔径（μm）	気孔率(%)	研究者（年）
Al（99.8% 純度）	0.1		<1.6	Shinada（1980）[15]
Al	0.05	40–60	0.2	Shahani（1985）[16]
	0.1	50–60	0.9	
	0.3	125–150	0.6	
	0.5	150–200	1.1	
Al Al-(2-8)%Fe	0.11 0.11	高い気孔率を持つポーラスアルミニウムの作製は困難，Al_3Fe の析出によって気孔率の若干の増加		Shapovalov（1993）[17]
Al	0.1	60	5.1	Zhang（2007）[18]
	$0.18H_2 + 0.22Ar$	75	<0.1	
	空気	60	0.1	
	空気	60	0.3	
Al-2%Mg	0.25	75	<0.1	
Al-4%Mg	0.57	75	<0.1	

ロータス金属は気孔成長方向には応力集中が生じないために従来のポーラス金属より高い強度を有することが知られている．もし高い気孔率を有するロータスアルミニウムが作製できるならば，軽量化構造材料として有望である．

　表5.1には水素雰囲気で一方向凝固によって作製されたロータスアルミニウムの研究結果を示したものである[15~18]．それらの気孔率は1%程度であった．それに対し，Ideらはロータスアルミニウムを作製する際の凝固速度，水素圧力，凝固近辺の温度勾配，溶融金属温度などの凝固条件が気孔の形成に及ぼす影響を詳細に実験的に，理論的に調べ，気孔の形成機構を解明すると共に，気孔の制御法を確立した．その結果，40%に及ぶ高い気孔率を有するロータスアルミニウムを作製することができた[19]．

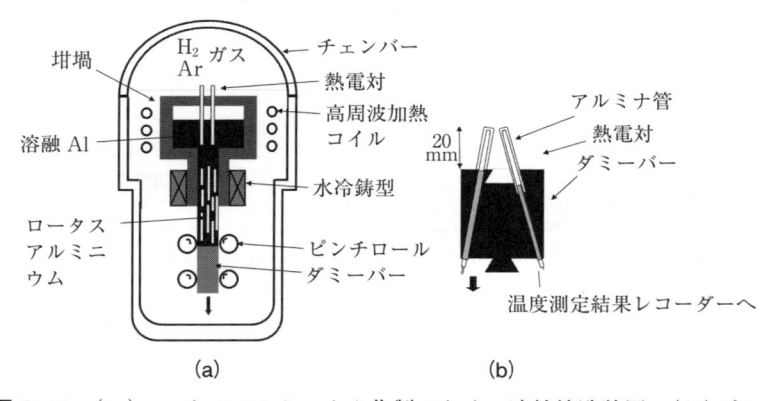

図5.41　（a）ロータスアルミニウム作製のための連続鋳造装置，（b）ダミーバー付近の凝固前面の温度測定部[19]．

　ロータスアルミニウムの作製には，**図5.41**（a）に示すような加圧水素雰囲気下での連続鋳造法を用いた．この装置は高周波溶解によって坩堝内のアルミニウムを溶解し水素を解離させる上方部，溶融アルミニウムを鋳型を通して一方向凝固させる中間部，および凝固させたアルミニウムロッドを機械的に下方に移動させる下方部の3つから構成されている．図5.41（b）には，グラファイトダミーバーに挿入された2対の熱電対を使って凝固温度を測定する治具を示した．873Kから933Kの温度範囲において測定された冷却曲線から温度勾配Gは次式に基づいて計算された．

$$G = \frac{V}{R} \tag{5.8}$$

ここで，V および R はそれぞれ一方向凝固中の冷却速度$(\mathrm{K\cdot s^{-1}})$および凝固速度$(\mathrm{mm\cdot s^{-1}})$である．

　図 5.42 には，連続鋳造による凝固速度を $0.5\,\mathrm{mm\cdot min^{-1}}$ から $0.9\,\mathrm{mm\cdot min^{-1}}$ まで変えたときに作製されたロータスアルミニウムの凝固方向に垂直および平行な断面写真を示した．雰囲気には $0.25\,\mathrm{MPa}$ の水素と $0.25\,\mathrm{MPa}$ のアルゴンの混合ガスを用いた．図 5.42(f)はほぼ 40% の高い気孔率を有するロータスアルミニウムの外観を示した写真である．図 5.43 には気孔サイズお

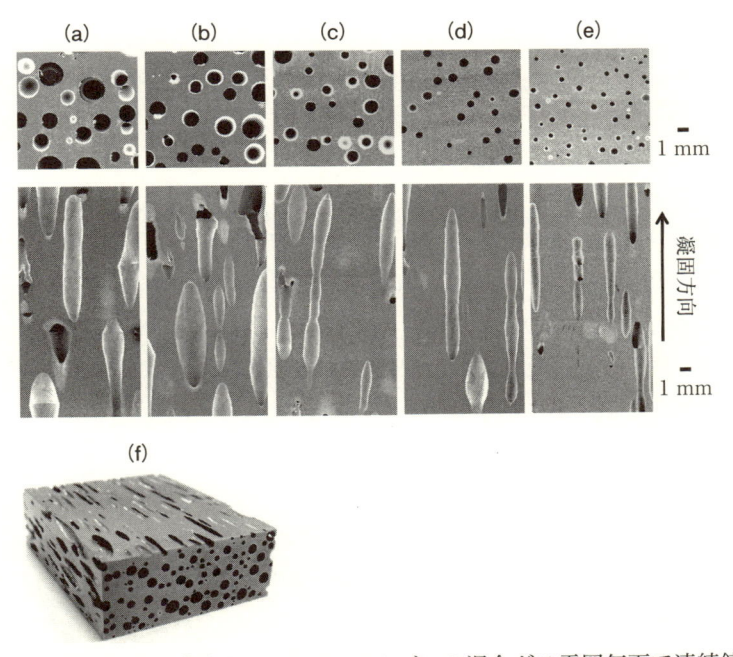

図 5.42　$0.25\,\mathrm{MPa}$ 水素と $0.25\,\mathrm{MPa}$ アルゴンの混合ガス雰囲気下で連続鋳造法によって作製されたロータスアルミニウムの凝固方向に垂直な断面(上)と平行な断面(下)．移動速度，(a)$0.5\,\mathrm{mm\cdot min^{-1}}$，(b)$0.6\,\mathrm{mm\cdot min^{-1}}$，(c)$0.7\,\mathrm{mm\cdot min^{-1}}$，(d)$0.8\,\mathrm{mm\cdot min^{-1}}$，(e)$0.9\,\mathrm{mm\cdot min^{-1}}$，(f)40% 程度の高い気孔率を有するロータスアルミニウムの外観[19]．

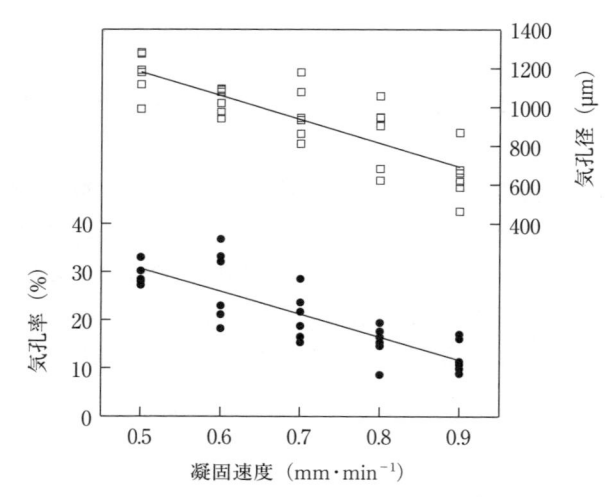

図 5.43　0.25 MPa 水素と 0.25 MPa アルゴンの混合ガス雰囲気下で作製され
たロータスアルミニウムの気孔率および気孔径の凝固速度依存性．作製条
件：温度勾配 9.7 K·mm^{-1}，溶融温度 1223 K [19]．

および気孔率の凝固速度依存性を示した．凝固速度の増加と共に気孔サイズおよ
び気孔率共に減少した．さらに，Ide らは**図 5.44**(a)，(b)，(c)，(d)に
示したように，気孔率の混合ガス中の水素分圧依存性，アルミニウムの溶融温
度依存性，固液界面付近の温度勾配依存性を実験的に調べた．図中の黒丸が測
定結果である．気孔率は水素の分圧やアルミニウムの溶融温度の増加と共に増
大するが，温度勾配の増加と共に減少することが見出された．

　従来，高い気孔率のロータスアルミニウムの作製は困難とされていたが，
Ide らは凝固速度を極端に低下させることによって 40% に及ぶ高い気孔率を
得ることができた．アルミニウム中の水素の溶解度が低いにもかかわらず，気
孔を形成しやすくするためには，固液界面の固相側に存在する気孔に液相側で
濃化した水素を流入させればよいと考えられる．その際，凝固界面の移動を遅
くして十分な拡散時間を確保すれば，例え低濃度の水素であっても十分な水素
が多数の気孔に流入して気孔を成長させることができるものと考えられる．そ
の様子を**図 5.45** に示した．図 5.45(a)のように，凝固速度が速い場合，固液

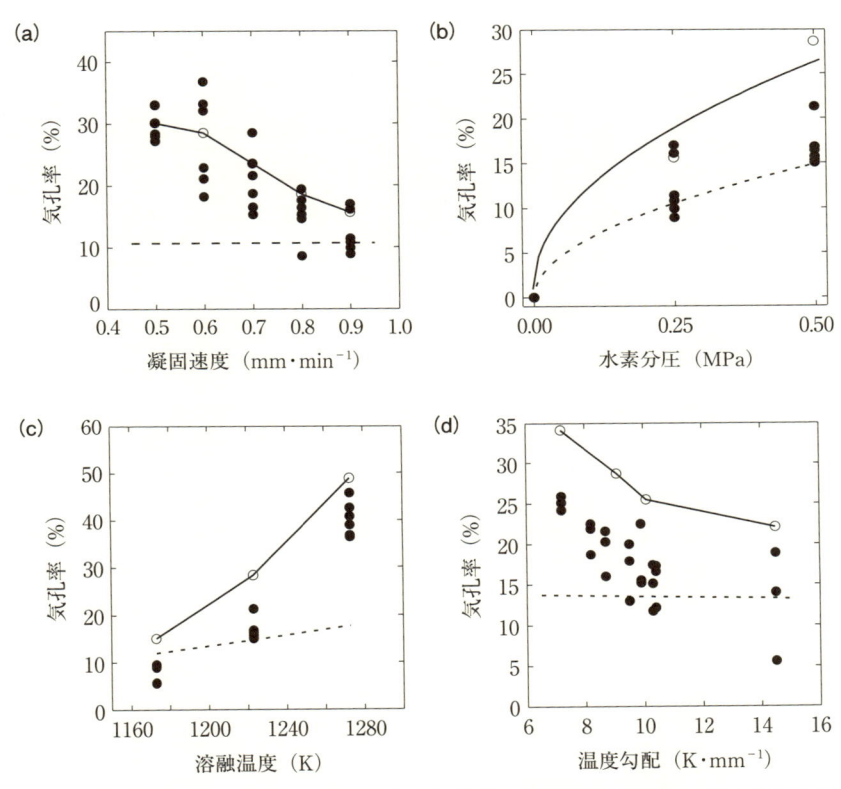

図 5.44 ロータスアルミニウムの（a）気孔率の凝固速度依存性，（b）全圧 0.5 MPa の下での気孔率の混合ガス（水素とアルゴン）中の水素分圧依存性，（c）気孔率の溶融温度依存性，（d）気孔率の温度勾配依存性．黒丸は実験データ，白丸は式（5.13）に基づく計算値．点線は Yamamura らのモデルに基づく予想値[19]．

界面の液相側に濃化した水素の多くは拡散によって気孔に到達できず気孔内に吸収されにくい．しかしながら，図 5.45（b）のように，凝固速度が遅い場合，液相側に濃化した水素はより長時間の拡散によって気孔に到達して気孔に吸収される．その結果，気孔を成長させることができると考えることができる．図 5.46 には定常状態で凝固界面で液相側に濃化した水素が気孔の中に拡散によって流入する 2 次元モデルを示した．いま，z 軸を凝固方向，y 軸を凝固方

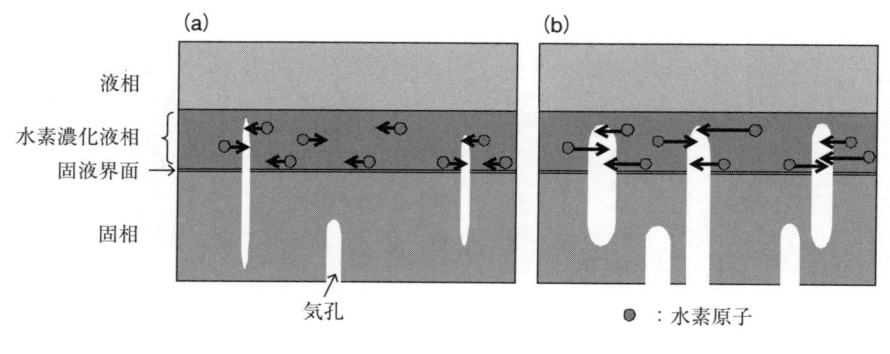

図5.45　固液界面付近における一方向性気孔の成長の2次元モデル．固相アルミニウムで吐き出された水素は固液界面付近の液相に濃化する．（a）凝固速度が速い場合，濃化した水素は短距離しか拡散できない結果，気孔成長に及ぼす水素の影響は小さいため気孔サイズは小さく，気孔率も低い．（b）凝固速度が遅い場合，水素は長距離を拡散することができるため，多くの水素が気孔の成長に寄与する．その結果，気孔サイズは大きくなり，気孔率は高くなる[19]．

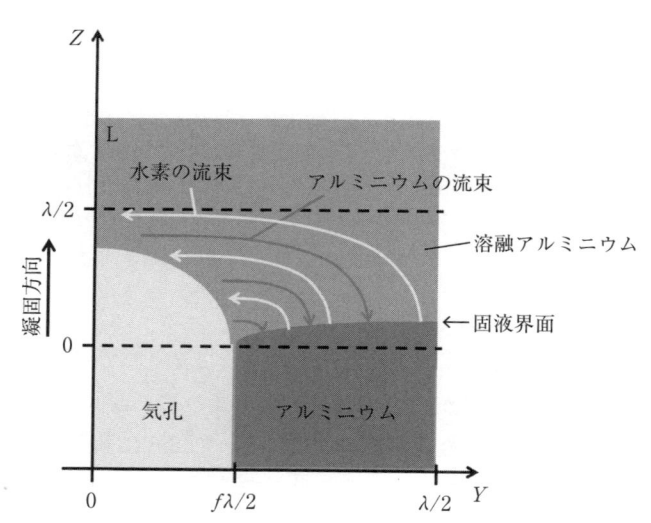

図5.46　凝固界面付近における気孔の成長中における水素とアルミニウムの拡散モデル[19]．

向に垂直な方向に取った y-z 軸座標系で凝固界面における水素の濃度 C は次式 (5.9) によって示すことができる.

$$C = C_0 + A \exp\left(\frac{-Vz}{D}\right) + B \exp\left(\frac{-2\pi z}{\lambda}\right)\cos\left(\frac{-2\pi y}{\lambda}\right) \tag{5.9}$$

ここで, C_0 および D はそれぞれ液相における水素の初期濃度 (mol) と拡散係数 $(\mathrm{m^2 \cdot s^{-1}})$ である. V を凝固速度 $(\mathrm{m \cdot s^{-1}})$ とし λ を気孔間の距離 (m) とすれば,

$$A = f(C_S^\beta - C_S^\alpha) + C_E - C_S^\beta, \tag{5.10}$$

$$B = \frac{f(1-f)V\lambda(C_S^\beta - C_S^\alpha)}{2D\sin(\pi f)} \tag{5.11}$$

ただし, f はアルミニウム相 α の体積分率, C_E は共晶組成濃度, C_S^α, C_S^β はそれぞれ α 相と気孔 β 相の固溶度 $(\mathrm{mol \cdot m^{-3}})$ とする. 水素がアルミニウム α 相によって排出され気相 β に $y = f\lambda/2$ だけ拡散すると, 水素の流速 J $(\mathrm{mol \cdot s^{-1} m^{-2}})$ は

$$J = -D\left(\frac{\partial C}{\partial y}\right)_{y=\frac{f\lambda}{2}} = \pi f(1-f)V(C_S^\beta - C_S^\alpha)\exp\left(-\frac{2\pi z}{\lambda}\right) \tag{5.12}$$

と表すことができる.

2001 年 Yamamura らはロータス銅中の気孔の成長モデルを提案した [20]. そのモデルの骨子は, 一方向凝固をさせた場合, 固相に溶けきらない水素が一方向性気孔を形成し, 固溶水素が固相中を拡散して気孔に流入し気孔の成長を助長するというものである. これに対してごく最近, Ide らはロータスアルミニウム中の気孔の成長モデルとして, 一方向凝固の際, 固相に溶けきらない, しかも気孔の形成にも寄与しない水素が固液界面の液相側に濃化しそれらの水素が液相中を拡散し気孔に吸収され気孔が成長するという機構を提案した. そのモデルを表式化し気孔率 ε として

$$\varepsilon = \frac{fM(1-f)(C_\beta - C_\alpha) + (\eta_{T_n} - \eta_{T_n-Gl})\sqrt{P} \times \dfrac{M}{2V_{Al}}}{\dfrac{MP}{R(T_n - Gl)} + (\eta_{T_n} - \eta_{T_n-Gl})\sqrt{P} \times \dfrac{M}{2V_{Al}}} \tag{5.13}$$

この式(5.13)から評価された計算値を図5.44(a)～(d)の白丸および実線で示した．また，気孔形成に及ぼす液相中の水素の拡散の効果を考慮していないYamamura らのモデルによる計算結果も同じ図中に点線で示した．Ide らのモデルが Yamamura らのモデルの計算結果よりもよく実験値に一致している．このことはアルミニウムのように水素の溶解度の低い金属では，液相に濃化した水素の拡散の効果が気孔率および気孔サイズの増加にきわめて重要であることを示している．

文　　献

[1]　S. K. Hyun and H. Nakajima, Mater. Trans., **43**(2002)526-531.

[2]　I. D. Shah and N. A. D. Parlee, Trans. AIME, **239**(1967)763-764.

[3]　T. Nakahata and H. Nakajima, Mater. Trans., **46**(2005)587-592.

[4]　T. Ide, M. Tane and H. Nakajima, Metall. Mater. Trans. A, **44A**(2013)4257-4265.

[5]　D. R. Turner, J. Electrochem. Soc., **105**(1958)402-408.

[6]　T. Unagami and M. Seki, J. Electrochem. Soc., **125**(1978)1339-1344.

[7]　A. G. Cullis and L. T. Canham, Nature, **353**(1991)335-338.

[8]　T. Nakahata and H. Nakajima, Mater. Sci. Eng. A, **384**(2004)373-376.

[9]　M. Przyborowski, T. Hibiya, M. Eguchi and I. Egry, J. Cryst. Growth, **151**(1995)60-65.

[10]　S. Ueno, L. M. Lin and H. Nakajima, J. Am. Ceram. Soc., **91**(2008)223-236.

[11]　T. Aoki, T. Ikeda and H. Nakajima, Mater. Trans., **44**(2003)89-93.

[12]　R. C. Atwood, S. Sridhar, W. Zhang and P. D. Lee, Acta Mater., **48**(2000)405-417.

[13]　J. S. Park, S. K. Hyun, S. Suzuki and H. Nakajima, Metall. Mater. Trans. A, **40A**(2009)406-414.

[14]　M. Kashihara, H. Yonetani, S. Suzuki, S. K. Hyun, S. Y. Kim, Y. Kawamura and H. Nakajima, Porous Metals and Metallic Foams, MIT-Verlag, Boston, USA, (2007)p. 201-204.

[15]　H. Shinada and S. Nishi, J. Jpn. Inst. Light Metals, **30**(1980)317-323.

[16]　H. Shahani and H. Fredriksson, Scand. J. Metall., **14**(1985)316-320.

[17]　V. I. Shapovalov and A. G. Timchenko, Phys. Met. Metall., **76**(1993)335-337.

[18]　H. Zhang, Y. Li and Y. Liu, Acta Metall. Sinica, **43**(2007)11-16.

[19]　T. Ide, Y. Iio and H. Nakajima, Metall. Mater. Trans. A, **43A**(2012)5140-5152.

[20]　S. Yamamura, H. Shiota, K. Murakami and H. Nakajima, Mater. Sci. Eng. A, **318** (2001) 137–143.

第**6**章

ロータス金属の機械的性質

　多くの多孔質金属は球形に近い等方的な形状の気孔を有しその機械的性質も等方的である．それらの気孔は完全に丸いものではなくゆがんでいるので，荷重をかけたときにムラがあるところに応力集中が起こり材料の強度が低下する．また，ポーラス金属では気孔率と気孔サイズが強度に大きく影響する．このように発泡金属，セル構造体金属，焼結金属などの多孔質金属の機械的強度は低い．

　それに比べてロータス金属は一方向に伸びた細長い気孔を有するので，その機械的性質も等方的気孔をもつ多孔質金属とは大きく異なり異方的である．ロータス金属の機械的性質の実験データは等方的な多孔質金属のデータよりも蓄積されていないものの，ロータス金属の機械的性質を系統的に理解するには十分なデータがそろっている．

6.1　弾　　　性

　ロータス金属は気孔が一方向に配列しているために気孔の平行方向の負荷では気孔近傍に応力集中を生じない．そのためポーラス化による急激な強度低下を起こさず，ロータス金属はポーラス材料の特性を兼ね備えた軽量化構造材料として期待されている．構造材料として使用するためには，その機械的性質の把握が不可欠である．Tane らによってロータス金属の巨視的な弾性率が超音波共鳴法（RUS 法）と電磁超音波共鳴法（EMAR 法）を組み合わせた手法によって測定された[1]．

　超音波共鳴法（RUS 法）は，直方体や円柱形状の試料（**図 6.1** 参照）の固有振動数を測定し，その弾性率を決定する方法である．**図 6.2**（a）に示すように 2 つの圧電振動子の間に直方体試料を軽く挟む．一方の圧電振動子から連続正弦波を入れ，試料に振動を励起させ，もう一方が試料の振動を検出する．周波数を掃引すると，それが試料の固有振動数と一致するところで図 6.2（b）に示すように共鳴ピークが観測される．このようにして得られた試料の共鳴スペクト

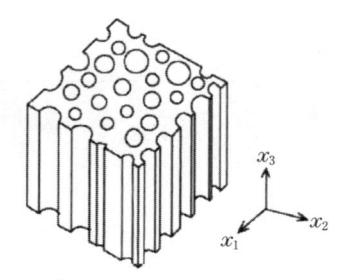

図 6.1　弾性率測定用のロータス金属試料の概略図とその座標系[1].

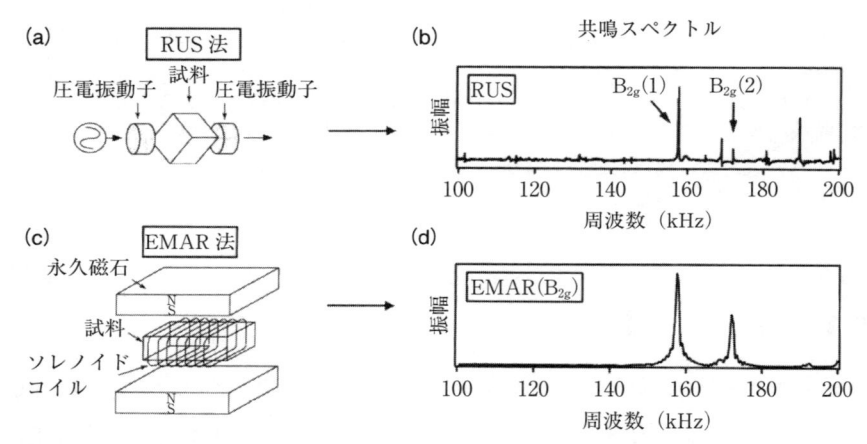

図 6.2　超音波共鳴法（RUS 法）と電磁超音波共鳴法（EMAR 法）による共鳴スペクトル測定.（a）RUS 法による共鳴スペクトル測定法,（b）RUS 法によって得られる共鳴スペクトル,（c）EMAR 法による共鳴スペクトル測定法,（d）EMAR 法によって得られる共鳴スペクトル[1].

ル（固有振動数）を解析して試料の弾性率を求めることができる．ここで，共鳴スペクトルの個々のピークはある1つの固有振動モードに対応している．個々の固有の振動モードは斜方晶系の弾性対称性を示す直方体の場合，振動変位の対称性から独立な8個の振動グループに分類される．共鳴スペクトルの解析の際には測定された共鳴ピークの振動モードを同定することが必要であり，EMAR 法が用いられた.

　この EMAR 法を用いれば8個の振動グループの内の特定のグループの振動

を励起することができる．これにより測定された共鳴ピークの固有振動モード
を同定することができる．図6.2(c)に示すようにソレノイドコイルに試料を
挿入し静磁場を印加する．コイルに高周波電流を流すと試料表面に渦電流が発
生する．その渦電流と静磁場との相互作用により試料に高周波電流の周期で振
動するローレンツ力が発生し，超音波の音源となる．試料の振動変位の対称性
が特定の振動グループの振動変位の対称性と一致する場合，高周波電流の周波
数を掃引すると，そのグループに属する固有振動のみが励起される．そのた
め，この場合に観測される共鳴ピークはそのグループに属すると同定できる．
一例として図6.2(d)にB_{2g}グループの振動を励起した場合の共鳴スペクトル
を示す．これによって図6.2(b)に示すようにRUS法により測定された共鳴
スペクトルの振動モードを同定することができる．コイルと静磁場と試料の配
置を変えて発生するローレンツ力の向きを変化させることにより4種類の振動
グループの固有振動を励起することが可能である．RUS法のみを用いた場合，
ロータス金属試料の共鳴スペクトルの解析は非常に困難であった．この
EMAR法を用いることにより共鳴スペクトルの解析が可能となりロータス金
属の弾性率の測定が初めて可能となった．

　RUS法にEMAR法を組み合わせた弾性率測定により，ロータス金属は巨視
的に面内等方体(六方晶系)の弾性対称性を示すことが明らかになった．これは
一方向凝固により作製されるため，母材においてその凝固方向(x_3方向)に垂
直な面内には特定の結晶方位の配向がない．さらに，凝固方向に垂直な面内に
気孔がランダムに分布しているためであると考えられる．ここで，面内等方体
の弾性スティフネスマトリックスは次のように表される．

$$c_{ij} = \begin{bmatrix} c_{11} & c_{12} & c_{13} & 0 & 0 & 0 \\ & c_{11} & c_{13} & 0 & 0 & 0 \\ & & c_{33} & 0 & 0 & 0 \\ & & & c_{44} & 0 & 0 \\ & \text{sym.} & & & c_{44} & 0 \\ & & & & & c_{66} \end{bmatrix} \tag{6.1}$$

$c_{12} = c_{11} - 2c_{66}$であり，独立な弾性スティフネスは$c_{11}$, c_{33}, c_{13}, c_{44}, c_{66}の
5個である．

ロータス鉄

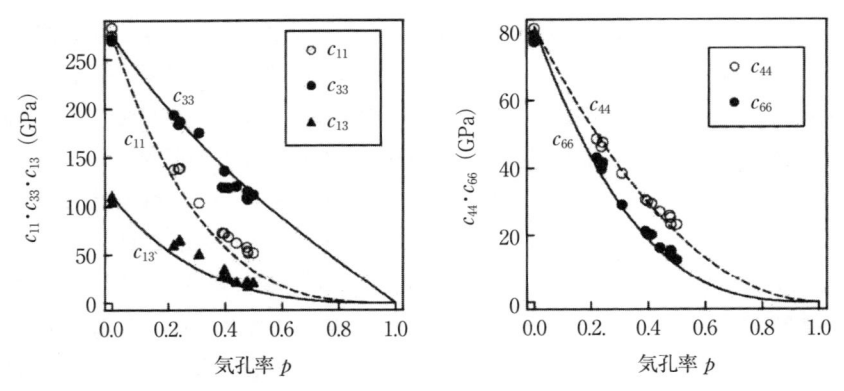

図6.3　ロータス鉄の弾性スティフネス $c_{11}, c_{33}, c_{13}, c_{44}, c_{66} = (c_{11} - c_{12})/2$ の気孔率依存性 [1].

　図6.3 に測定により得られたロータス鉄の独立な5個の弾性スティフネスの気孔率依存性を示した．また，**図6.4** に弾性スティフネス c_{ij} から算出された（a）ロータス鉄，（b）ロータスマグネシウム，（c）ロータス銅のヤング率 $E_\parallel$ と $E_\perp$ の気孔率依存性を示した．$E_\parallel$ と $E_\perp$ は，それぞれ x_3 軸（凝固方向，気孔の長手方向）に平行および垂直方向のヤング率である．X線解析の結果からロータスマグネシウムの母材（ノンポーラス材）の凝固方向に結晶の〈11$\bar{2}$0〉方位が優位に配向していることが明らかになった．しかし，この集合組織による弾性異方性は現れず，図6.4（b）に示すようにノンポーラスマグネシウムのヤング率は $E_\parallel \approx E_\perp$ である．これはマグネシウム単結晶の弾性異方性が非常に小さいためである．また，鉄単結晶は強い弾性異方性を示すが，図6.4（a）に示すようにノンポーラス鉄のヤング率はほとんど弾性異方性を示さない．これはロータス鉄母材には一方向凝固による集合組織がほとんど存在しないためである．このようにマグネシウムおよび鉄のノンポーラス材が弾性異方性を示さないのに対し，図6.4（c）に示すように銅のノンポーラス材料は強い弾性異方性を示す（$E_\perp > E_\parallel$）．これは凝固方向に結晶の〈100〉方位がほぼ完全に配向しており，かつ単結晶銅が強い弾性異方性を示すためである．

　図6.4に示すように，ロータス金属のヤング率 $E_\parallel$ と $E_\perp$ は気孔率の増加に

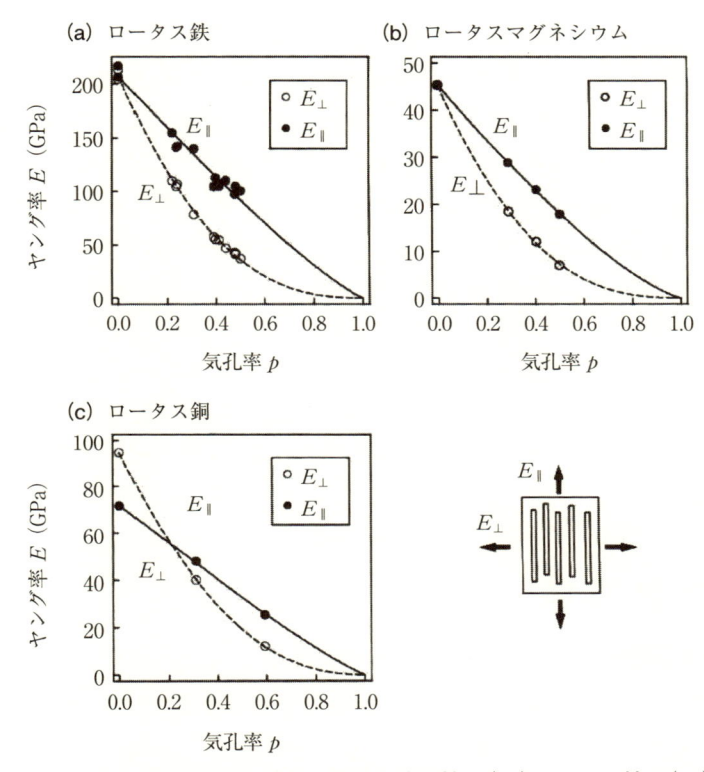

図 6.4 ロータス金属のヤング率の気孔率依存性.（a）ロータス鉄,（b）ロータスマグネシウム,（c）ロータス銅[1].

伴って単調に減少する. $E_\perp$ は気孔率の増加と共に急激に減少するのに対して, $E_\parallel$ はほぼ線型的に減少する. これは円柱状の気孔に垂直な方向の荷重の負荷では気孔近傍に応力集中が起こるが, 平行方向の負荷では応力集中がほとんど起こらないためである. 図 6.4（c）に示すように, ロータス銅の場合, ノンポーラス材では集合組織による弾性異方性のために $E_\perp > E_\parallel$ であるが, 気孔率が大きくなると円柱状の気孔による弾性異方性のために大小関係が逆転し $E_\perp < E_\parallel$ となる.

　Phani によれば, ポーラス材料の弾性スティフネスあるいはヤング率 M には次式の関係が成り立つ[2].

$$M = M_0(1 - p)^m \tag{6.2}$$

ここで，M_0 はノンポーラス材の弾性スティフネスあるいはヤング率，m は
フィッティングパラメーターである．式(6.2)を c_{ij}, $E_\parallel$, $E_\perp$ の測定値にそれ
ぞれフィットさせた結果を図 6.3 および 6.4 中に実線および破線で示した．実
験値と計算値とがよく一致することから式(6.2)がロータス金属の弾性率の気
孔率依存性を非常に良く記述できる．ここで，理想的には円柱状の気孔に平行
方向の応力負荷では気孔近傍に応力集中を生じない．この場合，$E_\parallel$ は母材の
ヤング率と気孔のヤング率(値は 0)から単純な複合則によって求めることがで
き $m = 1$ となる．測定値を式(6.2)にフィットした結果，m の値は 1 より若干
大きくなった．これは x_3 方向に完全に配向していない気孔やアスペクト比の
小さな気孔の存在するために気孔近傍に若干の応力集中が起こるためであると
考えられる．

6.2　内 部 摩 擦

6.2.1　内部摩擦とは

　内部摩擦は，物質の内部の欠陥などが原因で力学的エネルギーが熱になって
失われる現象である．これまでこの現象を利用して，点欠陥，不純物，転位，
粒界などの物質のミクロな挙動に関する研究が多く行われてきた．ロータス金
属のように気孔というマクロな欠陥をもっている材料の内部摩擦や減衰能は
いったいどうなるのか興味深い．内部摩擦については，Yoshinari によるわか
りやすい解説[3]があるので，それを紹介する．

　内部摩擦の例としてもっとも多くあげられるのがスネーク(Snoek)効果であ
る．これは，侵入型の不純物(炭素，窒素，酸素)を含んだ体心立方金属(鉄-炭
素系など)で見られる現象である．体心立方金属中の C, N, O は(代表例は
Fe-C 系)は，八面体格子間位置(**図 6.5**)を占めることが知られている．図 6.5
に示すように八面体格子間位置は対称性から，x, y, z の 3 種類に分けられ
る．侵入型原子が入ることにより，異方性のあるひずみ場(最隣接の金属原子
を遠ざける)が生じる．今，侵入型原子を含まない bcc 金属と含む金属の単結
晶に z 軸方向の引張応力を加えたときのひずみを考えよう．侵入型原子を含

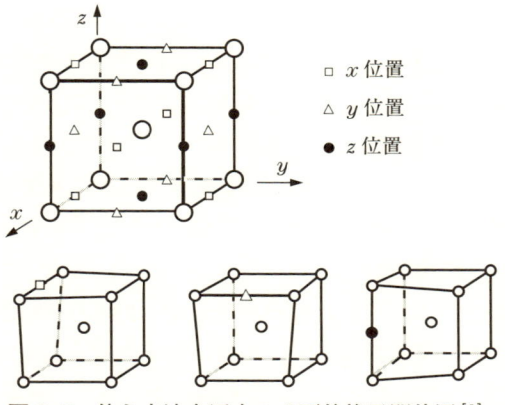

図6.5 体心立法金属中の八面体格子間位置[3].

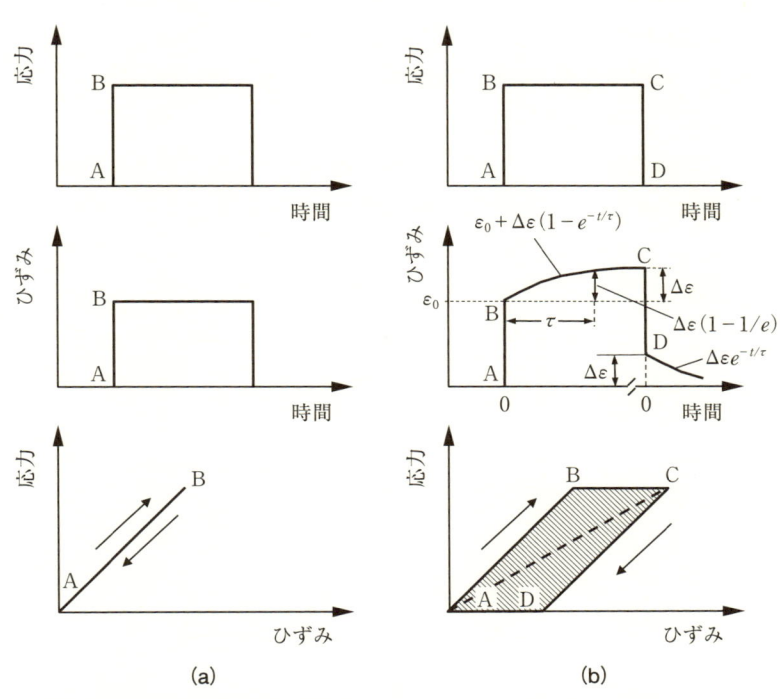

(a) (b)

図6.6 (a)侵入型不純物がない場合と(b)ある場合の応力とひずみの変化[3].

む場合には応力を加え続けると侵入型原子が z 位置に次第に移動する．これは応力により z 位置のすき間が広くなり z 位置の弾性エネルギーが x, y 位置に比べ小さくなる（安定になる）ためである．したがって，z 方向のひずみは時間とともに増加してくる（**図6.6**）．周期的応力を加えた場合，応力-ひずみ曲線はループを描くことになり，この面積に相当するエネルギーが熱に変換され失われる．対照的に侵入型原子を含まない場合には，フックの法則に従うのでエネルギー損失は起こらない．

　侵入型原子が動けない（拡散できない）低温では内部摩擦は生じない．図6.6の A-B の間を応力-ひずみ曲線が往復するのみである．高温では応力にすぐ追随するので図の A-C のように応力，ひずみが生じるので内部摩擦は生じない（結果的に弾性率が下がる）．緩和時間 τ は非弾性ひずみが平衡値（$\Delta\varepsilon$）の $(1-1/e)$ に達する時間として定義できるが，拡散の際，侵入型原子が1つ位置に滞在する時間と考えてよい．緩和時間が1つしかない場合（単一緩和）の場合，振動数 f の周期応力下で内部摩擦 Q^{-1} を測定すると，Q^{-1} は

$$Q^{-1} = \Delta_{\mathrm{M}}\omega\tau/[1+(\omega\tau)^2] \tag{6.3}$$

のように表される（**図6.7**）．ここで ω は角振動数 $(2\pi f)$ で，Δ_{M} は緩和強度であり図6.6(b)の $\Delta\varepsilon/\varepsilon_0$ に相当し非弾性の大きさの程度を表す．スネーク効果

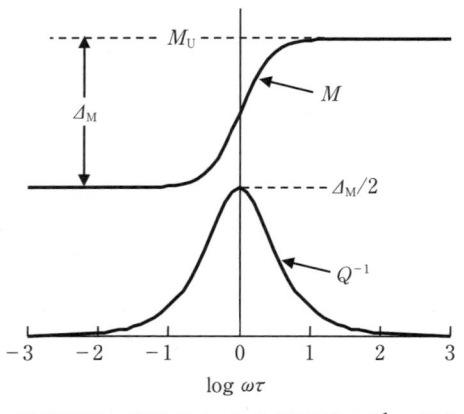

図6.7　擬弾性を示す固体の弾性率 M と内部摩擦 Q^{-1} の緩和時間に対する依存性 [3].

の場合，Δ_M は侵入型原子の濃度および1個の侵入型原子によってもたらされるひずみ異方性の2乗に比例する．内部摩擦が最大となる，すなわちピークになるのは $\omega\tau = 1$ のとき（加える応力の周期と緩和時間が一致するとき）であり，ピークの高さは $\Delta_\mathrm{M}/2$ となる．緩和時間 τ は

$$\tau = \tau_0 \exp(E/kT) \tag{6.4}$$

のように温度の関数となる．ここで E は侵入型原子の拡散の活性化エネルギー，k はボルツマン定数，τ_0 は定数である．したがって内部摩擦を温度の関数として測定した場合，$\omega\tau = 1$ を満たすような温度でピークが生じることとなる．また，弾性率 M は

$$M = M_\mathrm{U} - \Delta_\mathrm{M}/[1 + (\omega\tau)^2] \tag{6.5}$$

のように表される（図6.7）．ここで M_U は緩和が起きないとき（低温）の弾性率であり未緩和弾性率と呼ばれる．一定の応力に対してひずみは図6.6(b)中に示したような式の時間性をもち，十分な時間経過後ある平衡値に達する．このような応力-ひずみの関係は**擬弾性**(anelasticity)と呼ばれている．

　内部摩擦は，固体がこのように擬弾性的な挙動を示すときはもちろんであるが，ひずみが平衡値をもたず，いつまでも増加し続けるようなクリープ現象などの場合にも生じることは注意しておかなければならない．入力である応力に対して出力であるひずみが時間依存性をもつ場合，一般的に生じる現象と考えることができる．

　擬弾性による内部摩擦の例をもう1つあげておく．粒界のすべりによる内部摩擦である．これを予測したのは Zener（ツェナーダイオードの動作原理の発見者として有名）である．彼の粒界内部摩擦の説明[4]を**図6.8**に模式的に示し

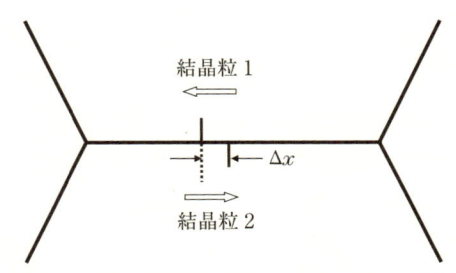

図6.8　せん断応力下での粒界のすべり [3]．

た．結晶粒1と2が接する粒界にせん断応力をかけると，時間とともに粒界がずれる．変形を続けていくと粒界の両端(3重点)に変形を解消しようとする方向の応力がたまるので，ある一定量 Δx だけ変形したところですべりは止まる．このような粒界のすべり変形は図6.6(b)とまったく同じになる，すなわち擬弾性で説明できる．したがって，スネーク効果のときと同じように粒界すべりによる内部摩擦が観測されるはずである．Zener の粒界ピークの予測に対し，これを実験的に見つけたと最初に主張したのは中国出身の研究者 Kê であった[5]．彼は純アルミニウムの試料で約1Hz の振動数の測定で560K にピークを見出した．同様なピークは他の金属でも見つかり，これらのピークは長い間「粒界ピーク」と呼ばれ，これが粒界の緩和の結果として生じるものであることを疑う者はいなかった．しかし，1970年頃からヨーロッパの研究グループが，粒界を有しない単結晶の試料でも同じ温度付近に同様なピークが現れることを見出し，この内部摩擦は転位によるものではないかと主張した[6]．それ以来，ヨーロッパグループと中国グループの間で論争が繰り広げられ，いまだにそれが尾をひいているようである．粒界による内部摩擦について少し詳しく触れたが，これは，今回測定したロータス型銅の内部摩擦がいわゆる「粒界ピーク」と同じ温度付近に内部摩擦ピークが観測され，粒界に大いに関係がある可能性があるからである．

6.2.2　ロータス銅の内部摩擦

　ロータス銅は，連続鋳造装置を用いて純度99.99%の銅を0.4MPa の水素と0.6MPa アルゴンの混合ガス雰囲気下で溶融し引出し速度 $15 \sim 50 \, \mathrm{mm \cdot min^{-1}}$ で凝固させることで作製された．作製された試料を表6.1に示す．試料は多結晶体であったが，結晶粒は気孔と同じ方向の細長い形であり，気孔と垂直方向の断面の粒径はほぼ気孔サイズに等しかった．また，気孔の長手方向(すなわち引出し方向)では粒界がほとんど観測されなかった．すなわち，この試料では粒界面は気孔の長手方向に平行であり，これに垂直な粒界面はほとんど存在していない．このうち移動速度が $50 \, \mathrm{mm \cdot min^{-1}}$ のもの(lotus 50)について詳しい実験を行った．内部摩擦試料は作製されたポーラス銅鋳塊から放電加工により切り出された直径2mm 長さ $20 \sim 30 \, \mathrm{mm}$ のロッド状のものを使用した．

表6.1 内部摩擦測定試料[7].

試料名	引出し速度(mm·min⁻¹)	気孔率(%)	平均気孔径(mm)
lotus 15	15	34.2	0.30
lotus 20	20	35.8	0.27
lotus 50	50	35.1	0.06

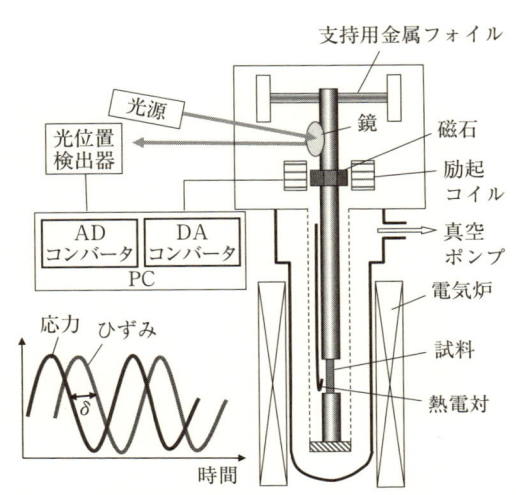

図6.9 強制振動ねじり振子型内部摩擦測定装置[7].

試料の長手方向は，ロータス銅の気孔と垂直なものと平行なもの(それぞれ記号 ⊥ と ∥ で表す)の2種類を用意した．内部摩擦は強制振動型の装置を用いて測定された[7]．図6.9に装置の模式図を示す．ロッド状試料の上下をチャックで固定しロッドをねじるような応力を加える．この装置では，試料に一定周期の正弦波のねじり応力を強制的に加え，そのときのひずみを光てこ法により検出している．上で述べたような内部摩擦が生じるような試料を用いて測定を行うと，ひずみに遅れが生じる．内部摩擦は，Q^{-1} は位相の遅れ角 δ に等しくなる．測定は温度を変えながら行われるが，この装置の大きな特徴は1回の昇温時に，種々の測定周波数で内部摩擦を測定できることである．

図6.10(a)は，種々の気孔径をもった試料の内部摩擦を比較したものであ

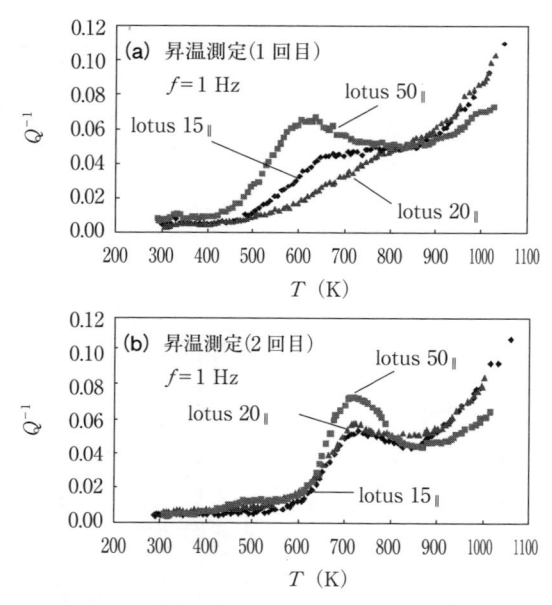

図6.10 ロータス銅の内部摩擦スペクトルの温度依存性.（a）第1回目の昇温測定,（b）第2回目の昇温測定[7].

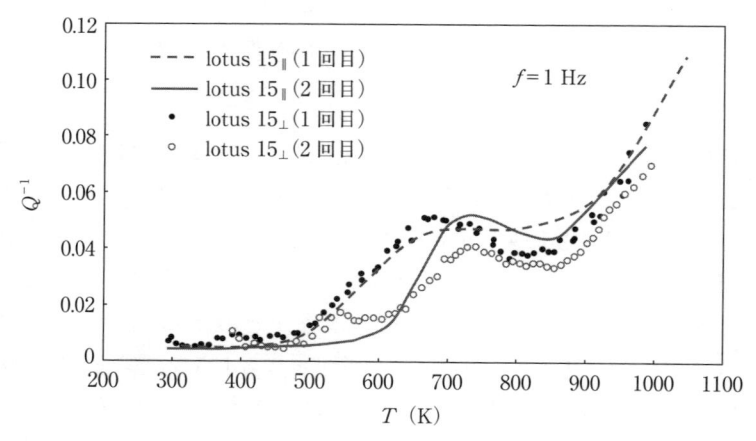

図6.11 気孔の方向が異なるロータス銅試料の内部摩擦の比較[7].

る．測定は室温から 1100 K の温度範囲で 3 K・min^{-1} の昇温をしながら測定している．すべての試料で 610〜710 K に内部摩擦ピークが観測された．この測定後に 2 回目の昇温での測定を行った結果を図 6.10（b）に示す．1 回目よりは高温の 720 K 付近にピークが観測されている．さらに，**図 6.11** は気孔方向が異なる試料の内部摩擦を比較したものである．気孔が試料表面に突き抜けている試料（⊥）でも内部摩擦が観測されている．このように試料を高温にさらすと内部摩擦が変化することがわかったので，ピークが一番大きく現れた試料（気孔径の小さい試料，lotus50）について測定の上限温度を少しずつ変えながら繰り返し測定を行ってみた（**図 6.12**（a））．最初 610 K 付近に現れたピークは焼鈍とともに小さくなり低温にシフトしていく．それとともに 710 K 付近に新たなピークが現れ，焼鈍とともに成長していく．低温のピークを P1，高温のピークを P2 としてこれらのピーク温度とピーク高さを焼鈍温度（前の測定で

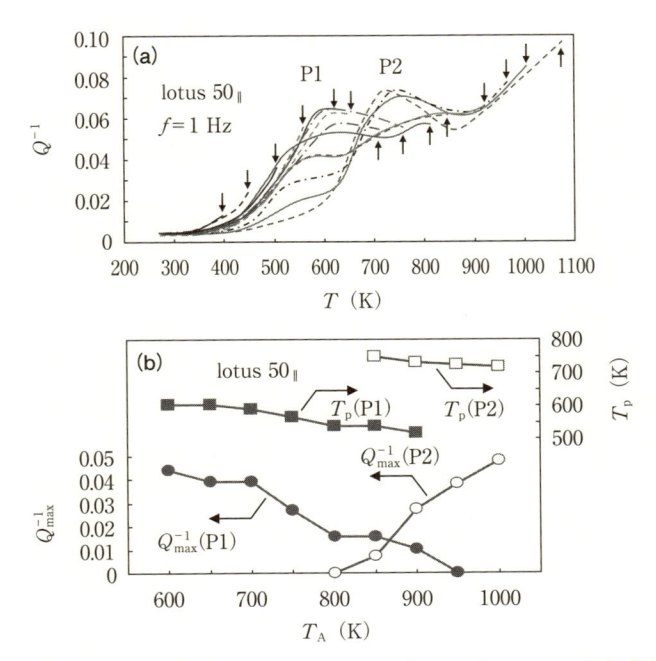

図 6.12　（a）昇温の上限温度（T_A）を 50 K ずつ上げながらの内部摩擦測定，（b）内部摩擦ピークの高さとピーク温度の焼鈍温度（T_A）依存性[7]．

の測定の上限温度) T_A に対してプロットしたのが図 6.12(b)である．このように，内部摩擦には2つのピークが存在することが明らかになった．また，焼鈍の効果が異なることからそれぞれが異なった機構で生じているものと考えられる．焼鈍によって試料にどんな変化がもたらされたのであろうか．熱放出スペクトル法(試料を一定温度で昇温しながら，試料から放出されるガス成分の種類と量を分析する実験方法)により，試料から昇温に伴う水素の放出を調べてみると，600 K 付近から水素が放出されはじめ 950 K 付近で放出しつくされることがわかった．したがって，図 6.12 で見られた内部摩擦の変化は，試料からの水素の放出に関係していると推定される．実験の結果を要約すると，

・水素を含んだ試料では P1 が観測される．

・試料焼鈍時の水素の放出に伴い，P1 が消え高温側に P2 が現れる．

・ピーク温度の測定振動数依存性から求めた内部摩擦ピークの活性化エネルギーは P1 が 0.7〜0.9 eV，P2 が 1.5 eV であった．

・粒界面が応力方向に垂直である試料(⊥)の測定においても P1，P2 が観測されている．

・銅のいわゆる「粒界ピーク」は 500〜600 K に現れる．

・ヨーロッパグループによると，転位を導入した銅試料では 0.4 T_M (560 K) および 0.54 T_M (730 K)付近にピークが現れる[8](T_M は金属の融点)．

以上を総合すると，本研究で観測されたピークは転位に関係した緩和現象によると考えられる．ねじり応力に対してすべりを起こすような粒界面はほとんど存在しない試料(∥)でもピークが観測されることがその大きな根拠である．また，P1 と P2 のピークの高さは相補的であることから，P1 と P2 の緩和量は同じ現象に由来していることが示唆される．ピークの温度が異なるのはその現象に関与している欠陥(この場合は転位)の移動度が異なる，すなわち緩和時間が異なるからである．P1 と P2 の違いは水素の存在の有無だけであるので，水素の存在が転位の運動を促進するように働くと考えられる．

転位の運動，例えばキンク対生成が水素の存在により容易になるなどによりピークがより低温に移動し P1 ピークとして観測されている可能性がある．

6.3 引張強度

2000 年以前，ロータス金属の機械的性質の研究は十分に行われていなかった．Wolla と Provenzano[9]，Simone と Gibson[10]は引張方向に平行な気孔を有するロータス銅の引張強度を測定した．しかしながら，彼らのデータはかなりばらつきの多いものであった．各々の試料内での，あるいは，試料ごとでの微細組織や気孔の不均一性によるものと考えられる．さらに，ロータス金属の一方向気孔の向きに垂直な方向の引張強度の測定はなされていなかったので，

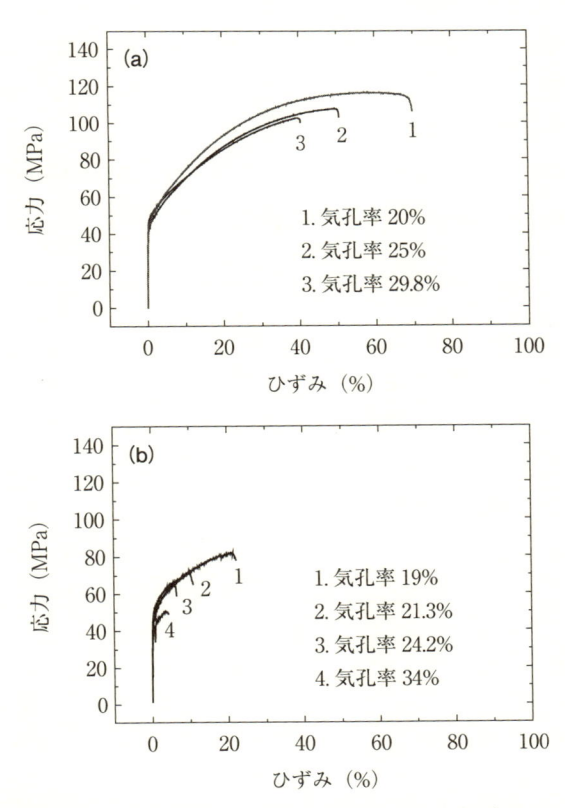

図 6.13 引張方向に（a）平行および（b）垂直な一方向気孔をもつロータス銅試験片の応力-ひずみ曲線[11]．

その機械的性質の異方性は未解決のままであった．Hyun らは引張方向に平行および垂直方向の一方向気孔を有するロータス銅の最大引張強度と降伏応力（0.2% 耐力）を測定し引張強度の異方性を初めて明らかにした [11]．**図 6.13** にはロータス銅の引張試験での典型的な応力-ひずみ曲線の測定結果を示した．その曲線は低ひずみ領域では線形的に変化し弾性挙動が示され，最大応力までは降伏とひずみ硬化が起こることを示している．試料の延性は気孔率の増加と共に減少する．引張方向に平行に一方向気孔をもつロータス銅の最大引張強度の気孔率依存性を**図 6.14** に示した．最大引張強度は気孔率 100% で 0 MPa の点を通るような直線的な変化をする．つまり，比引張強度（単位重量当たりの引張強度）はこの直線の傾きで示され，気孔率の大小にかかわらず一定である．このことは引張方向に平行に配列した気孔の近傍にはほとんど応力集中が生じないことを示唆している．この強度には空隙の気孔と緻密な固体の単純な複合則が成り立つことを示している．

　図 6.15 に示すように，Hyun らによって得られた最大引張強度 [11] は低い気孔率の範囲では Simone と Gibson の実験結果 [10] とよく一致するが，気孔率が

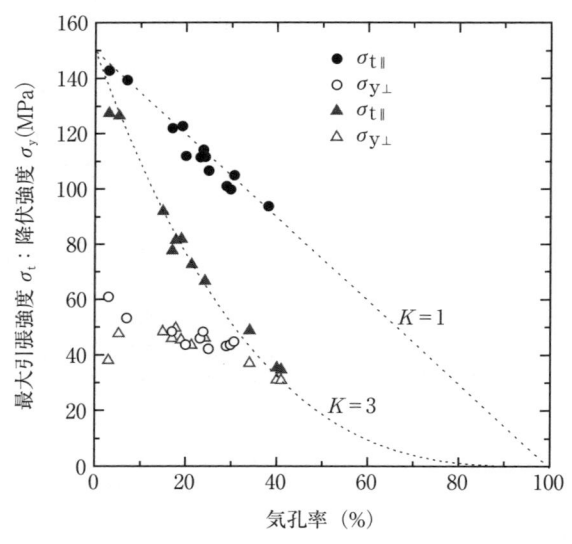

図 6.14　一方向気孔に平行と垂直方向のロータス銅の最大引張強度 σ_t および降伏強度 σ_y の気孔率依存性 [11].

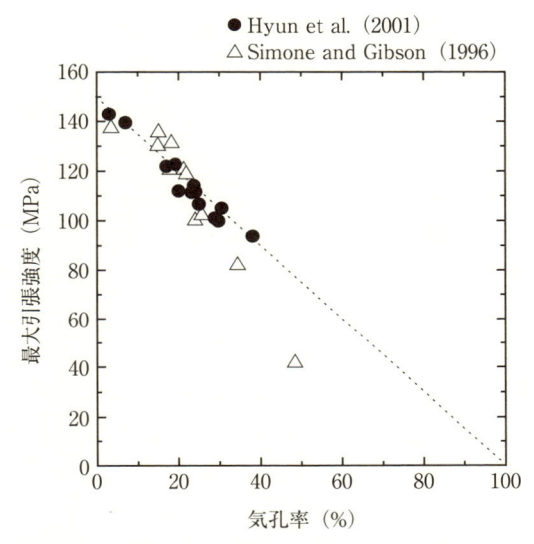

図 6.15　一方向気孔に平行方向のロータス銅の最大引張強度の 2 つのグルー
プの測定結果の比較[11].

高くなると一致せず，高い値を示している．この両データの相違は引張試験試
料の作製法の違いによるものと考えられる．他方，引張方向に垂直な一方向気
孔を有するロータス銅の最大引張強度も図 6.14 に示されている．この垂直方
向の最大引張強度は同じ気孔率で比較すると平行方向の強度よりもかなり小さ
い．

　焼結法によるポーラス材料の引張強度については，多くの研究がなされてい
るが，気孔率の高い焼結ポーラス材料の強度はほとんどないので，それらの研
究は気孔率が 40% 以下の場合に限られている．ポーラス材料の強度を理解す
るために，load-bearing area モデルと stress-concentration モデルが提案され
ているが，ここでは以上の実験結果をよく説明できる**応力集中**(stress-
concentration)モデルに基づいて説明していくことにする．

6.3.1　最大引張強度

　Balshin[12]は強度 σ と気孔率 p を関係付ける次式で表される経験式を示した．

$$\sigma = \sigma_0 (1-p)^K \tag{6.6}$$

ただし，K は材料とその作製法に依存した定数であり，ポーラス材料の気孔近傍の応力集中に関係することが知られている．その応力集中係数 K は応力負荷方向に対する気孔の形状と向きに依存し，次式で表すことができる．

$$K = \frac{\sigma_{\max}}{\sigma} \tag{6.7}$$

ここで，$\sigma_{\max}$ は応力の最大値である．**図6.16** に示すように，楕円形状の気孔の長半径を a，短半径を b とすると，

$$\sigma_{\max} = \sigma\left(1 + 2\frac{a}{b}\right) \tag{6.8}$$

で示される．引張方向に平行な一方向気孔を有するロータス試料では，b は無限大になるので，K は1となり応力集中は起こらない．したがって式(6.6)は

$$\sigma = \sigma_0(1 - p) \tag{6.9}$$

となる．他方，引張方向に垂直な一方向気孔を有する試料では，$a = b$ となるので K は3となり

$$\sigma = \sigma_0(1 - p)^3 \tag{6.10}$$

と表すことができる．式(6.9)と式(6.10)から評価した最大引張強度を図6.14に破線で示した．実験結果は式(6.9)と式(6.10)から予測された破線上に良く

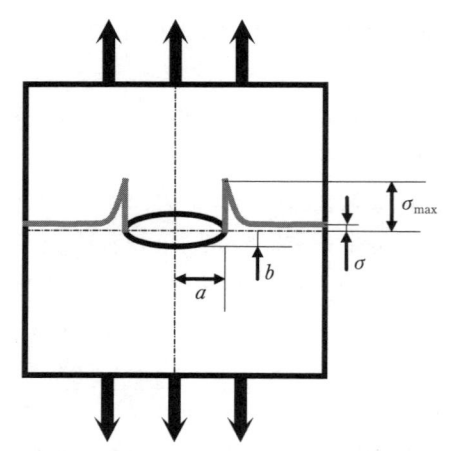

図6.16　楕円形状の気孔の周辺の応力分布．気孔の端で応力集中が起こっている[11]．

のることから両者はよく一致していることがわかる.

　以上のことから, (1)引張方向に平行な一方向気孔を有するロータス銅の最大引張強度は応力集中に依らないこと, (2)引張方向に垂直に一方向気孔を有するロータス銅の最大引張強度は応力集中によって説明できることがわかった. このような引張強度の気孔の方向に対する異方性はロータス銅だけにあるものではなく, 他のロータス金属や合金にも適用でき, ロータス金属に由来する一般的な性質である.

　ポーラス材料の機械的性質について多くの研究がなされているにもかかわらず, 耐力と気孔率の関係についてはあまり知られていない. Dehoff と Gillard[13]および Lund[14]は気孔率が低い範囲では気孔率の増加に伴って耐力は直線的に減少するが, ある気孔率レベルを超えると急激に低下することを報告している. 図 6.14 に示すように, ロータス金属の場合も気孔が引張方向に垂直な場合はこの現象が見られる. このような耐力の気孔率依存性の理由は明らかではないが, 次のように考えることができる. 図 6.17 に示すように, 気孔が引張方向と垂直な場合には気孔の近傍に応力集中が生じる. 材料がマクロに降伏するよりも低い荷重で気孔近傍には塑性変形が起こり, 加工硬化が生じる. この領域は塑性変形を起こしていない領域にある転位の運動を阻害する障壁として働く. このため, 転位の交差すべりが容易になる応力に達するまでは

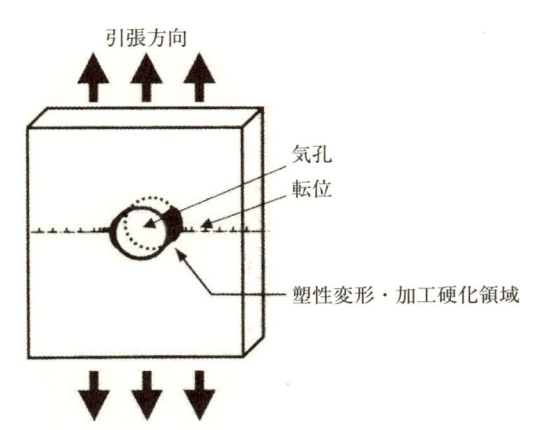

図 6.17　気孔の端で転位がパイルアップする様子.

試料片の変形が拘束され，その結果として耐力はあまり低下しないと考えられる．

　ところで，ロータス鉄は水素ガスの他に窒素ガスを用いても作製することができる．Hyun らは窒素ガスを用いて作製したロータス鉄において優れた機械的強度を見出した[15]．水素あるいは窒素ガスを用いて作製したロータス鉄の引張強度の応力-ひずみ曲線を図6.18 に示した．引張方向は一方向気孔に平行な方向の場合である．いずれの試料でも低ひずみ領域では線形的な弾性挙動を示すが，その後は最大（ピーク）応力までには降伏とひずみ硬化が起こっている．これらの2つの応力-ひずみ曲線には大きな違いが見られた．窒素ガスを用いて作製されたロータス鉄の最大引張強度は水素ガスを用いたロータス鉄の引張強度よりも2倍も高い．ただし，伸びは水素ガスを用いたロータス鉄の方が大きい．化学分析結果によれば，水素ガスおよび窒素ガスを用いて作製されたロータス鉄には，それぞれ 27.7 mass ppm および 0.0873 mass% の窒素が含まれていた．この程度の水素は鉄の強度にほとんど影響を及ぼさないと考えられる．図6.19 から明らかなように，ロータス鉄の気孔率0へ外挿した引張強度がノンポーラス鉄の強度値によく一致するからである．一方，0.0873

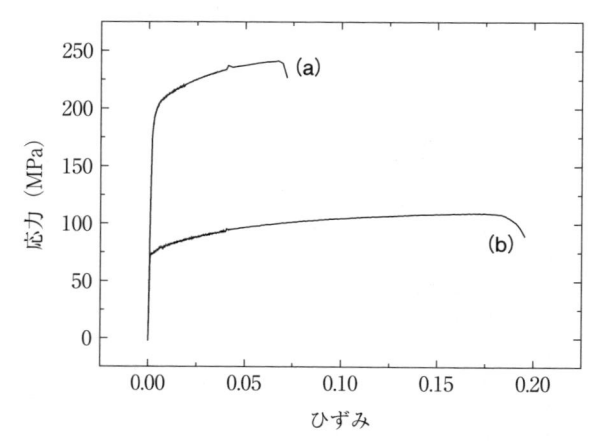

図6.18　引張方向が一方向気孔に平行な場合のロータス鉄の応力-ひずみ曲線．気孔率 50.1±2.6%．（a）窒素ガスを用いて作製されたロータス鉄，（b）水素ガスを用いて作製されたロータス鉄[15]．

mass% の窒素が含まれた，引張方向に平行な一方向気孔を有する，気孔率
50% のロータス鉄の最大引張強度および降伏強度はノンポーラス純鉄のそれ
らとほぼ同じであった．50% もの気孔率をもち，試験片が無垢の純鉄の半分
の軽さであるにもかかわらず最大引張強度，降伏強度共にノンポーラス純鉄の

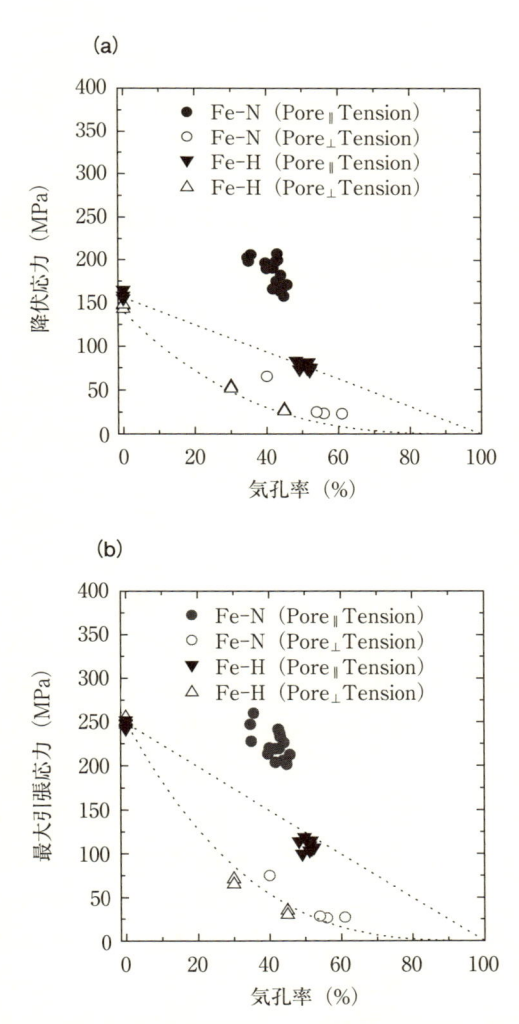

図 6.19　窒素ガスおよび水素ガスを用いて作製されたロータス鉄の（a）降伏
強度の気孔率依存性，（b）最大引張強度の気孔率依存性[15]．

強度と変わらないという結果は画期的なものである．このようにロータス鉄が強化されたのは，侵入型窒素原子による固溶強化が起こったことに起因すると考えられる．

　図6.19には，引張方向に平行な一方向気孔を有するロータス鉄の最大引張強度と降伏強度が垂直方向の気孔を有するロータス鉄のそれらより大きいことが示されている．このような気孔の向きに対する強度の異方性はロータス銅の場合と同じ傾向である．この異方性は気孔近傍における，気孔方向に依存した応力集中の有無によって説明することができる．

6.3.2　アコースティック・エミッション法を利用したロータス銅の引張変形挙動の解析

　これまで述べたように，ロータス金属の引張変形においては気孔近傍の応力集中の異方性によって最大引張強度の異方性が生じる．しかしながら，応力集中と変形挙動との間の詳細な相関関係はこれまでに明らかにされていない．Tane らは引張変形過程においてクラックが発生する可能性に着目し，変形過程でのクラックの発生を検出する可能なアコースティック・エミッション法（AE 法）を用いてロータス銅の引張変形挙動の解析を行った[16]．ここで，材料の変形時に発生した弾性波を検出する方法を AE 法と言い，クラックの発生によって生じる弾性波は突発型の AE 信号として検出される．

　まず，水素およびアルゴンの混合ガス雰囲気下での連続鋳造法によりロータス銅の鋳塊が作製された．ここでの水素およびアルゴンの分圧はそれぞれ 0.2 MPa および 0.8 MPa であり，金属溶湯の引出し速度は 50 mm・min^{-1} である．作製された鋳塊から引張方向を気孔の長手方向に平行および垂直な方向とする平板状の引張試験片を放電加工により切り出した．引張試験においては試験片に直接 AE センサーを取り付けて気孔の長手方向に平行および垂直な方向に対して試験を行った．引張試験には万能試験機（Instron 社製）を使用し，変位速度を 0.1 mm・min^{-1} とした．また，発生した AE 信号の生波形を記録するため，AE センサーにより検知された信号をオシロスコープを介して PC に保存した．図6.20 に気孔の長手方向に（a）平行および（b）垂直に引張荷重をかけたときの応力-ひずみ曲線と，それぞれのひずみ量で発生した突発型 AE 信号

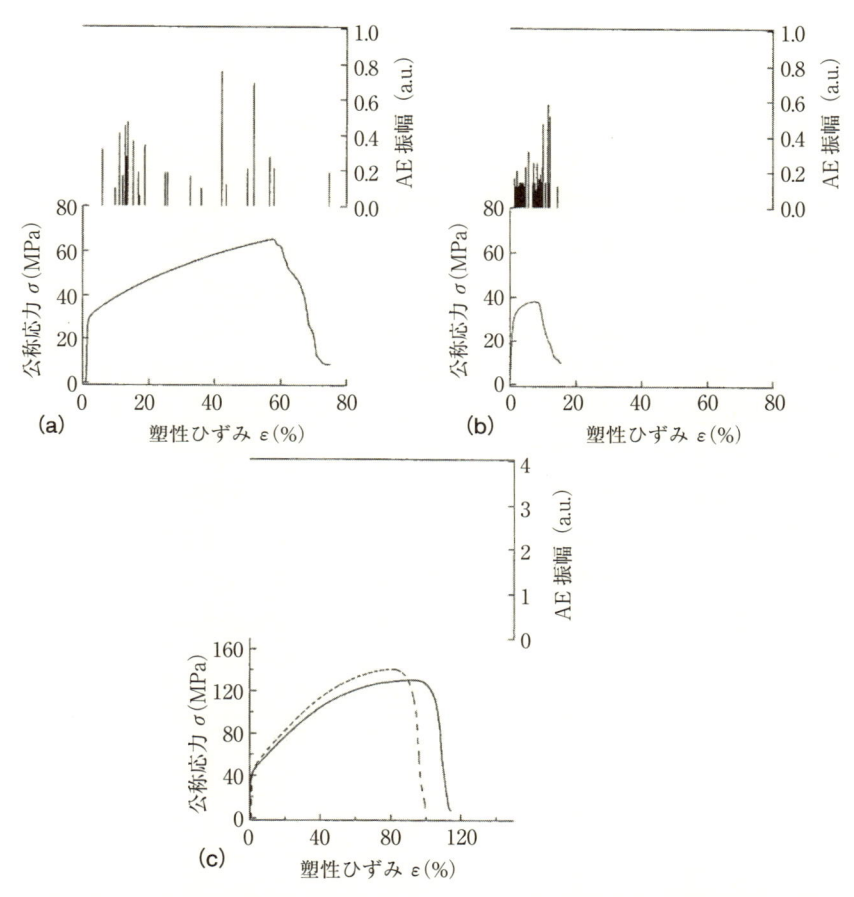

図 6.20　ロータス銅の一方向気孔に（a）平行に，（b）垂直に引張荷重をかけ
　　　たときの応力-ひずみ曲線と突発型 AE 信号の振幅の大きさ．（c）ノンポー
　　　ラス銅の凝固方向に平行（実線），垂直（破線）に引張荷重をかけたときの応
　　　力-ひずみ曲線と突発型 AE 信号の振幅の大きさ[16]．

の振幅の大きさを示した．ここで，引張試験に用いた試験片の気孔率は気孔に
平行および垂直な方向の試験ではそれぞれ 45.1% および 44.2% である．応力-
ひずみ曲線より気孔に平行な方向の最大引張強度（ピーク応力）および破断まで
の伸び値は，垂直な方向における最大引張強度および伸び値よりも大きいこと
がわかる．

　平行および垂直の両方向の引張試験の弾性域においては AE 信号が検出され
ていない．しかしながら，両方向の引張変形において，降伏点以降から破断に
至るまでの間では多数の突発型 AE 信号が検出された．つまり AE 信号の発生
の有無は気孔の方向には依存しない．図 6.20(c)に示すように，ノンポーラ
ス銅の引張変形では突発型 AE 信号が検出されないことを考慮すると，ロータ
ス銅における突発型 AE 信号の発生はポーラス化に起因したクラックの発生に
よるものであると考えることができる．図 6.21 に気孔に平行および垂直な方
向の引張変形過程で検出された AE 信号(事象)の総数を示した．気孔に垂直な
方向の変形過程で検出された AE 事象総数のひずみの変化に対する傾きは，平
行な方向にて検出された AE 事象総数の傾きよりも大きい．これは垂直方向の
変形において単位ひずみ当たりに検出される AE 信号の数が平行方向の変形に
おいて検出される AE 信号数よりも多く，変形時に発生するクラック数が垂直
の場合は平行の場合より多いことを示している．つまり，垂直方向の変形にお
いてよりクラックが発生しやすいことを意味している．
　変形過程で発生するクラックがピーク応力および破断までの伸び値の異方性

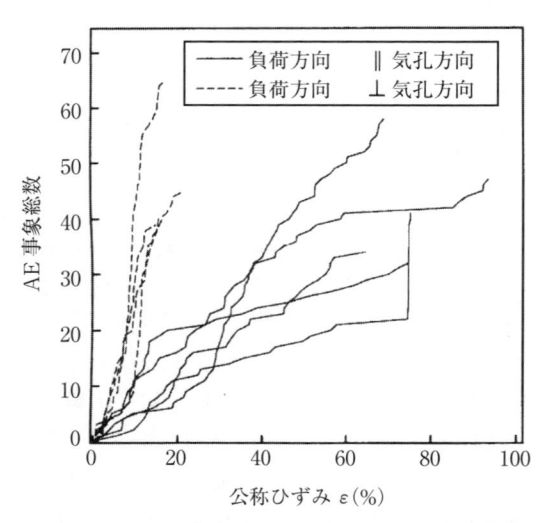

図 6.21　気孔に平行および垂直な方向の変形過程で検出された AE 事象総数
のひずみ依存性[16]．

に及ぼす影響を調べるため，ピーク応力の前後において変形後の試験片表面が走査電顕で観察された．図6.22に気孔に平行な方向の引張変形における応力-ひずみ曲線のピーク応力の(a)前および(b)後でのSEMによる試験片表面の観察写真を示した．ピーク応力の前において矢印で示すように進展方向が引張方向に垂直なクラックが発生している．発生したクラックは(b)に示すようにピーク応力以降では急速に成長および連結しており，その結果，試験片は最終的に破断する．クラックの成長および連結は応力値を減少させるので，クラックの成長および連結によって応力-ひずみ曲線のピーク応力が現れることがわかる．また，クラックの成長および連結によって試験片が破断することから，クラックが成長および連結しやすい場合，破断までの伸び値が小さくなることがわかる．気孔に平行な方向の引張強度と同様に，気孔に垂直な方向の引張変形においても，ピーク応力前に発生したクラックは，ピーク応力近傍で急速に成長および連結を行い，その結果，試験片は破断する．ここで，AE事象総数の結果から，気孔に垂直な方向の引張変形では平行な方向の引張変形と比較して，クラックが発生しやすいことが明らかになっている．このことを考慮すると，クラックが発生しやすい垂直方向においては，小さな応力負荷でクラックの成長および連結が起こるため，ピーク応力および伸び値が小さくなると考えられる．このことはクラックの発生のしやすさの異方性によってピーク

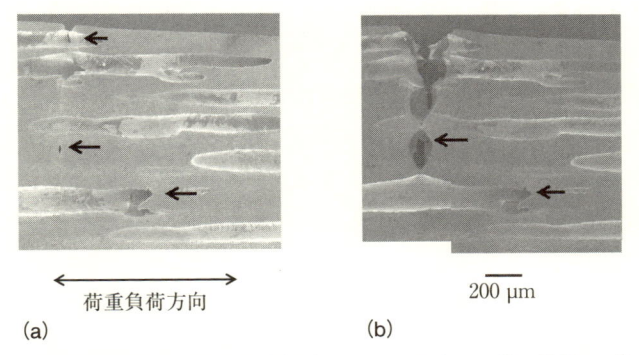

(a) ←荷重負荷方向→　　　　(b)　　　200 μm

図6.22　気孔に平行な方向の引張変形における応力-ひずみ曲線のピーク応力の(a)前(ひずみ31.5%)および(b)後(ひずみ41.0%)でのSEMによる試験片表面の観察写真[16]．

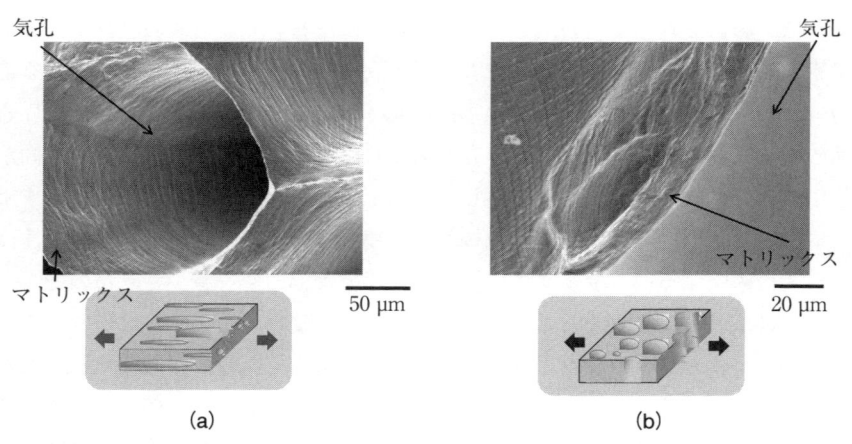

図 6.23　気孔に（ a ）平行および（ b ）垂直な方向に引張変形を行った際の試験
片の破断面[16].

応力および伸び値の異方性が引き起こされていることを意味する.

　クラックの発生のしやすさの異方性の原因を調べるために，引張試験後の試
験片の破断面に対して SEM 観察を行った．図 6.23 に気孔に（ a ）平行および
（ b ）垂直な方向に引張変形を行った際の試験片の破断面を示した．気孔に平行
な方向に引張変形を行った場合は，矢印で示すような蛇行すべりが観察され，
試験片がすべり面分離により延性的に破断したことがわかる．一方，気孔に垂
直な方向の引張変形では，最終破断部がフラットであり，より脆性的に破断が
生じたことがわかる．ここで，切欠きを有する試験片に対して，引張応力を負
荷した場合，切欠きの底では塑性拘束によって多軸応力状態が生じ，これに
よって脆性的な破壊が生じる．気孔に垂直な方向の引張変形では，試験片内に
多数の切欠きが存在していると考えると，気孔近傍における多軸応力状態に
よって，変形が脆性的となり，クラックが発生しやすいと考えられる．また，
気孔に垂直な方向の負荷では，気孔近傍において高い応力集中が生じることか
ら，この高い応力集中も垂直方向においてより多くのクラックが発生しやすい
原因であると考えられる．以上のことから，気孔近傍での応力集中および応力
の多軸性の異方性によってクラックの発生のしやすさの異方性が引き起こされ
ている.

6.4　圧縮応力

6.4.1　圧縮降伏応力

　発泡金属の圧縮に関する研究は活発に行われてきた．発泡金属の圧縮試験では，応力-ひずみ曲線にはプラトー領域と言われる平坦な部分が存在する．そこではひずみが増加しても応力は変化せずほとんど一定値を示す．この領域ではエネルギーが吸収される．Simone と Gibson[17]はロータス銅の圧縮を調べたが，単軸圧縮性の異方性については研究がなされていない．Hyun と Naka-jima は圧縮方向に平行と垂直方向の一方向気孔を有するロータス銅の単軸圧縮挙動を詳細に調べた[18]．その結果が**図 6.24** に示されている．応力-ひずみ曲線の勾配は気孔率の増大と共に減少していて，同じ気孔率で比較すると圧縮方向に依存する．低ひずみ領域では圧縮方向に平行の一方向気孔を有する試料の応力は垂直の一方向気孔を有する試料の応力よりも大きい．しかしながら，この大小関係はひずみの増大と共に逆転する．これらの挙動は次のように理解することができる．圧縮方向に垂直な一方向気孔を有する試料では気孔近傍に応力集中が起こるが，平行方向では応力集中はほとんど起こらない．そのた

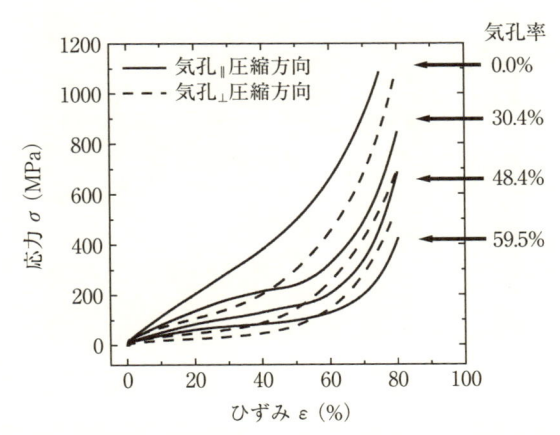

図 6.24　ノンポーラス銅および異なる気孔率を有するロータス銅の圧縮応力-
　　　ひずみ曲線[18].

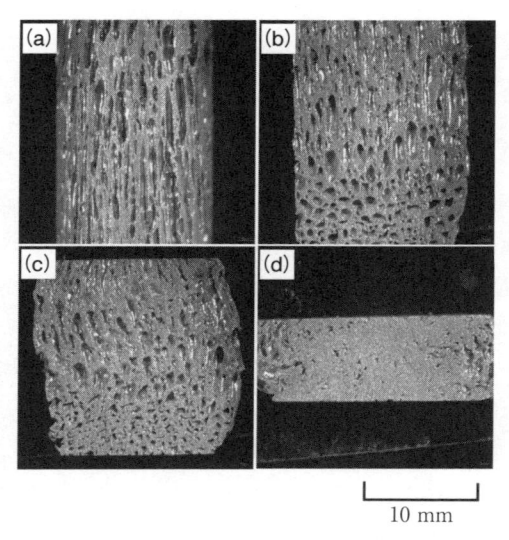

10 mm

図 6.25　気孔率 59.5% のロータス銅の気孔方向に平行に圧縮したときの変形断面．ひずみ，（ a ）0%，（ b ）30%，（ c ）50%，（ d ）80% [18].

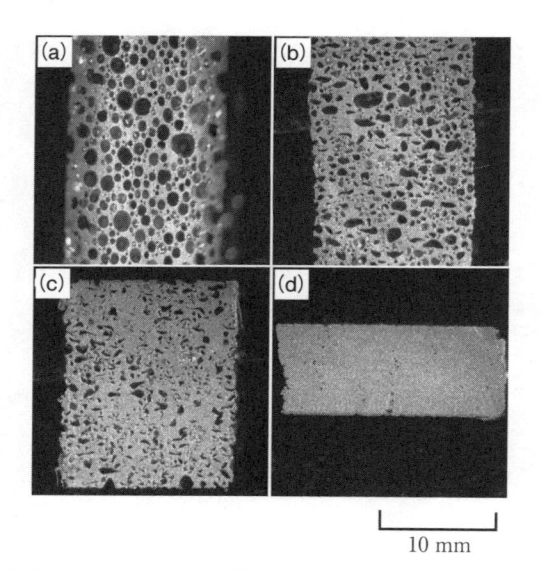

10 mm

図 6.26　気孔率 59.5% のロータス銅の気孔方向に垂直に圧縮したときの変形断面．ひずみ，（ a ）0%，（ b ）30%，（ c ）50%，（ d ）80% [18].

め，ロータス金属の強度には応力集中の有無が重要となる．低ひずみ領域では垂直方向で容易に気孔が変形する．また，圧縮方向に依存して試料にはバックリングのような異なる変形が起こる．バックリングは圧縮方向と気孔の方向のズレから生じ，低応力の圧縮でも起こり得る．気孔率 59.5% のロータス銅を気孔方向に平行および垂直方向に，0，30，50 および 80% のひずみで圧縮したときの変形断面写真をそれぞれ**図 6.25** および**図 6.26** に示した．1 つは図6.25(c)に見られるような試料全体のビール樽のような膨らみのマクロバックリングであり，もう 1 つは気孔間に見られる微細構造の変化，ミクロバックリングである．**図 6.27** には 50% の圧縮変形でミクロバックリングを起こした前後の微細構造の断面写真を示した．圧縮変形後の気孔がジグザグの形状に変化している．しかしながら，垂直方向の圧縮変形後の試料ではマクロバックリングは観察されない（図 6.26(c)）が，ミクロバックリングが観察された．さらに，50% 圧縮変形後，垂直方向の試料内の気孔はつぶれやすくその気孔の体積は平行方向のものよりも小さくなっている．また，50% の垂直方向での圧

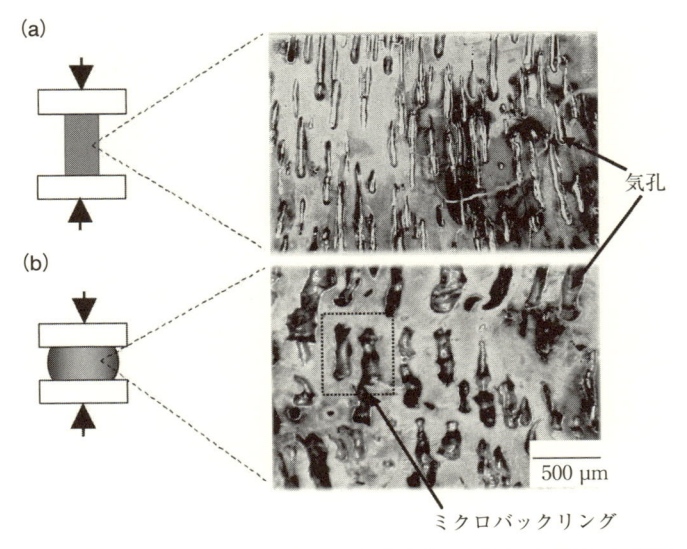

図 6.27　気孔率 59.5% のロータス銅の気孔方向に平行に圧縮した変形でミクロバックリングを起こす前後の微細構造の断面写真．(a)変形ひずみ 0%，(b)変形ひずみ 50%[18].

縮での応力-ひずみ曲線の傾きは図6.24に示すように増加している．このこと
は垂直方向の場合，気孔近傍の応力集中により圧縮変形中に気孔がつぶされ，
平行方向よりも緻密化の進行の度合いが速くなることによって傾きが大きくな
ると説明することができる．

6.4.2 エネルギー吸収

ロータス金属の圧縮変形における応力-ひずみ曲線を模式的に**図6.28**に示
した．その曲線は，(I)弾性率によって特徴づけられる弾性域，(II)傾きが平
らに近い応力のプラトー領域で，塑性降伏，バックリングやセル小片部曲げ変
形が起こっている領域，(III)傾きが急に大きく立ち上がる緻密化領域，とい
う3つの領域に分けることができる．圧縮試験のデータを用いて圧縮変形中に
吸収されたエネルギー(吸収エネルギーと言う)は応力-ひずみ曲線を積分する
ことによって見積もることができる．すなわち，

$$W = \int_0^\varepsilon \sigma(\varepsilon)\, d\varepsilon \tag{6.11}$$

ここで，Wは単位体積当たりの吸収エネルギーであり，εはひずみである．**表
6.2**にはさまざまな気孔率を有するロータス銅の吸収エネルギーを示した．そ

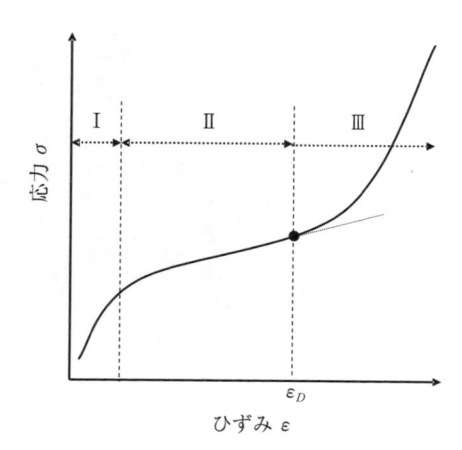

図6.28 ロータス金属の圧縮変形における応力-ひずみ曲線．(I)弾性域，
(II)プラトー領域(塑性降伏)，(III)緻密化領域[18]．

表6.2　ロータス銅の緻密化ひずみと吸収エネルギー[18].

気孔率 (%)	密度 (Mg·m^{-3})	圧縮方向	緻密化ひずみ (%)	プラトー強度 (MPa)	単位体積当たりの吸収エネルギー (MJ·m^{-3})
30.4	6.25	平行	48.4	234	70.8
		垂直	29.8	144	25.7
48.4	4.64	平行	51.2	159	47.1
		垂直	33.8	70.5	14.4
59.5	3.57	平行	46.3	91.5	27.8
		垂直	33.0	36.1	7.2

れぞれの気孔率で比較すると，平行方向の圧縮の吸収エネルギーは垂直方向のエネルギーよりも大きい．これは平行方向のロータス銅は垂直方向に比べて高い強度と延性を持つためである．

6.4.3　圧縮強度に及ぼす気孔の向きの影響

Ide らは一方向気孔に平行あるいは垂直な圧縮方向での圧縮特性ばかりではなく，気孔がさまざまな向きに傾いているロータスステンレス鋼の圧縮特性を調べた[19]．また，これらの実験結果とマイクロメカニカル平均場近似計算の結果とがよく一致することを見出した．ロータスステンレス鋼とノンポーラスステンレス鋼は連続帯溶融法で作製された．図 6.29 に示すように，一方向気孔の方向(x_3' 軸)と圧縮方向(x_3 軸)となす角度 θ として，それらのインゴットからさまざまな θ を有する立方体の試料を切り出した．試料内の気孔は観察できないので，試料の内部の気孔の向きは試料表面に露出した気孔の向きと同一であると仮定する．いま，ロータス金属試料内の i 番目の気孔の角度を $\theta^{(i)}$ とすれば，$\theta^{(i)}$ は次式で表すことができる．

$$\theta^{(i)} = \tan^{-1}\sqrt{\tan^2\theta_1^{(i)} + \tan^2\theta_2^{(i)}} \tag{6.12}$$

ここで，$\theta_1^{(i)}$ は気孔方向と x_3 軸のなす (x_2-x_3) 面上への投影角度，$\theta_2^{(i)}$ は気孔方向と x_3 軸のなす (x_1-x_3) 面上への投影角度である．しかしながら，同一面上の気孔に対して角度を同時に決めることができないので，2 つの角度，$\theta_1^{(i)}$ と $\theta_2^{(i)}$ を平均化することによって投影角度を決める．

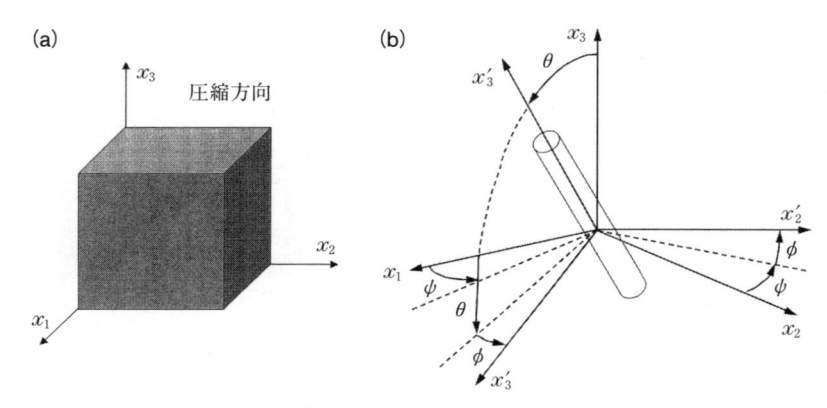

図6.29　（a）試料の座標系，（b）試料と気孔の座標系で定義された Euler 角
度[19].

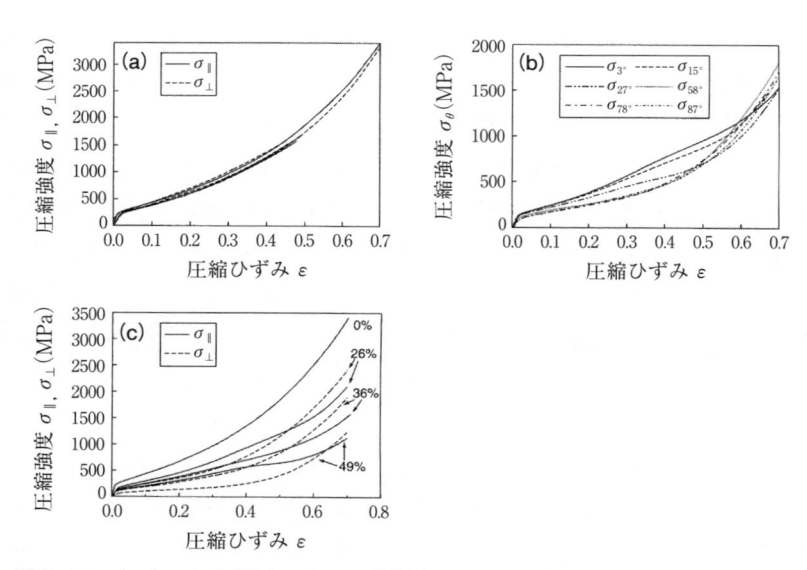

図6.30　（a）一方向凝固によって作製されたノンポーラスステンレス鋼の圧
縮応力-ひずみ曲線，（b）角度 θ を有する圧縮変形を受けたロータスステン
レス鋼（気孔率 39%）の応力-ひずみ曲線，（c）一方向気孔に平行および垂直
方向の圧縮を受けたロータスステンレス鋼の応力-ひずみ曲線[19].

$$\bar{\theta} = \left(\frac{1}{n_1}\right)[\theta_1^{(i)}], \quad \bar{\theta} = \left(\frac{1}{n_2}\right)[\theta_2^{(i)}] \tag{6.13}$$

ここで，n_1 および n_2 はそれぞれ (x_2-x_3) 面上および (x_1-x_3) 面上にある気孔の数である．このようにして角度 θ は次式で表される．

$$\theta = \tan^{-1}\sqrt{\tan\bar{\theta}_1 + \tan\bar{\theta}_2} \tag{6.14}$$

図 6.30（a）には一方向凝固によって作製されたノンポーラスステンレス鋼の圧縮応力-ひずみ曲線を示した．ここで $\sigma_{\parallel}$ および $\sigma_{\perp}$ はそれぞれ凝固方向に平行および垂直な方向に圧縮応力である．ノンポーラスステンレス鋼には集合組織があるのもかかわらず圧縮挙動には異方性は認められなかった．図 6.30（b）には角度 θ を有する圧縮変形を受けたロータスステンレス鋼の応力-ひずみ曲線を示した．$3° < \theta < 15°$ および $58° < \theta < 87°$ の方向では圧縮応力は θ を変化させてもあまり変わらない．すべての θ に言えることであるが，圧縮応力は高ひずみ領域で顕著に増加し，その傾きは θ の増加と共に大きくなる．図 6.30（c）は，一方向気孔の方向に平行および垂直方向の圧縮を受けたロータスステンレス鋼の応力-ひずみ曲線を示したものである．両方向の圧縮応力は気孔率の増加と共に減少する．低ひずみ領域では，$\sigma_{\parallel}$ は $\sigma_{\perp}$ より大きいが，この大小関係は高ひずみ領域で逆転する．$\sigma_{\parallel}$ と $\sigma_{\perp}$ との交差は気孔率の増加と共に高ひずみ側にシフトしている．

図 6.31（a）には，角度 θ の方向の圧縮を受けたロータスステンレス鋼の降伏応力(0.2% 耐力) $\sigma_{y\theta}$ の θ 依存性を示した．降伏応力 $\sigma_{y\theta}$ は θ の増加と共に単調に減少する．図 6.31（b）には，ロータスステンレス鋼の降伏応力の気孔率依存性を示した．平行方向の降伏応力 $\sigma_{y\parallel}$ は気孔率の増加と共に線形的に減少するが，垂直方向の $\sigma_{y\perp}$ は急激に減少する．気孔率の全範囲で $\sigma_{y\perp}$ は $\sigma_{y\parallel}$ より小さい．ロータスステンレス鋼の降伏応力の値は $\sigma_y = \sigma_{y0}(1-p)^m$ で表すことができる．m の値は一方向気孔に平行および垂直方向に対してそれぞれ 1.0 および 2.4 である．また，σ_{y0} はノンポーラスステンレス鋼の降伏応力である．

ところで，ノンポーラスステンレス鋼の圧縮挙動は異方性を示さないことから，ポーラス金属のマクロな変形モードの異方性は異方的な気孔の構造に起因すると考えることができる．気孔内の平均圧縮ひずみ ε_p とマトリックス内の平均圧縮ひずみ ε_M とを容易に測定することはできないけれども，複合材料の

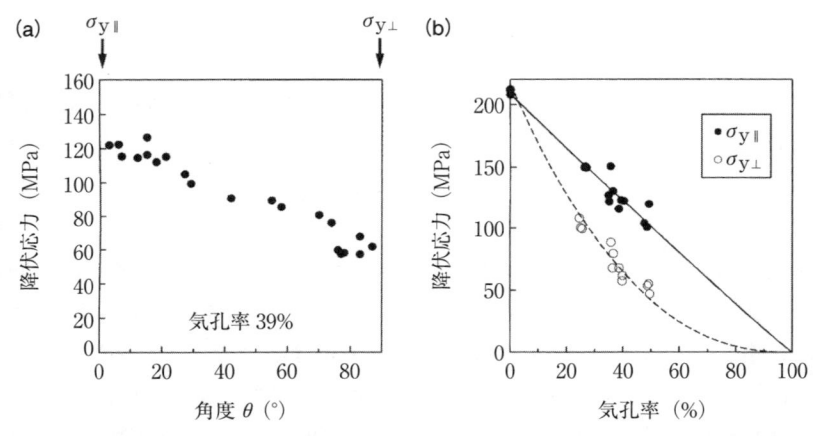

図6.31　角度 θ の方向の圧縮を受けたロータスステンレス鋼の降伏応力の θ 依存性，（b）ロータスステンレス鋼の降伏応力の気孔率依存性[19].

弾塑性に関する Qiu と Weng の理論によれば[20]，それらの間の量的関係を計算することができる．その理論によれば，一方向気孔に垂直な方向に圧縮すると ε_p は ε_M より大きい．つまり，気孔の変形速度はマトリックスの変形速度よりも大きい．したがって，ポーラス材料は圧縮ひずみの増加によって緻密化する．それに対して，一方向気孔に平行方向での圧縮では，ε_p はほぼ ε_M に等しく，気孔の変形速度はマトリックスの変形速度と同程度である．したがって，この場合，高ひずみ領域でも気孔は残っていてノンポーラス材料の場合と同様に，圧縮後はビール樽のふくらみを持つようなバレリング変形が起こる．

　発泡金属を圧縮すると，まずプラトー応力領域が現れる．この領域では，初めに局部的に弱い部分が変形・硬化し変形が停止すると引き続いて他の弱い部分が変形・硬化する．この変形を繰り返した後に気孔は潰れ緻密化が進行する．**図6.32**には降伏応力で規格化された応力–塑性ひずみ ε_{pl} 曲線を示した．図6.32（a）および（b）はそれぞれ一方向気孔に平行および垂直方向に圧縮した場合の降伏応力で規格化された，それぞれの方向の応力であり，ε_{pl} は塑性ひずみである．$p=49\%$ における $\sigma_\perp/\sigma_{y\perp}$ は $0.15<\varepsilon_{pl}<0.5$ の範囲では $p=0\%$ の場合より低いが，$p=26\%$，36% の $\sigma_\perp/\sigma_{y\perp}$ は $p=0\%$ の場合と同程度である．つまり，$p=49\%$ のロータス金属は発泡金属と同様に圧縮によって連続的に気

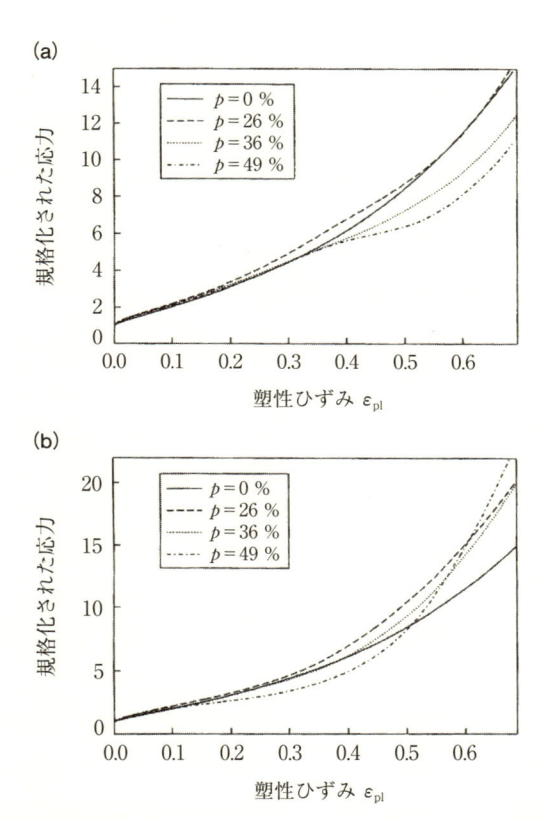

図6.32 （a）一方向気孔に平行方向に圧縮した場合の降伏応力で規格化され
た応力の塑性ひずみ依存性，（b）一方向気孔に垂直方向に圧縮した場合の降
伏応力で規格化された応力の塑性ひずみ依存性[19].

孔は潰れて緻密化が起こる．一方，$p=26\%$ と 36% の場合は，応力の増加速度
が $p=0\%$ のノンポーラス金属と同様，大きい．気孔が圧縮によって同時に潰
れてしまうからである．$p=26\%$ の $\sigma_\parallel/\sigma_{y\parallel}$ は ε_{pl} の全範囲で $p=0\%$ の場合と同
程度である．つまり圧縮方向が気孔に平行の場合，気孔近傍に応力集中が起こ
らないので，ロータス金属といえどもノンポーラス金属の圧縮挙動と変わらな
い．$\varepsilon_{pl}=36\%$，49% における $\sigma_\parallel/\sigma_{y\parallel}$ は $p=0\%$ のそれとほぼ同程度であるが，
$\varepsilon_{pl}>0.3$ では $p=0\%$ の場合より小さくなる．これは気孔率が高くなるにつれて

気孔近傍に応力集中が生じバレリングによって気孔が屈曲するためである．プラトー応力領域が現れた後には，気孔の緻密化が始まる．このように変形モードは圧縮方向に依存するばかりではなく，気孔率にも依存している．最後の段階で圧縮応力が急激に増加するのは圧縮変形モードと降伏応力に依存するためである．

6.4.4　高ひずみ速度での圧縮変形挙動

ロータス金属は他のポーラス金属と比較して高い比強度を示すことから，衝撃吸収エネルギーにおいても優れた特性を示すことが予想される．しかしながら，ロータス金属の衝撃エネルギー吸収特性，つまり気孔の存在およびその方向性が高速変形時の圧縮変形挙動およびエネルギー吸収特性に与える影響に対してこれまで明らかにされていなかった．そこで，Tane らはロータス鉄をモデル材として用い，高ひずみ速度($\sim 10^{3}\,\mathrm{s}^{-1}$)，中ひずみ速度 ($\sim 10^{-1}\,\mathrm{s}^{-1}$) および低ひずみ ($\sim 10^{-4}\,\mathrm{s}^{-1}$) での圧縮試験を気孔に平行および垂直な方向に対して行った．ひずみ速度および一方向気孔が圧縮変形および吸収エネルギー量に及ぼす影響を調べられた[21]．

まず，2.5 MPa の水素雰囲気下での連続帯溶融法を用いて純鉄棒材を連続的に溶解し一方向凝固させることにより，凝固方向に伸びた気孔を有するロータス純鉄の鋳塊が作製された．作製されたロータス純鉄の鋳塊から放電加工機により気孔の長手方向に対して高さ方向を平行および垂直な方向とする円柱状の試験片を切り出した．得られた円柱状の試験片に対して，ホプキンソンプレッシャーバー法を用いて，高ひずみ ($1.4 \sim 3.1 \times 10^{3}\,\mathrm{s}^{-1}$) での圧縮試験を行った．ここで，高ひずみ速度での圧縮応力-ひずみ曲線を測定したホプキンソンプレッシャーバー法について簡単に説明しよう．図 6.33 に示すように，ロータス鉄試料を入力棒および出力棒の間に挟み，エアコンプレッサーから開放された圧縮空気によって打ち出した打ち出し棒を入力棒に衝突させる．衝突によって発生した応力波が入力棒を伝わって試料に伝播することによって試料に高ひずみ速度での圧縮変形が加えられる．入力棒および出力棒に貼り付けたひずみゲージにより応力波の振幅の時間変化を測定することによって試料に加わる応力，ひずみおよびひずみ速度が求められる．また，ひずみ速度が圧縮変形挙動

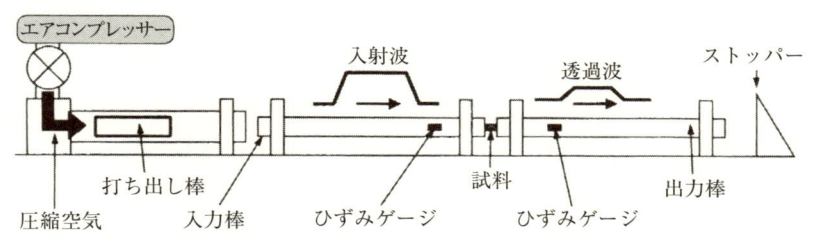

図 6.33 ホプキンソンプレッシャーバー法を用いた高ひずみ速度の圧縮試験の原理図.

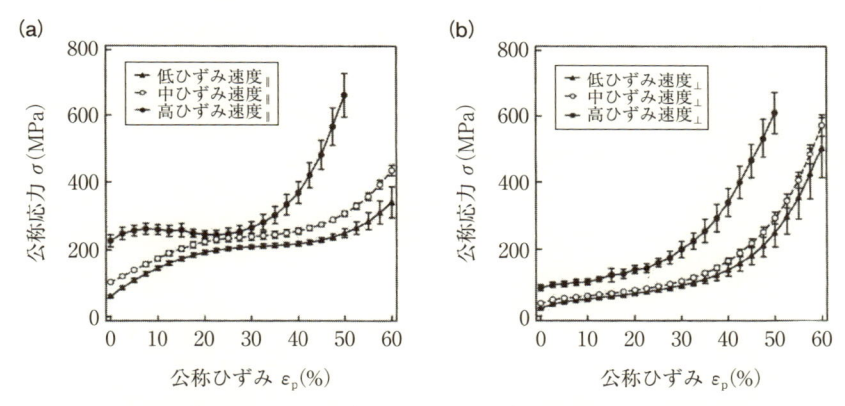

図 6.34 低ひずみ速度, 中ひずみ速度, 高ひずみ速度での圧縮試験によって得られたロータス鉄の気孔に(a)平行および(b)垂直な方向における公称応力-塑性ひずみ曲線. ロータス鉄の気孔率 47.9〜49.7%[21].

に与える影響を調べるため, 高ひずみ速度での圧縮試験に加えて万能試験機を用いて中ひずみ速度 $(2.8 \times 10^{-1}\,\mathrm{s}^{-1})$ および低ひずみ速度 $(2.8 \times 10^{-4}\,\mathrm{s}^{-1})$ での圧縮試験が行われた.

図 6.34 に低ひずみ速度, 中ひずみ速度, 高ひずみ速度での圧縮試験によって得られたロータス鉄の気孔に(a)平行および(b)垂直な方向における公称応力-塑性ひずみ曲線を示す. ここで, プロットは 4 回以上の実験の平均値, エラーバーは標準偏差を示す. 気孔に平行および垂直な方向において, 変形抵抗はひずみ速度の増加に伴って増加することがわかる. これは, 鉄母材の変形抵

抗がひずみ速度に依存して増加するためである．気孔に平行な方向の低ひずみ
および中ひずみ速度での圧縮では，すべてのひずみの範囲で，変形抵抗は単調
に増加する．一方，高ひずみ速度での平行方向の圧縮では，塑性ひずみが
15.0-22.5% の領域で，変形抵抗がひずみの増加に伴って減少する．これによっ
て，応力値がほぼ一定で変形が進行するプラトー領域が現れる．一方，気孔に
垂直な方向の圧縮ではすべてのひずみ速度においてひずみの増加に伴って応力
値が単調に増加し，プラトー領域は出現しない．このことからプラトー領域の
出現は気孔の方向性に起因していることがわかる．このプラトー領域が出現す
る原因として，気孔に平行な方向の圧縮では座屈変形が起こりやすいことが挙
げられるが，プラトー領域が発現する詳細なメカニズムの解明には今後の詳細
な研究が必要である．

　ここで，さまざまなポーラス金属の圧縮変形に伴う吸収エネルギー特性を比
較するために，吸収エネルギー効率 η を次式で定義する．

$$\eta = \frac{W}{\sigma_d \cdot \varepsilon_d} \tag{6.15}$$

ここで W は式(6.11)で与えられる吸収エネルギー，σ_d は緻密化ひずみ ε_d

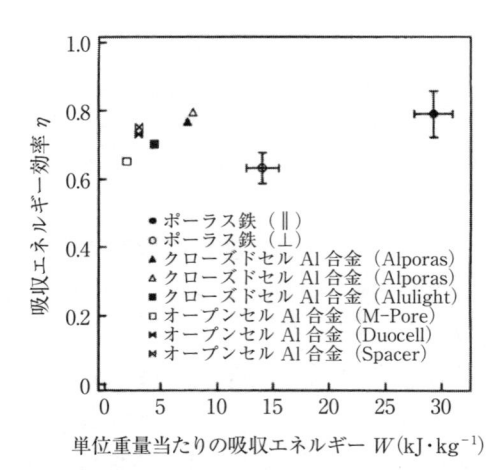

図 6.35　高ひずみ速度圧縮試験により得られた，ロータス鉄の気孔に平行お
　よび垂直な方向の吸収エネルギー効率と，単位重量当たりの吸収エネルギー
　の関係[21]．

を生じさせるときの応力である.

　図 6.35 に高ひずみ速度圧縮試験により得られたロータス鉄の気孔に平行および垂直な方向の吸収エネルギー効率 η および単位重量当たりの吸収エネルギー W を示した.また,比較のために,種々のポーラスアルミニウムの吸収エネルギー効率および単位重量当たりの吸収エネルギー W を示した.ロータス鉄の吸収エネルギー W はポーラス(発泡)アルミニウムの吸収エネルギーよりも大きく,特に気孔に平行な方向においては,吸収エネルギー W がポーラスアルミニウムの吸収エネルギーよりも 4 倍程度大きい.また,気孔に平行な方向の吸収エネルギー効率はポーラスアルミニウムの吸収エネルギー効率と同等であり,ロータス鉄は従来のポーラスアルミニウムと比較して優れた吸収エネルギー特性を持つことがわかる.

6.4.5　ロータス TiAl の圧縮変形挙動

　γ-TiAl 金属間化合物は NiAl や Ni_3Al に比べて低密度でしかも高温強度に優れていることから高温耐熱合金として有望視されている.それゆえ,TiAl などの金属間化合物は高温用軽量構造材料としての用途が期待されている.ポーラス化によって更なる軽量化が期待される.Ide らはロータス γ-TiAl の作製

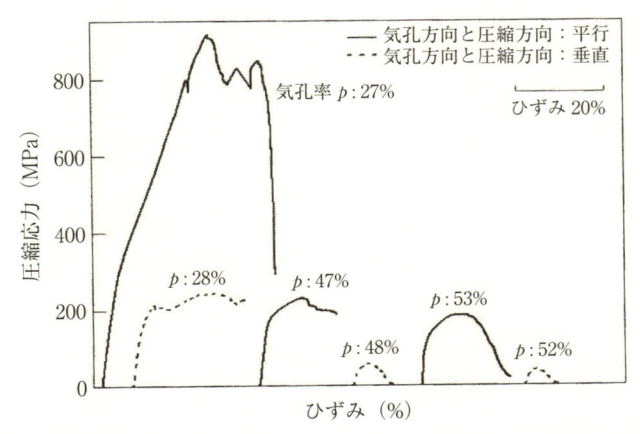

図 6.36　さまざまな気孔率をもつロータス $Ti_{48}Al_{52}$ 金属間化合物の圧縮応力-ひずみ曲線[22].

を試み，その圧縮挙動を調べた[22]．

　まず，$Ti_{48}Al_{52}$ の組成を持つ合金をスカルメルティングで作製した．そのインゴット（鋳塊）から直径 10 mm，長さ 100 mm のロッドをワイヤーカット放電加工機で切り出した．TiAl ロッドを 2.5 MPa の水素とアルゴンの混合ガス雰囲気下で連続帯溶融法で一方向凝固させてロータス TiAl 合金を作製した．図 6.36 にさまざまな気孔率を有するロータス TiAl の応力–ひずみ曲線の測定結果を示した．一方向気孔に平行および垂直方向の圧縮に対してピーク強度の圧縮強度およびひずみは共に気孔率の増加と共に減少する．延性マトリックスを持つロータス金属では漸進的な緻密化によってプラトー応力領域が生じることが知られている．しかしながら，ロータス TiAl では，両気孔方向の場合ともプラトー応力領域が現れない．同じ気孔率で比較すると，気孔に平行な圧縮に対する圧縮応力は垂直方向の圧縮応力よりも大きい．また，ピーク強度における平行方向のひずみは垂直方向のひずみよりも大きい．多結晶 $Ti_{48}Al_{52}$ は室温で 4% の塑性ひずみを示すので，ロータス TiAl の室温での塑性ひずみはノンポーラス TiAl の塑性ひずみよりもはるかに大きいと言える．

　図 6.37 にはロータス TiAl の 0.2% 耐力の気孔率依存性を示した．約 300 μm の結晶粒をもつノンポーラス多結晶 $Ti_{48}Al_{52}$ の 0.2% 耐力は 332 MPa であ

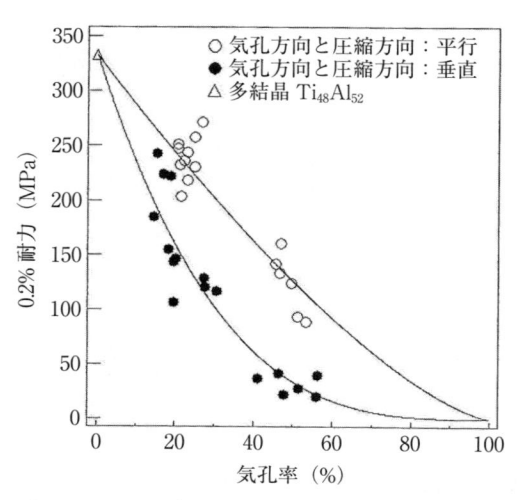

図 6.37　ロータス $Ti_{48}Al_{52}$ 金属間化合物の 0.2% 耐力の気孔率依存性[22]．

る．両方向のロータス TiAl の 0.2% 耐力は気孔率の増加と共に減少する．垂直方向の 0.2% 耐力は気孔率の増加に伴い急激に減少するのに対して，平行方向ではゆっくり減少する．ロータス金属の降伏応力（0.2% 耐力）は次式で表すことができる．

$$\sigma_\gamma^p = \sigma_\gamma^0 \Big(1 - \frac{p}{100}\Big)^K \tag{6.16}$$

ここで，σ_γ^p および σ_γ^0 はそれぞれロータスおよびノンポーラス材料の降伏強度であり，K は応力集中係数である．式(6.16)による理論曲線を 0.2% 耐力の実験データにフィットさせて K 値を求めると，平行方向では $K=1.4$，垂直方向では $K=3.3$ が得られた．

　ロータス TiAl の圧縮強度の異方性は気孔構造の異方性に起因している．しかしながら，ロータス TiAl の 0.2% 耐力の気孔率依存性は延性マトリックスをもつ場合と異なっている．平行方向の場合のロータス TiAl の K 値が通常の $K=1$ ではなく，大きくなっている．つまり，ロータス TiAl の 0.2% 耐力が通常のロータス金属の耐力よりも小さい．図 6.38 にはロータス TiAl の周期的な荷重-非荷重による圧縮応力-ひずみ曲線を示した．荷重方向が気孔の方向に（ a ）平行と（ b ）垂直の場合で大きく異なっている．応力を非荷重にすると，試料中のひずみは低応力でレベルの場合でさえも残留し，圧縮応力は圧縮ひずみ

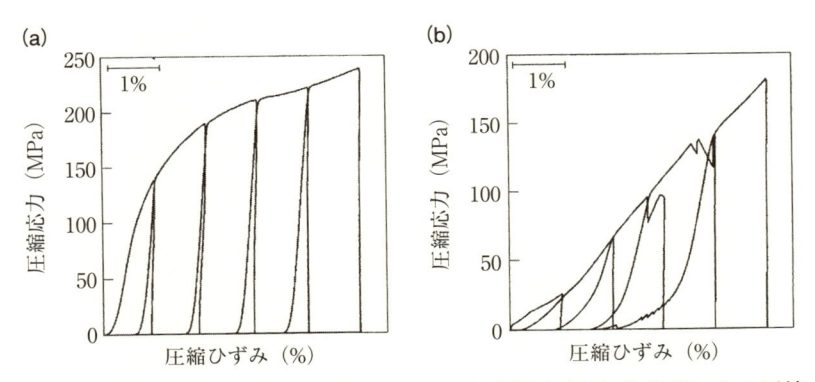

図 6.38　ロータス $Ti_{48}Al_{52}$ 金属間化合物の周期的な荷重-非荷重による圧縮応力-ひずみ曲線．（ a ）気孔に平行な荷重方向，（ b ）気孔に垂直な荷重方向[22]．

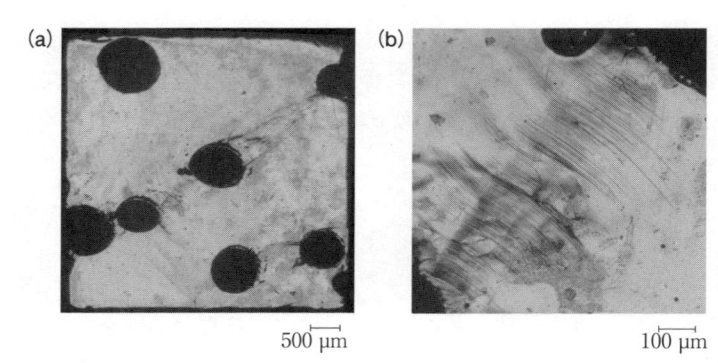

図6.39　荷重方向が一方向気孔に垂直な場合における，周期的な荷重-非荷重圧縮試験後のロータス $Ti_{48}Al_{52}$ 金属間化合物の断面の光学顕微鏡写真.（a）低倍率観察，（b）高倍率観察.気孔率 17%，平均気孔径 635 μm.1.0 MPa 水素と 1.5 MPa アルゴンの混合ガス雰囲気下で連続帯溶融法によって作製された [22].

の増加と共に増大している．**図6.39** は周期的な荷重-非荷重圧縮試験後のロータス TiAl の断面の光学顕微鏡写真である．荷重方向が一方向気孔に垂直な場合である．図6.39(b)に示されているように，変形やクラックが気孔の近傍や気孔間に存在しているのがわかる．変形やクラックはポーラス金属中の構造欠陥によって引き起こされるので，延性マトリックスを有するロータス金属中でもそれらは起こり得ると考えられる．しかしながら，延性マトリックスを有するロータス金属の平行方向の比強度は気孔の有無にかかわらず一定であり，圧縮変形の初期段階では気孔の潰れは応力-ひずみ反応に影響しない．それゆえ，延性マトリックスを有するロータス金属の 0.2% 耐力は局部的な大きな応力集中には敏感ではない．他方，TiAl ではマトリックスの延性がないので局部的な大きな応力集中によって応力-ひずみ反応が引き起こされる．その結果，応力の増加に伴って局部的ひずみが増し，マクロひずみが局部的ひずみとクラックによって増大すると考えられる．気孔率の増加と共に局部的変形と破断を生じる領域が増えロータス TiAl の 0.2% 耐力は気孔率の増加と共に著しく減少することになる．

　マトリックスの脆性の圧縮挙動に及ぼす効果は高ひずみ領域で顕著になる．**図6.40** は，荷重方向が気孔に垂直な方向における圧縮中のロータス TiAl の

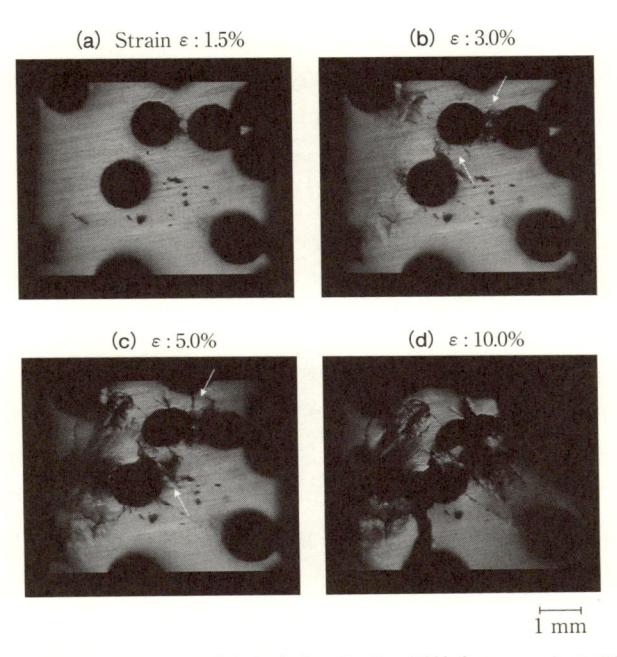

(a) Strain ε : 1.5% (b) ε : 3.0%

(c) ε : 5.0% (d) ε : 10.0%

1 mm

図 6.40 荷重方向が気孔に垂直な方向における圧縮中のロータス $Ti_{48}Al_{52}$ 金属間化合物の断面のひずみによる変化. ひずみ, (a)1.5%, (b)3.0%, (c) 5.0%, (d)10.0%. 気孔率 27%, 平均気孔径 619 μm. 1.0 MPa 水素と 1.5 MPa アルゴンの混合ガス雰囲気下で連続帯溶融法によって作製された [22].

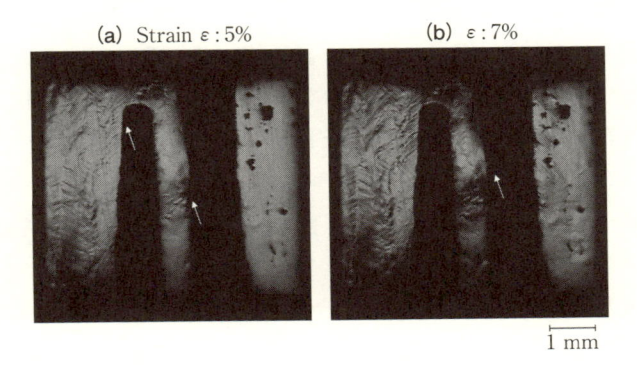

(a) Strain ε : 5% (b) ε : 7%

1 mm

図 6.41 荷重方向が気孔に平行な方向における圧縮中のロータス $Ti_{48}Al_{52}$ 金属間化合物の断面のひずみによる変化. ひずみ, (a)5.0%, (b)7.0%. 気孔率 27%, 平均気孔径 642 μm. 1.0 MPa 水素と 1.5 MPa アルゴンの混合ガス雰囲気下で連続帯溶融法によって作製された [22].

断面の光学顕微鏡写真である．図6.40(a)のひずみ1.5%のときには初期変形気孔の近傍で起こり，ひずみが3%になると気孔近傍に変形とクラックが生じ（図6.40(b)），隣接する気孔間で進行していく（図6.40(c)，(d)）．一方，荷重が気孔の平行の方向の場合，局部的変形が垂直の場合と同様に気孔近傍で起こるが，圧縮応力は試料が破断せずにひずみの増大と共に増加する（図6.41(a)，(b)）．それゆえ，ノンポーラスTiAlの塑性ひずみに比べてロータスTiAlの塑性ひずみの増加はマトリックスの延性の改善によるのではなく連続的な変形やクラックの発生によって引き起こされると考えられる．試料の破断は延性マトリックスを有するロータス金属の圧縮変形中に観察されるようなバレリングや単軸変形による試料全体の変形によるのではなく，セル壁のバックリングによって引き起こされる．しかしながら，試料の緻密化が起こらないので，明確なプラトー応力領域は現れない．このようにロータスTiAlはマトリックスが脆性であるためにその変形挙動は延性マトリックスをもつロータス金属の場合と明らかに異なっている．

6.5　曲げ強度

　曲げはポーラス構造部材を変形するための代表的な加工法の1つであり，ロータス金属の曲げ特性を調べることはたいへん重要である．図6.42には3点曲げ試験を模式的に示した．テスト試験片中の気孔の向きをx, y, z軸で定義すると，曲げ荷重$-z$方向に対して試験片中の気孔がx, yおよびz方向に向いているロータス金属試験片をそれぞれ（a）タイプX試験片，（b）タイプY試験片および（c）タイプZ試験片とする．図6.43には気孔率31.4%のロータス銅のタイプX，YおよびZ試験片の荷重-変位曲線の測定結果を示した[23]．すべての曲げ試験片で降伏点と塑性変形が認められた．タイプYおよびZでは最大荷重と破断が見出されたが，タイプXでは荷重が連続的に増大するだけで最大荷重と破断は見いだされなかった．タイプYおよびZ試料片では曲げ変形中に引張応力と圧縮応力が一方向気孔の垂直方向にかかるので，容易に破断が生じる．一方向気孔の垂直方向に荷重を負荷すると応力集中が起こりやすいことに起因している．また，荷重-変位曲線の積分値から吸収エネ

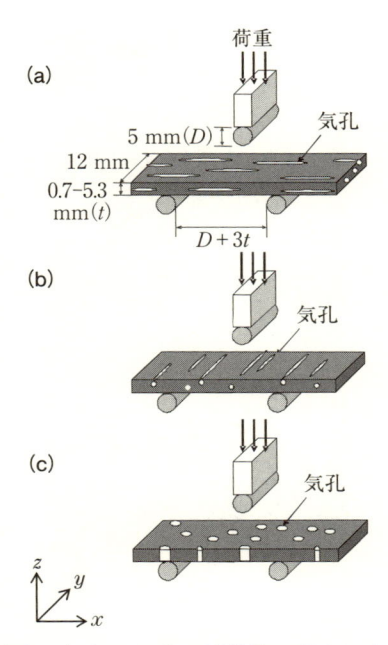

図 6.42 3点曲げ試験.（a）タイプ X 試験片，（b）タイプ Y 試験片，（c）タイプ Z 試験片[23].

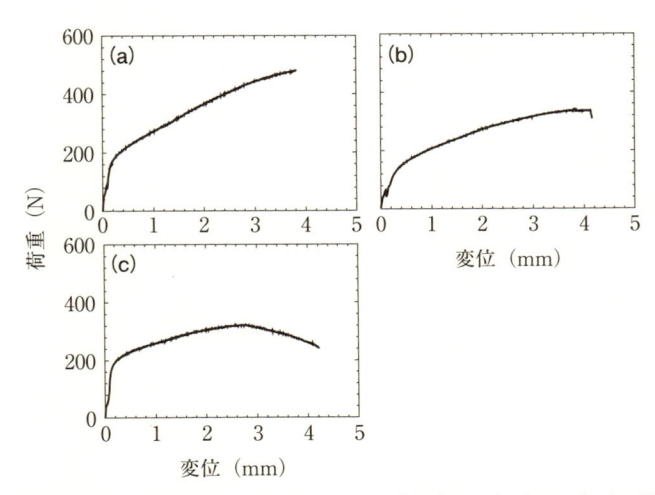

図 6.43 気孔率 31.4% のロータス銅のタイプ（a）X，（b）Y，（c）Z 試験片の荷重-変位曲線の測定結果[23].

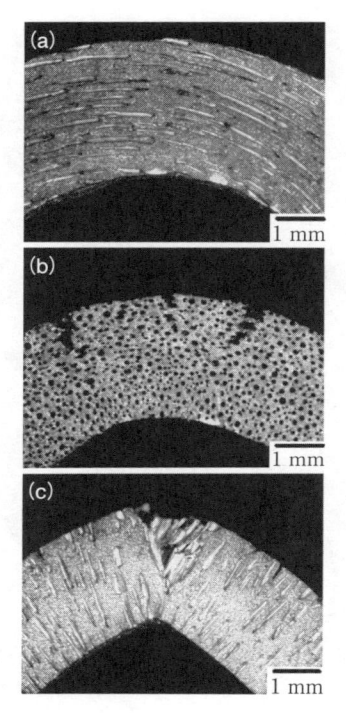

図 6.44　気孔率 31.4% のロータス銅のタイプ（a）X，（b）Y，（c）Z 試験片断面の光学顕微鏡観察写真[23].

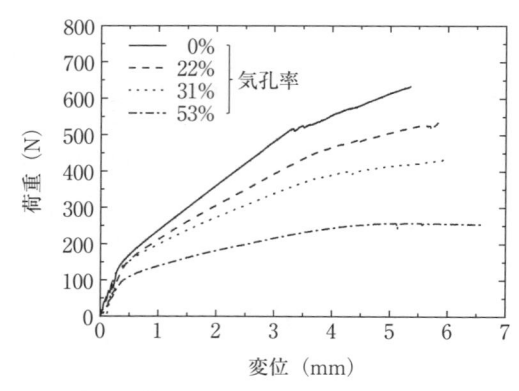

図 6.45　異なる気孔率をもつロータス銅とノンポーラス銅のタイプ X 試験片の曲げ荷重-変位曲線[23].

ルギーを評価することができるが，タイプ X 試験片の曲げ吸収エネルギーはタイプ Y や Z 試験片の吸収エネルギーよりも大きい．

　曲げ試験後の試験片断面の光学顕微鏡観察写真が **図 6.44** に示されている．タイプ X 試験片にはクラックは観察されないが，タイプ Y および Z 試験片ではクラックが観察された．特に，曲げ変形中に引張応力がかかった上部表面にクラックが発生している．引張方向に平行な気孔をもつロータス試料の強度および伸びは垂直方向の強度や伸びよりもずっと大きいので，タイプ X 試験片がクラックを生ぜずに変形するのは理解できる．このようにタイプ X 試験片の曲げ特性はタイプ Y や Z よりもはるかに優れている．

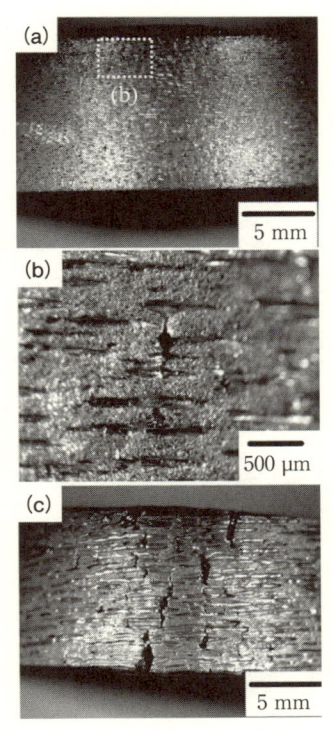

図 6.46　5.3 mm の厚さのロータス銅のタイプ X 試験片の曲げ試験後の試験片表面の光学顕微鏡観察写真．（a）および（b）気孔率 31.4%，（c）気孔率 53.3%．（b）は（a）の一部の拡大写真[23]．

　タイプ X の試験片の曲げ特性を理解するために曲げ特性をロータス銅の気孔率や試験片の厚さを変えて調べられた．異なる気孔率をもったタイプ X 試験片の曲げ荷重-変位曲線が**図 6.45** に示されている．これらの曲線の傾きは気孔率の増加と共に減少している．この結果はすでに説明した引張および圧縮特性の結果によって解釈できる．**図 6.46**(b)に示すように，クラックの伝播は長く伸びた気孔によって止められてしまうという興味深い結果が得られている．図 6.46(c)のように，クラックが表面の数か所から発生している様子も見られる．このように長い気孔がクラックの伝播を阻止したり曲げ変形後の試験片にクラックが生じても完全に破断しないなどの結果はロータス金属の曲げに特有なものである．

6.6　疲労強度

　ロータス金属を構造材料としての用途を考えた場合に，疲労に及ぼす気孔形

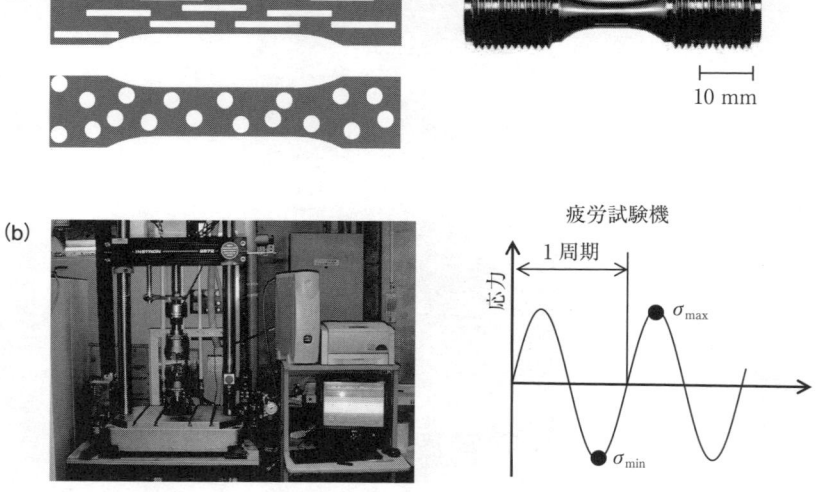

図 6.47　（a）ドッグボーン型疲労試験片．左上図は試験片の長尺方向と気孔が平行の場合，左下図は試験片の長尺方向と気孔が垂直の場合．（b）疲労試験機と繰返し引張-圧縮応力の疲労試験パターン[24]．

態の効果は引張強度や圧縮強度の場合と異なるので，疲労特性を把握すること
は重要である．Seki らによってロータス銅の疲労強度が研究されている[24]．
ロータス銅は水素加圧雰囲気下で鋳型鋳造法によって作製された．鋳塊を旋盤
加工によって**図 6.47**(a)に示すようなゲージ直径 4 mm，ゲージ長さ 6 mm
のドッグボーン型試験片が作製された．ゲージ表面はバフ研磨し，873 K にて
3.6×10^3 s の真空焼鈍によるひずみ取り熱処理が行われた．ドッグボーン型試

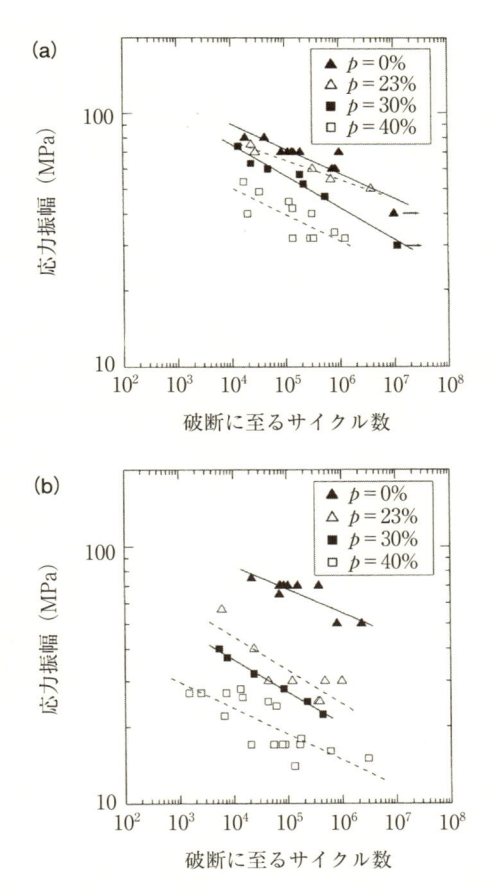

図 6.48 ノンポーラス銅およびロータス銅の応力振幅と破断に至るサイクル
　数の log-log プロット．(a)周期的応力が気孔に平行に負荷された場合，
　(b)周期的応力が気孔に垂直に負荷された場合[24]．

験片の長軸方向と一方向気孔の方向とのなす角度 θ が 0，16，19，21，40 および 90° になるように試験片を切り出した．$\theta=0°$ と 90° の試験片はそれぞれ試験片軸が一方向気孔に平行および垂直のものである．図 6.47(b)に示すように，疲労は油圧サーボ疲労試験機を用いて測定された．周波数 5 Hz の繰返し引張-圧縮応力を負荷して，室温・大気中で疲労試験を行った．応力振幅 σ_a は負荷荷重と気孔を含む断面積から算出された．応力振幅 (S) と破断に至るサイクル数 (N) の間の関係を与える S-N 曲線が求められた．

　図 6.48 には，ノンポーラス銅およびロータス銅の応力振幅 σ_a と破断に至るサイクル数 N_f の log-log プロットしたグラフを示した．ここで，(a)は繰返し応力を一方向気孔に平行方向に，(b)は垂直方向に負荷した場合である．図中の直線は次式を実験データにフィットさせたものである．

$$\log \sigma_a = C \log N_f + D \tag{6.17}$$

ここで，C および D はフィッティングパラメーターである．両方向でのロータス銅およびノンポーラス銅の破断に至るサイクル数は応力振幅の増加と共に減少する．有限寿命での疲労強度は両方向共に気孔率の増加と共に減少する．ノンポーラス銅の疲労強度には異方性はないが，ロータス銅の疲労強度には顕著な異方性が存在し，垂直方向の疲労強度は平行方向の疲労強度より低い．図

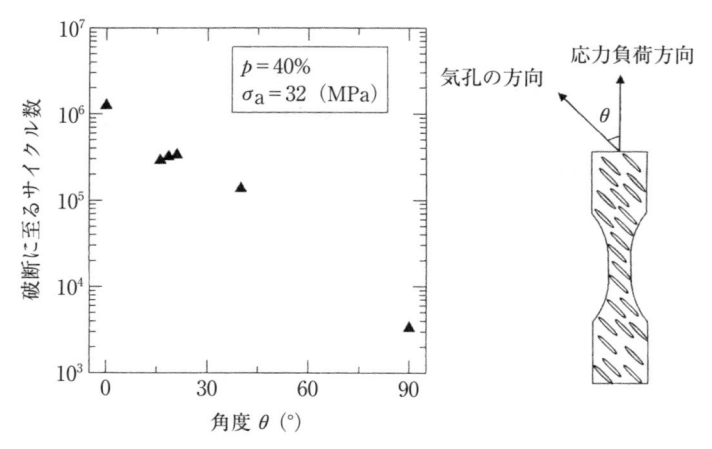

図 6.49　繰返し応力 32 MPa が角度 θ 方向に負荷されたときのロータス銅の破断に至るサイクル数．気孔率 40%[24]．

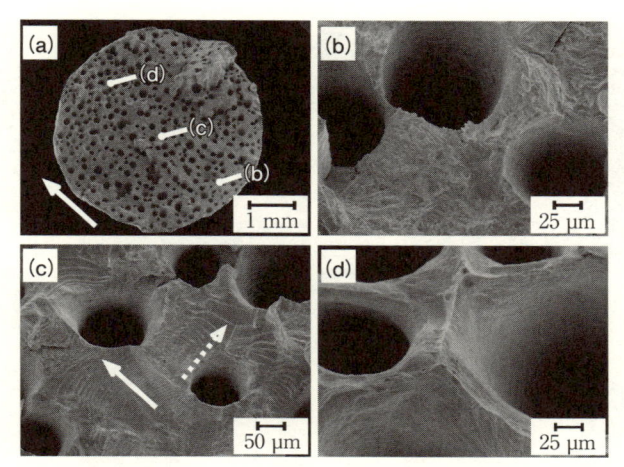

図6.50 一方向気孔に平行に繰返し応力 47 MPa を負荷したときの，気孔率30% のロータス銅の破断表面．破断に至るサイクル数 541,336．（a）試験片の破断面，（b）～（d）破断面の一部の拡大破断面[24]．

6.49 は繰返し応力 $\sigma_a = 32$ MPa が $\theta = 0$，16，19，21，40 および 90° の，気孔率 40% をもつロータス銅に負荷されたときのロータス銅の破断に至るサイクル数を測定した結果である．破断に至るサイクル数は角度 θ の増大と共に低下している．一方向気孔に平行な方向に応力を負荷したとき（$\theta = 0°$）に疲労寿命は最も長くなる．**図6.50** は一方向気孔に平行に繰返し応力 $\sigma_a = 47$ MPa を負荷したときの，気孔率 30% のロータス銅の破断表面の観察結果である．この場合の破断に至るサイクル数 N_f は 541,336 である．図6.50（b）に示すように，（b）の部分にはステージ I-タイプの破面が観察され，この近辺でクラックが発生したことがわかる．図6.50（c）では，破面の中央部にステージ II-タイプのストライエーションが観察された．実線の → は初期クラックが伝播する方向を示している．しかしながら，図6.50（c）中の破線の → で示したように，クラックが気孔に到達したときにクラックの伝播の向きが変化している．ディンプルパターンは形成されていない．その代わりに図6.50（d）に示すように，尾根のような形状の銅マトリックスの伸びが形成された．初期クラックの伝播方向から判断すれば，この破面（d）がステージ III の最終破面であると

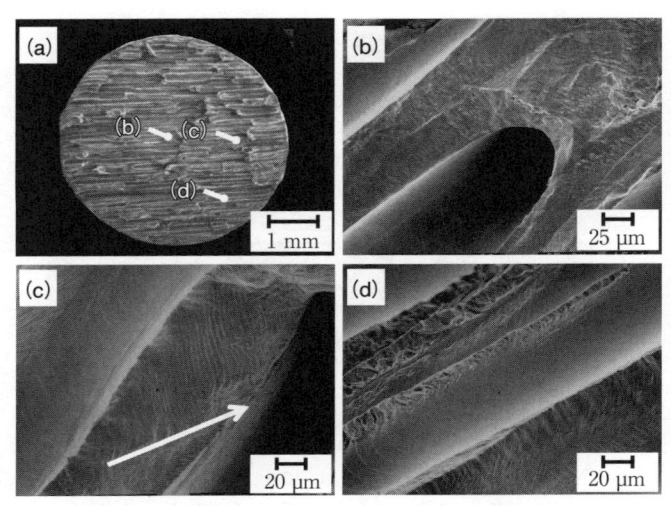

図 6.51　一方向気孔に垂直に繰返し応力 32 MPa を負荷したときの，気孔率
30% のロータス銅の破断表面．破断に至るサイクル数 24,127．（a）試験片の
破断面，（b）〜（d）破断面の一部の拡大破断面[24]．

見なすことができる．平行方向の荷重による破面は破断に至るサイクル数 N_f
の大小には依存しない．

　図 6.51 は破断に至るサイクル数 N_f が 24,127 のときの，一方向気孔に垂直
方向に σ_a = 32 MPa の繰返し応力を負荷した場合の，気孔率 30% のロータス
銅の破面である．図 6.51（b）はステージ I-タイプの破面で破面全体にランダ
ムに分布している．図 6.51（c）に示すように，ステージ II-タイプのストライ
エーションが破面全体にランダムに分布している．図 6.51（c）に→で示すよ
うにクラックは気孔間の最短部分を通路として伝播していない．しかもクラッ
クが伝播する初期段階の方向性も認められない．図 6.51（d）はステージ III-
タイプの最終的な破面である．尾根状のパターンは一方向気孔に平行な方向に
並んでいる．垂直方向の荷重による破面も平行方向の場合と同様に N_f の大小
には依存しない．

　疲労強度は引張強度と関係づけることができる．ロータス銅の引張強度 σ
は次式によって表すことができる．

$$\sigma = \sigma_0 (1 - p)^m \tag{6.18}$$

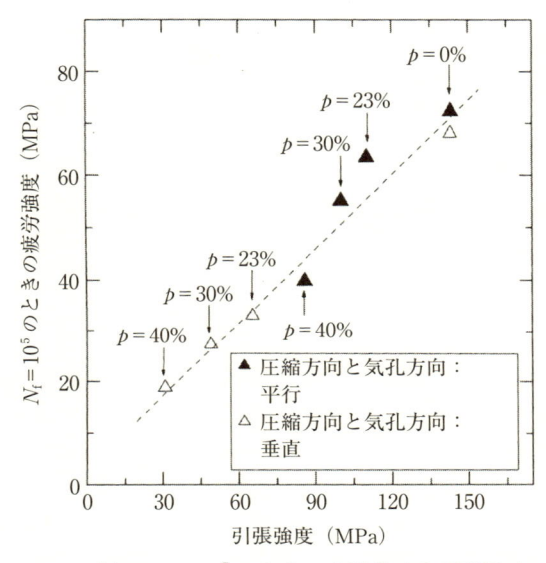

図 6.52　ロータス銅の $N_f = 10^5$ のときの疲労強度と引張強度の関係[24].

ここで，σ_0 はノンポーラス銅の引張強度，$m = 1$ は荷重方向が気孔の向きと平行の場合，$m = 3$ は垂直の場合の定数である．**図 6.52** はロータス銅の $N_f = 10^5$ のときの疲労強度と引張強度の関係を示したものである．引張強度は式(6.18)に $\sigma_0 = 143\,\mathrm{MPa}$ を代入して算出された．その結果，疲労強度は引張強度に比例することがわかる．このことから疲労強度 σ_f も $\sigma_f = \sigma_{f0}(1 - p)^m$ で示すことができる．ただし，σ_{f0} はノンポーラス銅の疲労強度である．疲労強度と引張強度の比例関係から，疲労強度の m 値は引張強度の m 値とほぼ同程度であると考えることができる．

　疲労試験片の表面上の気孔のほとんどは旋盤加工によってバリなどの薄膜壁が形成されて閉鎖されているが，そのうちの少数は開放している．一般に，欠陥がクラックの発生サイトになって破断が進行するので，疲労強度は試験片の表面上の欠陥に依存することが知られている．ロータス銅中には多数のクラックの発生可能なサイトが存在するものの表面上の気孔の数は内部の気孔の数に比べると無視できる程度の少数であるので，表面上の気孔が疲労強度にはほとんど影響しないと考えられる．

文　　献

[1]　M. Tane, T. Ichitsubo, H. Nakajima, S. K. Hyun and M. Hirao, Acta Mater., **52** (2004) 5195-5201.

[2]　H. H. Phani, Am. Ceram. Soc. Bull., **65** (1986) 1584-1586.

[3]　吉成修，金属，**84** (2014) 213-219.

[4]　C. Zener, Phys. Rev., **60** (1941) 906-908.

[5]　T. S. Kê, Phys. Rev., **71** (1947) 553-546.

[6]　E. Bonetti, E. Evangelista, P. Gondi and R. Tognato, Nuove Cimento, **33B** (1976) 408-413.

[7]　O. Yoshinari, T. Kobayashi, H. Nakajima and T. Ide, Proceedings of 7th International Conference on Porous Metals and Metallic Foams, edited by B. Y. Hur, B. K. Kim, S. E. Kim and S. K. Hyun, GSIntervision, Seoul, Korea (2012) p. 479-485.

[8]　A. Rivière, J. P. Amiraut and J. Woirgard, J. de Phys., **42** (1981) C5-439-444.

[9]　J. M. Wolla and V. Provenzano, Mat. Res. Soc. Symp. Proc., **371** (1995) 377-382.

[10]　A. E. Simone and L. J. Gibson, Acta Metall., **44** (1996) 1437-1447.

[11]　S. K. Hyun, K. Murakami and H. Nakajima, Mater. Sci. Eng., **299** (2001) 241-248.

[12]　M. Y. Balshin, Doklady Akad. Sci. USSR, **67** (1949) 831-996.

[13]　R. T. Dehoff and J. P. Gillard (ed.), Powder Metall, vol. 5, edited by H. H. Hausner, Plenum Press, New York (1971) p. 281.

[14]　J. A. Lund, Int. J. Powder Metall. Powder Tech., **20** (1984) 141-148.

[15]　S. K. Hyun, T. Ikeda and H. Nakajima, Sci. Tech. Adv. Mater., **5** (2004) 201-205.

[16]　T. Tane, R. Okamoto and H. Nakajima, J. Mater. Res., **25** (2010) 1975-1982.

[17]　A. E. Simone and L. J. Gibson, J. Mater. Sci., **32** (1997) 451-457.

[18]　S. K. Hyun and H. Nakajima, Mater. Sci. Eng. A, **340** (2003) 258-264.

[19]　T. Ide, M. Tane, T. Ikeda, S. K. Hyun and H. Nakajima, J. Mater. Res., **21** (2006) 185-193.

[20]　Y. P. Qiu and G. J. Weng, J. Appl. Mech.-Trans. ASME, **59** (1992) 261-268.

[21]　M. Tane, T. Kawashima, H. Yamada, K. Horikawa, H. Kobayashi and H. Nakajima, J. Mater. Res., **25** (2010) 1179-1190.

[22]　T. Ide, M. Tane and H. Nakajima, Mater. Sci. Eng. A, **508** (2009) 220-225.

[23]　S. K. Hyun, H. Nakajima, L. V. Boyko and V. I. Shapovalov, Mater. Lett., **58** (2004) 1082-1086.

[24]　H. Seki, M. Tane, M. Otsuka and H. Nakajima, J. Mater. Res., **22** (2007) 1331-1338.

第7章

ロータス金属の物理的，化学的性質

　ロータス金属は気孔形態に異方性があるので，それが吸音性，電気伝導度，熱伝導度，磁性，腐食挙動に異方性を生じさせている．しかしながら，熱膨張にはポーラス化は影響しない．本章ではロータス金属特有の物理的，化学的性質について紹介する．

7.1　吸　音　性

　騒音を低減するための吸音材は自動車のマフラー，空調機，ポンプ室，高架道路をはじめとする日常の多様なところでニーズが高い．現在，実用化されている吸音材にはガラスウールや発泡アルミニウムなどが使われているが，それらはいずれも十分な強度を保持していない．吸音材に軽量性の他に強度が付与されれば用途はさらに拡大するものと期待される．Xie らのよってある程度の強度を有するロータス金属は吸音性を示すことが明らかにされた[1]．吸音性は吸音材表面と入射する音波とのなす角度に依存して変化するが，彼らの実験では吸音材表面は入射音波に垂直となるように配置された．図7.1 には吸音

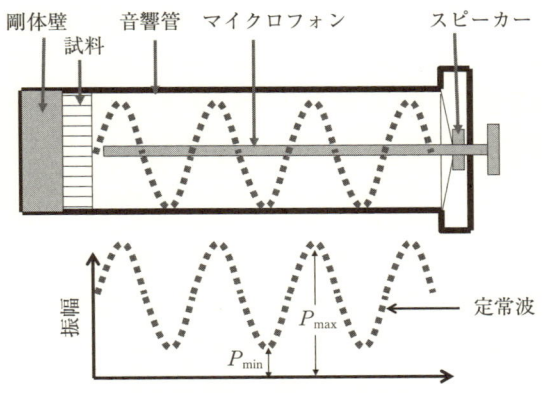

図7.1　定常波法による吸音率の測定法[1]．

187

率の測定原理を示した．音響管中の剛体壁上に試料をセットし，単一周波数の音波が音響管の右端のスピーカーから発せられると入射音波と反射音波との干渉によって定常波が引き起こされ，これを測定することによって吸音率 α_0 を決定することができる．ここでは，開口気孔を有するロータス銅が用いられた．

音圧は波長の 1/4 で最大を示し，音圧の最大値は $|P|_{\max} = |A + B|$ と示すことができる．ここで，A および B はそれぞれ入射波および反射波の振幅である．音圧の最小値は $|P|_{\min} = |A - B|$ と示される．この音圧の最小値に対する最大値の比 n は次式によって与えられる．

$$\frac{|P|_{\max}}{|P|_{\min}} = \frac{|A + B|}{|A - B|} = n. \tag{7.1}$$

音波の反射率 r_p は

$$|r_p| = \left| \frac{B}{A} \right| = \frac{n - 1}{n + 1}. \tag{7.2}$$

と表すことができる．これらのパラメーターを用いて吸音率は

$$\alpha_0 = 1 - |r_p|^2 = \frac{4}{n + (1/n) + 2}. \tag{7.3}$$

と示される．音響管内のマイクロフォンを移動させて $|P|_{\max}$ および $|P|_{\min}$ を測定することによって n 値を求めることができる．n 値が得られれば，式 (7.3) から吸音率 α_0 を決定することができる．この測定法は入射波と反射波の干渉による定常波を用いるので，定常波法と呼ばれる．

ポーラス材料中の吸音量は流体抵抗と吸音率によって決められる．それゆえ，ロータス銅の流体抵抗を測定しなければならない．吸音材の流体抵抗は布や紙のような通気性を示すのに使われる通気抵抗と同じである．単位面積当たりの吸音材の流体抵抗は

$$R_f = \frac{\Delta P}{u} \tag{7.4}$$

で示される．ここで，u は一定量の空気が材料表面に垂直方向に通過する流量比，ΔP は材料の両面での圧力差である．図 7.2 に示すように，U 字管マノメーターによって試料の両面での差圧を測定することができる．流量比 u は

$$u = \frac{Q}{S} \tag{7.5}$$

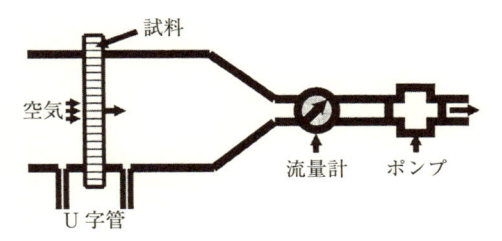

図7.2　流体抵抗の測定法[1].

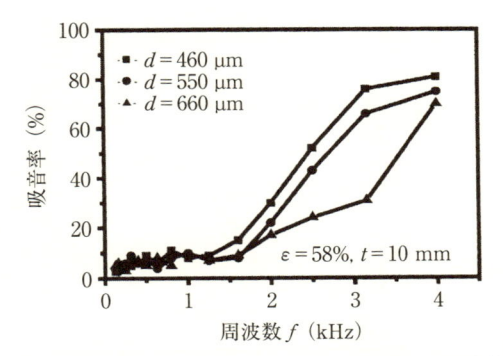

図7.3　ロータス銅の気孔径を変えたときの吸音率の周波数依存性[1].

で与えられる．ここで，S および Q はそれぞれ試料の面積と空気の流量である．

　図7.3 にはロータス銅の，気孔径を変えたときの吸音率 α_0 の周波数依存性を示した．α_0 は 660 μm から 460 μm へと気孔径を減少させると共に増加した．**図7.4** にはロータス銅の吸音率の気孔率依存性を示した．43% から 62% へと気孔率を増加させると吸音率は増大する．データのばらつきがあるのは一部に非貫通気孔が存在するためである．**図7.5** には吸音率の試料厚さ依存性を示した．吸音率は試料厚さの増大と共に増加した．特に，高い周波数領域で吸音率は増加する．試料の厚さ 20 mm では周波数 3.1 kHz で吸音率は最大となった．一方，厚さ 10 mm の試料では 4 kHz まで周波数を変化させても吸音率の最大値は見出せなかった．ロータスマグネシウムでも同様の傾向を示した．

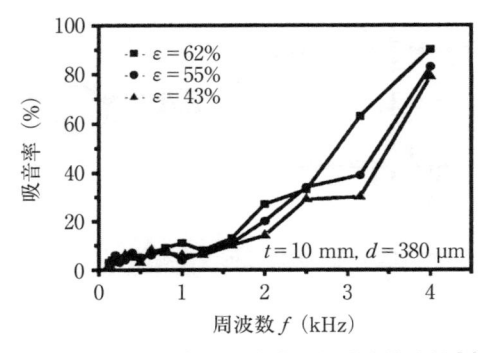

図7.4　ロータス銅の吸音率の気孔率依存性[1].

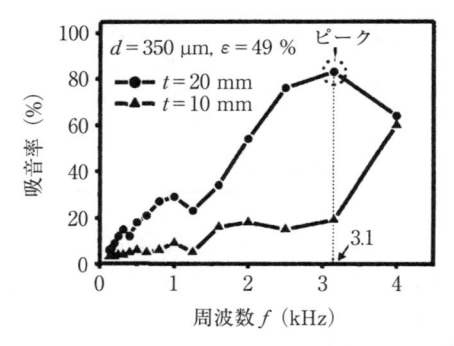

図7.5　ロータス銅の吸音率の試料厚さ依存性[1].

　図7.6には吸音材としてすでに実用化されているガラスウールと発泡アルミニウムの吸音率の周波数依存性の測定結果を示した．同一の厚さを持つロータス銅，ガラスウールおよび発泡アルミニウムで比較したものである．ロータス銅はガラスウールや発泡アルミニウムと同様に優れた吸音性を持つことがわかった．ただし，発泡アルミニウムは多数の閉口気孔を持っているので，それ自体では音波が伝播しない．高い吸音性を持たせるには気孔同士が空間的につながっていなければならない．そのために発泡アルミニウムにロール圧延処理を施してアルミニウムのセル壁に微小なクラックを導入している．

　次に，吸音の機構を考えていこう．ポーラス材料における吸音には気孔内の空気の粘性抵抗が重要な役割を演じている．音波がポーラス材料中の開口気孔

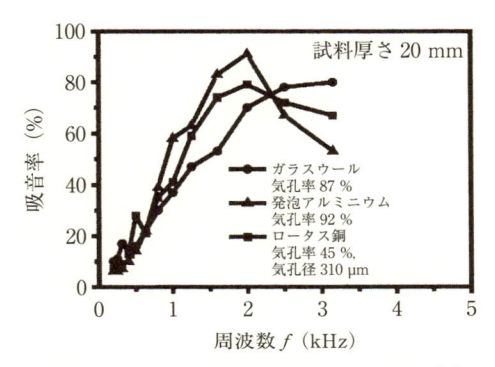

図 7.6 さまざまな材料の吸音率の比較[1].

に入ったときにその音波は気孔の空間やファイバー内の粘性抵抗によって吸収される．また，音波は空気の動きの乱れによっても吸収される．ポーラス材料中の音波は気孔中に伝播するときに主に粘性と熱伝導によって音波エネルギーを消耗することによって吸収される．ポーラス材料における気孔は一般に複雑な形をしているので，これらを厳密に解析することは難しい．しかしながら，ロータス金属は多数の一方向に平行に並んだ細いチューブの集合体と見なすことができるので，発泡アルミニウムやガラスウールなどに比べて解析しやすい．解析を単純化するために，いま1本のチューブの中を音波が伝播することを考えてみよう．音波がチューブ中を伝播すると音波はチューブの材質に依存して減衰する．滑らかな金属チューブの中での減衰は空気中の減衰よりも大きい[2]．減衰定数 β は

$$\beta = \frac{0.0102}{cr} f^{1/2} \tag{7.6}$$

で示される．ここで，c，r および f はそれぞれ音速，チューブの半径および音波の周波数である．式(7.6)によれば，減衰はチューブの半径に逆比例するので，チューブ内径が数 cm 以上になると，音波の減衰は無視することができる．他方，ロータス銅中の気孔径は 200 μm から 1 mm 程度なので，音波がロータス銅の開口気孔に入射すると減衰は増大する．N 個の気孔の減衰定数 β_N は次式で示される．

$$\beta_N = \frac{\beta}{N} = \frac{0.0102}{crN} f^{1/2} \qquad (7.7)$$

ここで，気孔の数と気孔率 ε の関係は

$$N = \frac{r_1^2 \varepsilon}{r^2} \qquad (7.8)$$

で示される．ただし，r_1 は試料の半径，r は気孔の半径である．式(7.7)および(7.8)からロータス銅の減衰定数は

$$\beta_N = \frac{0.0102}{c\varepsilon r_1^2} f^{1/2} \qquad (7.9)$$

と表すことができる．

　ロータス銅の吸音性は主に空気の粘性摩擦によると考えられる．吸音効果は開口気孔を持つ貫通気孔で起こるので，貫通気孔の気孔率を測定しなければならない．試料は厚くなるほど気孔の貫通率は悪くなるので厚さが 20 mm 以上の試料ではほとんど貫通しなくなるため，気孔率が 43% から 62% に増加すると図 7.4 で示すように吸音率に差が生じる．ロータス銅の音響減衰は気孔内の粘性摩擦によって音波吸収エネルギーが熱エネルギーに変化するために起こると考えられる．したがって，ロータス銅の減衰定数は試料の半径，厚さ，気孔率，気孔径および周波数に関係している．図 7.7 には吸音率と式(7.9)によって計算された減衰定数の関係を示した．このことから吸音率が試料の減衰定数と密接に関係していることがわかる．

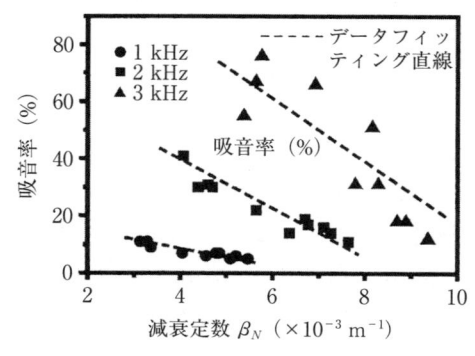

図 7.7　厚さ 10 mm のロータス銅の吸音率と減衰定数の関係[1]．

7.2　熱　伝　導

　ロータス金属のうちでもとりわけロータス銅では比較的気孔が長く伸びたものを作製することができる．気孔径に対する気孔長の比をアスペクト比と定義すると，ロータス銅における気孔のアスペクト比は 10〜数 10 程度であるので，気孔径 0.2 mm の気孔をもつロータス銅を厚さ数 mm に切り出せばその気孔の大部分は貫通した気孔となる．気孔に冷媒を流してヒートシンクとして応用すれば，高い冷却特性と低い圧力損失が同時に得られると期待できる．ロータス金属をヒートシンクとして応用する場合，ヒートシンクの構造最適化設計に必要となるいくつかの熱特性の中でも，気孔の影響を考慮した有効熱伝導率 k_{eff} を明らかにしなければならない．ロータス金属の気孔配列構造は他のポーラス金属と異なり，構造的な異方性を示すためロータス金属の気孔に平行な方向の有効熱伝導率と垂直な有効熱伝導率が明らかに異なる．Ogushi らは気孔に平行および垂直な方向での有効熱伝導率を実験的に求めた [3]．

7.2.1　ロータス銅の有効熱伝導率の測定

　ロータス銅の有効熱伝導率 k_{eff} は次式で定義される．

$$q = \frac{Q}{A} = -k_{\mathrm{eff}} \nabla T \tag{7.10}$$

ここで，q は気孔を含むロータス銅の断面積 A に流れる熱量 Q からの熱流束であり，T はロータス銅の温度である．テンソル k_{eff} は斜方晶系であるので，

$$k_{\mathrm{eff}} = \begin{pmatrix} k_{\mathrm{eff}\parallel} & & \\ & k_{\mathrm{eff}\perp} & \\ & & k_{\mathrm{eff}\perp} \end{pmatrix} \tag{7.11}$$

と表すことができる．ロータス銅の有効熱伝導率は異方的であり，$k_{\mathrm{eff}\parallel}$ および $k_{\mathrm{eff}\perp}$ はそれぞれロータス銅の気孔方向に平行および垂直方向の熱流の有効熱伝導率である．図 7.8 には有効熱伝導率を測定するための実験装置を示した．直径 30 mm，高さ 30 mm の円柱状試料が既知の熱伝導率を有する円柱状銅ロッドに上と下から挟み込まれて配置している．上部の銅ロッド上面は上方の

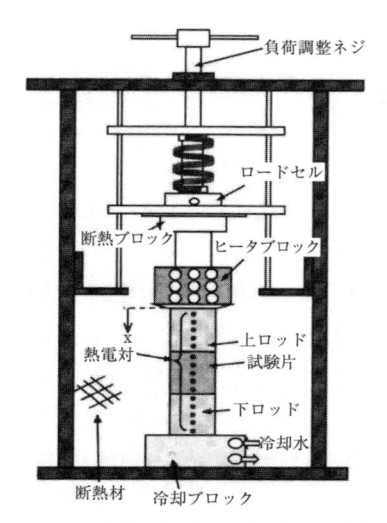

図 7.8　有効熱伝導率の測定装置[3]．

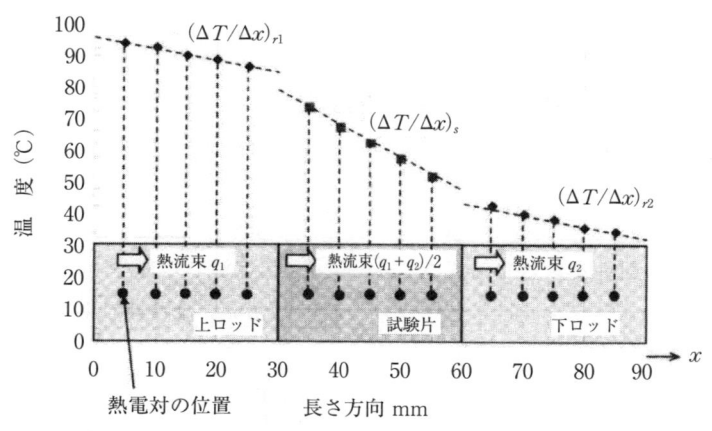

図 7.9　試料と上下の銅ロッドの温度分布[3]．

ヒーターによって加熱され，下部の銅ロッド下面は水冷ブロックによって冷却され，試料には一定量の熱が伝達される．試料および上下の銅ロッドの 5 mm 間隔に熱電対で温度を測定している．**図 7.9** にはロータス銅の試料と上下の銅ロッドの温度分布の測定結果が示されている．熱が上方から下方に流れるの

で，試料を通過する熱流束 q は次の一次元の式で表すことができる．

$$q = \frac{q_1 + q_2}{2} \tag{7.12}$$

$$q_1 = - k_{Cu}\left(\frac{\partial T}{\partial x}\right)_1 \tag{7.13}$$

$$q_2 = - k_{Cu}\left(\frac{\partial T}{\partial x}\right)_2 \tag{7.14}$$

ここで，q_1 は上部の銅ロッドから試料へ流入する熱流束，q_2 は試料から下部の銅ロッドへの流出する熱流束であり，k_{Cu} は銅ロッドの熱伝導率，x は上部ロッドから下部ロッドへの熱の流れの方向である．上記の5つの式から有効熱伝導率，$k_{eff\parallel}$ および $k_{eff\perp}$ は次式によって表すことができる．

$$k_{eff\parallel}, k_{eff\perp} = - \frac{q_1 + q_2}{2\left(\dfrac{\partial T}{\partial x}\right)_{lotus}} \tag{7.15}$$

ここで，$(\partial T/\partial x)_{lotus}$ は熱流 x 方向に平行あるいは垂直の方向の気孔をもった試料の温度勾配である．

7.2.2 ロータス銅の有効熱伝導率の解析

ロータス銅の一方向気孔に平行に流れる熱流の断面積は $(1-\varepsilon)$ に比例するので，有効熱伝導率 $k_{eff\parallel}$ は次式で表される．

$$\frac{k_{eff\parallel}}{k_s} = 1 - \varepsilon \tag{7.16}$$

ここで，k_s はノンポーラス銅の熱伝導率，ε は気孔率である．Behrens[4] は斜方晶系対称性をもつ複合材料の有効熱伝導率を導出した．この式をロータス銅の有効熱伝導率に適用すると，一方向気孔に垂直な方向の有効熱伝導率は

$$\frac{k_{eff\perp}}{k_s} = \frac{(\beta + 1) + \varepsilon(\beta - 1)}{(\beta + 1) - \varepsilon(\beta - 1)} \tag{7.17}$$

と表すことができる．ここで，$\beta(= k_p/k_s)$ はロータス銅の熱伝導率の比，すなわち，銅の熱伝導率 k_s に対する気孔の熱伝導率 k_p の比である．ロータス銅の気孔中の水素ガスあるいは空気の熱伝導率はロータス金属素材の熱伝導率に

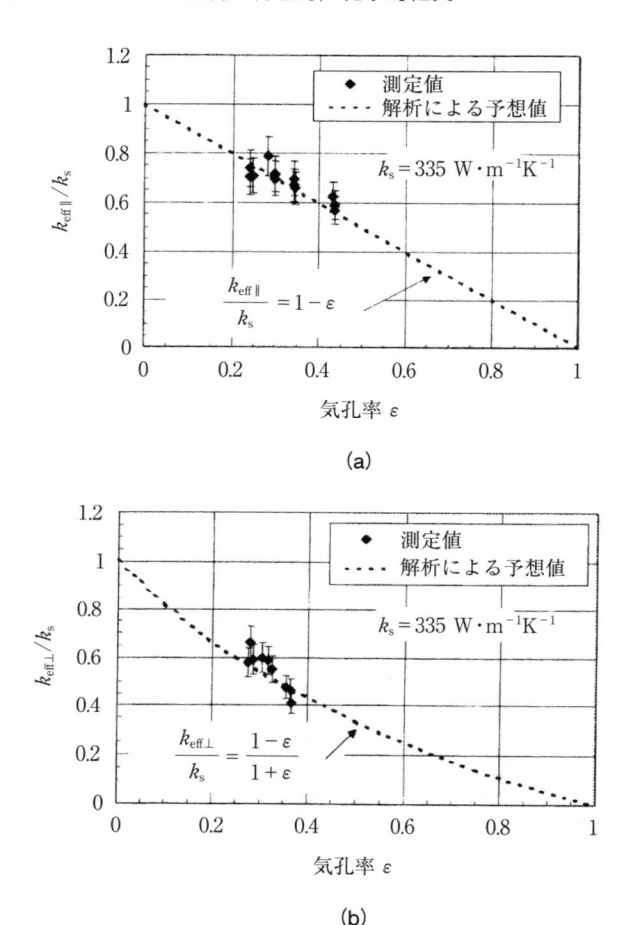

(a)

(b)

図7.10　（a）一方向気孔に平行方向のロータス銅の有効熱伝導率の実測値と解析データの比較，（b）一方向気孔に垂直方向のロータス銅の有効熱伝導率の実測値と解析データの比較[3].

比べれば無視できるので $\beta = 0$ であるから，上式は

$$\frac{k_{\mathrm{eff}\perp}}{k_{\mathrm{s}}} = \frac{1-\varepsilon}{1+\varepsilon}. \tag{7.18}$$

となる.

　図7.10（a）には一方向気孔に平行な熱伝導率の，式(7.16)から評価された

結果と測定結果が示されている．両者はよく一致している．ノンポーラス銅の熱伝導率として $335\,\mathrm{W\cdot m^{-1}K^{-1}}$ が使われた．図 7.10(b) には一方向気孔に垂直な熱伝導率の，式 (7.18) から評価された結果と測定結果が示されている．実験精度 ±10% 内で両者はよく一致している．

$k_{\mathrm{eff}\perp}$ は気孔率 40% では銅の熱伝導率 k_{s} の 40% 程度である．$k_{\mathrm{eff}\perp}$ は $k_{\mathrm{eff}\parallel}$ より低くなっている．このように，ロータス銅の有効熱伝導率は気孔の方向に依存して変化し，顕著な異方性を示す．

7.3 電気伝導

　ロータス金属を薄くスライスすると，気孔の貫通率が大きくなり大きな表面積を持つことになるのでバッテリーの電極には最適である．従来の多孔質の電極材料には粉末焼結金属がよく使われているが，気孔は不均一で不規則に分散しているため，強度や電解液の透過率の劣化を引き起こす．それに対してロータス金属は気孔サイズが比較的均一で一方向性気孔をもつので，従来の多孔質金属より優れた強度を有している．ニッケルは電極材料としてよく使われているが，その素材を使ってポーラス化したロータスニッケルが作製され，電気伝導度が調べられた．

7.3.1 ロータスニッケルの電気伝導度の測定

　気孔の長手方向に平行および垂直方向での電気伝導度が 4 端子プローブ法を用いて室温で測定された[5]．図 7.11 には，一方向性気孔に平行および垂直方向のロータスニッケルの電気伝導度（$\sigma_{\parallel}$ および $\sigma_{\perp}$）の気孔率依存性を調べた結果を示した．ノンポーラス銅の電気伝導度は $1.41 \times 10^{7}\Omega^{-1}\mathrm{m}^{-1}$ である．このように電気伝導度には気孔の向きに依存した顕著な異方性が認められる．一方向性気孔に平行な比電気伝導度は気孔の大小にかかわらずほぼ一定である．電流担体の流れの方向は電界の方向であり気孔率の増加分は電流担体の流れにかかわらない体積であるので，電気伝導度は気孔率の増加と共にほぼ線形的に減少する．これに対して，一方向性気孔に垂直な比電気伝導度は平行方向の場合よりもだいぶ小さい．これはこの方向では電流担体は気孔を迂回しながら流れ

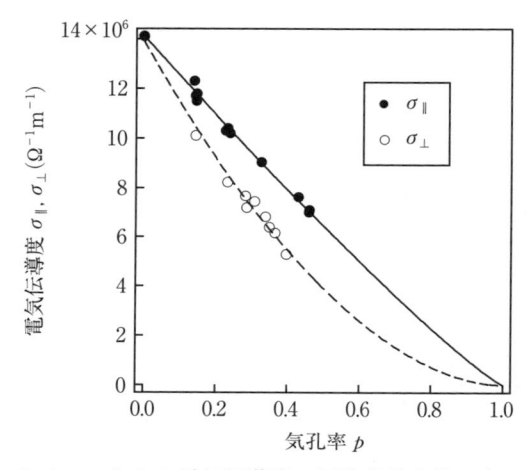

図 7.11　ロータスニッケルの電気伝導度の気孔率依存性．点は実測値，線は式(7.19)にフィットさせた曲線[5]．

るため電流担体が移動する距離が増大し電気抵抗率が増大するためである．

7.3.2　ロータスニッケルの電気伝導度の解析

　ポーラス岩石の研究から，有効電気伝導度の気孔率依存性には Archie 則と呼ばれる次のような経験則が成り立つことが知られている．

$$\sigma = \sigma_0 (1 - p)^m \tag{7.19}$$

ここで，σ および σ_0 はそれぞれポーラス材料の電気伝導度およびノンポーラス材料の電気伝導度であり，m は定数である．この式を図 7.11 の測定データにフィッティングさせると気孔に平行および垂直方向の電気伝導度に対する m 値はそれぞれ 1.1 および 1.8 と見積もられた．Tane らは EMF 理論の概念を適用し複合材料の有効電気伝導度を導出した[5]．複合材料はマトリックスと介在物より構成されそれぞれの体積占有率を f_M および $f(= 1 - f_M)$ とする．複合材料の電流密度の空間的平均値 $\bar{J}$（3×1 ベクトル）および電界の空間的平均値 $\bar{E}$（3×1 ベクトル）はそれぞれ，

$$\bar{J} = f_M \overline{J_M} + f_I \overline{J_I}$$
$$\bar{E} = f_M \overline{E_M} + f_I \overline{E_I} \tag{7.20}$$

で表される．ただし，$\overline{\boldsymbol{J}_{\mathrm{M}}} = \sigma_{\mathrm{M}}\overline{\boldsymbol{E}_{\mathrm{M}}}$，$\overline{\boldsymbol{J}_{\mathrm{I}}} = \sigma_{\mathrm{I}}\overline{\boldsymbol{E}_{\mathrm{M}}}$ であり，σ_{M} と σ_{I} はそれぞれマトリックスと介在物の電気伝導度である（σ は 3×3 のマトリックス，$i \neq j$ の成分は 0 である）．

電界は $\boldsymbol{E} = -\mathrm{grad}\,\varnothing$（$\varnothing$ は電気ポテンシャル）と定義される．複合材料の有効電気伝導度 $\bar{\sigma}$ は，$\overline{\boldsymbol{J}} = \bar{\sigma}\overline{\boldsymbol{E}}$ で定義される．$\overline{\boldsymbol{E}_{\mathrm{I}}} = \boldsymbol{A}\overline{\boldsymbol{E}_{\mathrm{M}}}$ と書けるときに，複合材料の有効電気伝導度は次式で示される．

$$\bar{\sigma} = (f_{\mathrm{M}}\sigma_{\mathrm{M}} + f_{\mathrm{I}}\sigma_{\mathrm{I}}\boldsymbol{A})[f_{\mathrm{M}}\boldsymbol{I} + f_{\mathrm{I}}\boldsymbol{A}]^{-1} \tag{7.21}$$

ここで，$\boldsymbol{I}$ はユニットマトリックス（3×3 マトリックス）である．Eshelby の介在物理論[6]と平均場理論[7]を用いれば，$\boldsymbol{A}$（3×3 マトリックス）は

$$\boldsymbol{A} = [\boldsymbol{S}\sigma_{\mathrm{M}}^{-1}(\sigma_{\mathrm{I}} - \sigma_{\mathrm{M}}) + \boldsymbol{I}]^{-1} \tag{7.22}$$

と示される．$\boldsymbol{S}$ は 2 次 Eshelby テンソルである．

EMF 理論をロータスニッケルに適用するときに気孔の形状は $a_1 = a_2$ の楕円体であり気孔の電気伝導度 σ_{I} は 0 であると仮定されている．ただし，a_1, a_2, a_3 は楕円体の x，y，z 軸方向の半径である．図 7.12 には a_3/a_1 が 5，10 および ∞ の場合の $\sigma_{\parallel}$ および $\sigma_{\perp}$ の気孔率依存性を測定結果と共に示した．

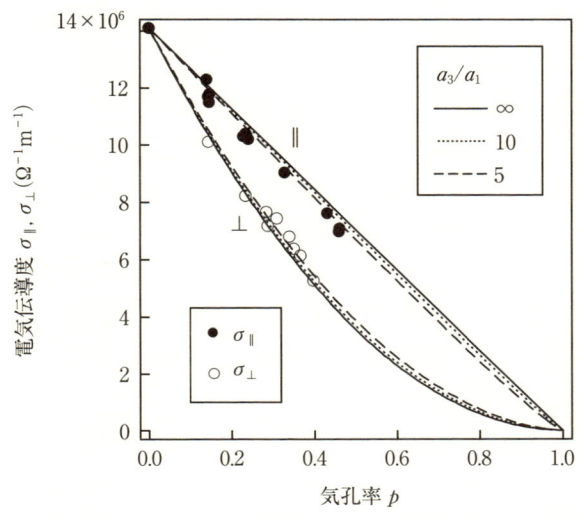

図 7.12　ロータスニッケルの気孔に平行および垂直方向の有効電気伝導度の気孔率依存性．点は実測値，線は EMF 理論曲線[5]．

ロータスニッケルの気孔の実測値 a_3/a_1 は 5〜10 であるので，計算値と測定値とはよく一致することがわかる．さらに，ロータス金属の気孔長さが無限大になった場合 $(a_3/a_1 \to \infty)$，一方向性気孔に平行および垂直方向の電気伝導度はそれぞれ

$$\sigma_\parallel = \sigma_0(1-p)^1$$
$$\sigma_\perp = \sigma_0(1-p)^2 \qquad (7.23)$$

で示すことができる．このように，EMF 理論によって電気伝導度の気孔率依存性のデータを Archie の経験式によくフィットさせることができる．

7.4 　磁　　　性

　ロータス金属には材料の外形を変えずに気孔の成長方向に起因した形状磁気異方性を生じさせることができるので磁気異方性を有する磁性材料としての用途が期待される．例えば，板状試料の垂直方向は磁化困難軸であるけれども，その板に垂直に配列した一方向性気孔を導入することによって垂直方向を磁化容易軸とすることも可能である．ポーラス材料の磁気的性質については等方的な気孔を有するポーラス材料の磁性に気孔サイズの及ぼす影響が調べられているが，ロータス金属に関しては，Onishi らによる研究があるのみである [8]．彼らは磁化過程の異方性を調べるためにロータスニッケルとコバルトの磁化曲線を測定した．また，磁気異方性に及ぼす気孔率の効果を明らかにした．

　一方向性気孔に平行あるいは垂直方向に磁場を印加することによってロータス金属とノンポーラス金属の飽和磁化が測定された．ニッケルのような強磁性材料の飽和磁化の大きさは原子サイズレベルの発現機構に起因するので試料の形状や印加する磁場の方向には依存しない．また，ロータスニッケルの飽和磁化は気孔率の増加と共に線形的に減少することが確認された．コバルトについても同様の結果が得られている．ロータスニッケルとコバルトの飽和磁化と気孔率の関係が**図 7.13** に示されている．ノンポーラス材料の飽和磁化に対するポーラス材料の飽和磁化の比はポーラス材料の全体積に対する正味の金属の体積比 $(1-p)$ に相当するので，ポーラス材料の飽和磁化は次式で表すことができる．

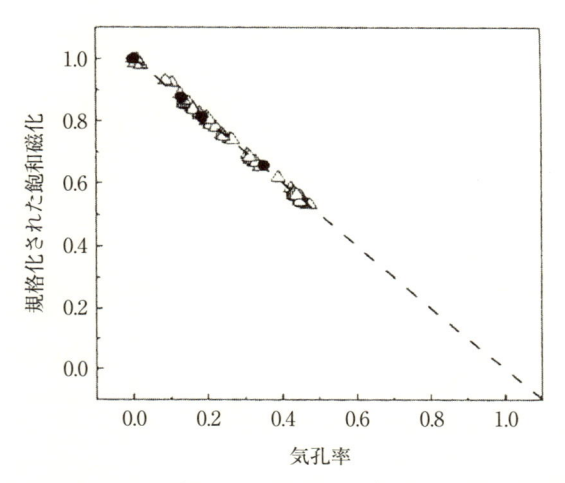

図 7.13　ロータスニッケル（●）およびロータスコバルト（△）の規格化された飽和磁化（M_{sat}/M_{0sat}）の気孔率依存性 [8].

$$M_{sat} = M_{0sat}(1 - p) \qquad\qquad (7.24)$$

ここで，M_{sat} および M_{0sat} はそれぞれポーラス材料の飽和磁化およびノンポーラス材料の飽和磁化である．この関係式を用いれば，ポーラス材料の気孔率はポーラス材料の飽和磁化とノンポーラス材料の飽和磁化を比較することによって評価できる．

　また，ロータスニッケルとコバルトの磁化の磁場強度依存性が調べられた．ニッケルとコバルトの材料の違いによる顕著な相違は認められなかったが，気孔の向きの違いによる効果はニッケルにおいて顕著であった．これはニッケルの軟磁気特性に起因するものである．**図 7.14** にはニッケルおよびロータスニッケルの飽和磁化（M_{sat}）に対する磁化（M）の比の磁場強度依存性を一方向性気孔に平行および垂直方向に磁場を印加した場合に調べた結果である．ノンポーラスニッケルでも気孔率を変えたロータスニッケルでも 3 kOe 以上では M/M_{sat} は 1 に近くなり，磁化はほとんど飽和している．磁場方向が一方向性気孔の方向と平行する場合，図 7.14（a）に示すようにロータスニッケルの磁化曲線はノンポーラスニッケルの磁化曲線と一致している．一方，垂直方向の場合は低磁場で磁化曲線の傾きに違いが生じ M/M_{sat} は図 7.14（b）に示すよ

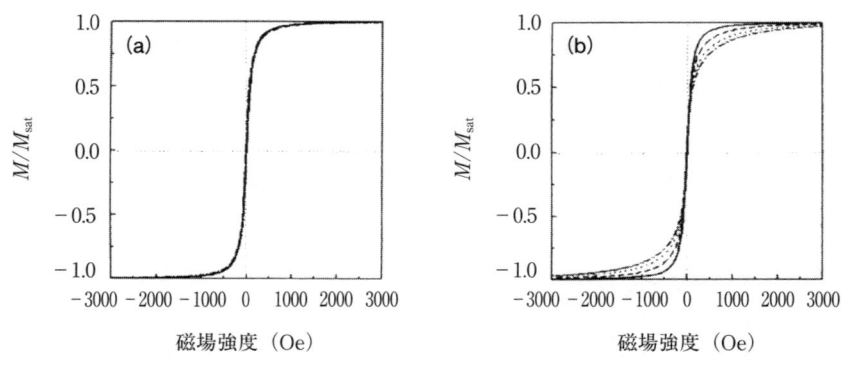

図7.14　ニッケルおよびロータスニッケルの磁化曲線．気孔率，実線(0%)，破線(11%)，一点鎖線(19%，35%)．磁場印加方向，（a）一方向気孔に平行，（b）一方向気孔に垂直[8]．

うに気孔率の増加と共に減少する．平行磁場と垂直磁場での磁化曲線の傾きの違いは異方性気孔をもつ試料の幾何学的磁気異方性によるものであると考えられる．図7.15はArchieの経験則によって異方性磁場の気孔率依存性を考察するためにMをM_0で規格化した値を縦軸に，磁場強度を横軸にとってプロットしたものである．一方向性気孔に垂直に磁場を印加した場合のみに約200 Oe以下の磁場でM/M_0の顕著な低下が見られ，気孔率の増加と共にその傾向が増大する．図7.16（a）〜（c）はM/M_0と気孔率との関係を低磁場，中磁場および高磁場の3つの場合に分けて図示したものである．それぞれの場合について次式のArchieの経験式にフィットさせてn値を求めると図7.17に示すようにn値は印加磁場の増加と共に減少していく．

$$M = M_0(1-p)^n \qquad (7.25)$$

ここで，nはフィッティングパラメーターである．n値は垂直磁場で最大値1.8をとり，平行磁場で200 Oe付近で1.1を示す．2.3 kOe以下の磁場で$n > 1.1$のときに磁気異方性が顕著に認められる．このようにnが1.8や1.1の値を取ることは前節で示された電気伝導度の結果とほぼ一致していて電気伝導と磁化との類似性を示唆するものである．磁性と電気伝導でのn値に一致性が見られたことはロータスニッケルにおいて磁束と電流の空間的分布は類似し

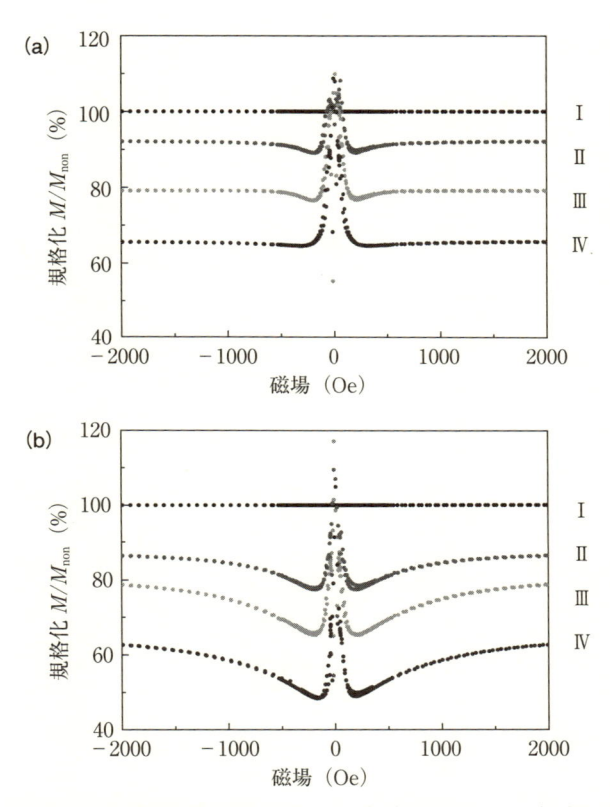

図7.15 M/M_0 と磁場強度の関係．上から（Ⅰ）気孔率 0%，（Ⅱ）気孔率 11%，
（Ⅲ）気孔率 19%，（Ⅳ）気孔率 39%．磁場印加方向，（a）一方向気孔に平行，
（b）一方向気孔に垂直[8]．

ていることに起因している．低磁場が印加されたとき，気孔壁に生成された磁
極が全エネルギーを増加させこの気孔壁が磁化に対する抵抗として作用するの
で印加磁場方向に垂直の気孔壁から磁気異方性が生じる．このように気孔の異
方的形状が磁気異方性を生じさせる原因であり，低磁場ではロータス材料の磁
束が気孔壁を横切らずに流れると考えられる．電流も気孔壁を横切らずに流れ
るので，電流と磁束の空間的分布は類似しており n 値も同様の値を示してい
る．

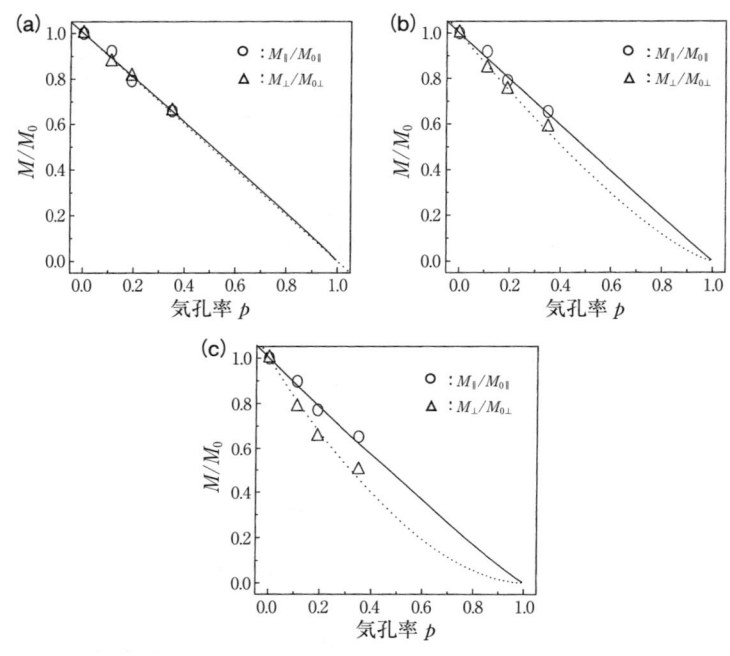

図 7.16　M/M_0 と気孔率の関係. 印加磁場：（a）10 kOe，（b）1 kOe，（c）200 Oe [8].

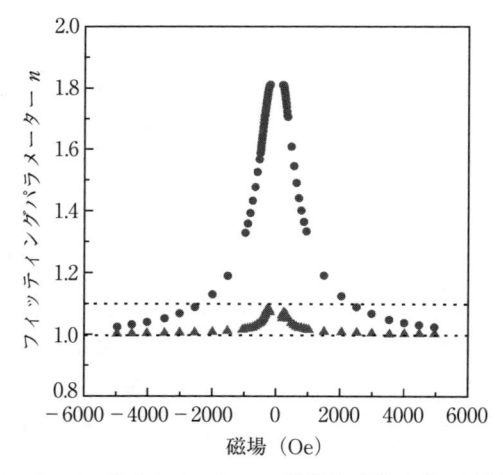

図 7.17　フィッティングパラメーターの磁場強度依存性.（上）垂直磁場の場合，（下）平行磁場の場合 [8].

7.5　熱　膨　張

　ロータス金属の熱膨張の性質を知ることはロータス金属を電極，ヒートシンクや高温材料部材などの実用材として供する際に重要なことである．ロータス金属の熱膨張が熱膨張計を用いて測定されている[9]．この測定法は，熱膨張を測定しようとする試料にアルミナ製の押し棒を接触させ熱による押し棒の変

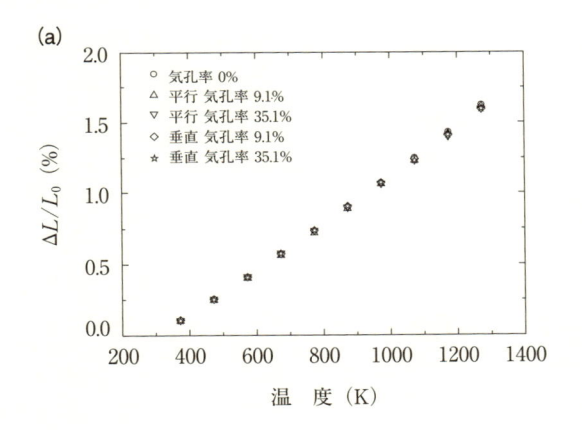

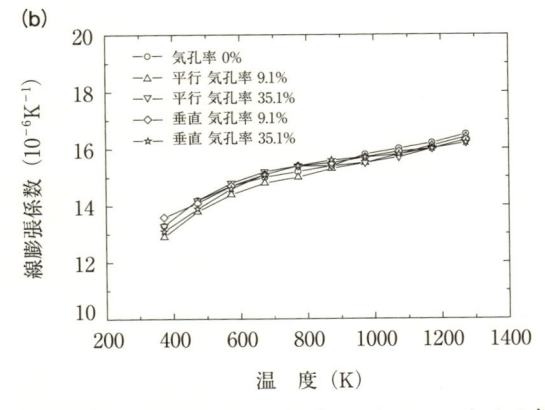

図7.18　（a）ノンポーラスニッケルおよびロータスニッケルの線膨張の温度依存性，（b）線膨張係数の温度依存性[9]．

位を測定することによって加熱による試料の線寸法の変化を知ろうとするものである．試料には太さ直径 6 mm，長さ 15 mm のノンポーラスおよびポーラスニッケル棒材が用いられた．1 K·min^{-1} の昇温速度で 294 K から 1273 K までの温度範囲で測定された．**図 7.18**(a)にはノンポーラスニッケルと気孔率の異なるロータスニッケルの線膨張の温度依存性が示されている．一般に，線膨張係数 α (K^{-1})は次式によって与えられる．

$$\alpha = \frac{1}{L_0} \frac{\Delta L}{\Delta T} \tag{7.26}$$

ここで，$\Delta L = L - L_0$ であり，L_0 は室温における試料の長さである．また，$\Delta T = T - T_0$ であり，T_0 は室温(293 K)である．図 7.18(b)には線膨張係数の温度依存性を示した．その結果によれば，ロータスニッケルの気孔率および気孔方向の効果は認められなかった．

　Kerner のモデルによれば[10]，複合材料の線膨張係数 α_c は次式で示される．

$$\alpha_c = \bar{\alpha} + V_p(1 - V_p)(\alpha_p - \alpha_m) \frac{K_p - K_m}{(1 - V_p)K_m + V_pK_p + \left(\dfrac{3K_pK_m}{4G_m}\right)} \tag{7.27}$$

ここで，$\bar{\alpha}$ は複合材料の複合則によって与えられる値で

$$\bar{\alpha} = V_p\alpha_p + (1 - V_p)\alpha_m \tag{7.28}$$

である．K および G はそれぞれバルク弾性率およびせん断弾性率である．添え字 c，p，m はそれぞれ複合材料，粒子(ここでは気孔)，マトリックスを示す．Schapery のモデル[11]によれば

$$\alpha_c = \alpha_p + (\alpha_p - \alpha_m) \frac{1/K_c - 1/K_p}{1/K_m - 1/K_p} \tag{7.29}$$

ロータス(あるいはポーラス)金属の場合，上の 2 式における K_p はゼロであるので，$\alpha_c = \alpha_m$ である．この結果より，ロータス(あるいはポーラス)金属の線膨張係数はマトリックスにのみ依存し，線膨張係数に及ぼす気孔の効果は無視することができる．つまり，ロータス金属の線膨張はノンポーラス金属の線膨張と同一である．

7.6 腐食挙動

　医療用金属材料には，機械的強度，生体親和性，耐食性などとともに軽量性が求められる．ステンレス鋼はインプラント材として広く用いられているが，やや重量が大きい難がある．ロータス型ポーラス金属はレンコンのような一方向の気孔を有し，機械的強度を損なうことなく軽量化が可能でさまざまな用途への展開が図られており，医療用インプラント材料としての応用も検討されている．そのために，ロータスステンレス鋼の腐食挙動が調べられた．

7.6.1　ロータス金属の腐食挙動の特徴

　ロータス金属は製造法と形態の特性上，凝固後に大きな塑性加工を受けることはなく，また気孔内部も研磨・切削等の機械加工を受けないので，腐食挙動に影響を及ぼす要因として以下が挙げられる[12]．

- ・　最外表面以外は凝固表面のまま使用に供されるので，気孔内面にすぐれた不働態皮膜を生成しにくい．
- ・　鋳造組織のまま使用に供されるので，酸化物，硫化物，炭化物，窒化物などの析出相が塑性変形を受けることなく凝固時のまま残っているので，局部腐食の起点などとなって耐食性の低下をもたらすことがある．
- ・　ポーラス構造を作製するために用いる窒素，水素などの気体元素が一部固溶するので，合金元素として作用する．すなわち，耐食性の強化あるいは劣化を伴うことがある．
- ・　気孔が孔食あるいはすき間腐食と同様の形態となるため，水溶液環境では本質的に局部腐食を生じやすい．

　これらの要因はいずれも腐食挙動に影響を及ぼす．以下では，ロータスステンレス鋼の腐食挙動を検討した結果を述べる．

7.6.2　ロータスステンレス鋼の腐食挙動

　Fuseya らは，SUS304L および SUS316L を母材とし，水素を溶解ガスとして連続帯溶融法にて作製したロータス型ステンレス鋼について検討した[13]．

比較のために，気孔を生じないヘリウムガス雰囲気で同様の連続帯溶融法にて
作製したノンポーラス材も用いた．作製されたロータスステンレス鋼には直径
1 mm 程度の気孔がランダムに分布している．X 線回折によると SUS304L で
は凝固後の徐冷によりフェライト相（α 相）が，一方，SUS316L 鋼では γ 相の
みが生成されている．電気化学測定によって気孔の内面と気孔以外の研磨面を
それぞれ評価するため，図 7.19（a）に示すように，厚さ 1 mm の断面試料に
リード線を取り付け，測定部分以外を PTFE 製テープで被覆して気孔内と研
磨面を同時に測定するための試料，および図 7.19（b）に示すように気孔を塞
いで樹脂に包埋し，研磨面のみを評価するための試料との 2 種類の試料電極を
用意した．

　0.1 mol/l H$_2$SO$_4$ 中におけるポーラス材とノンポーラス材の動電位分極曲線
を図 7.20 に実線で示す[13]．おおむね同様であるが，活性態域での溶解速度
がポーラス材の方が低いことがわかる．ここで，ポーラス材は気孔内面と研磨
面との両方を評価しているが，気孔内面には大気中での長時間の暴露により生
成した皮膜があり，活性溶解を抑制していると考えられる．しかし，図中矢印
で示した，－100 mV 付近のピークはポーラス材にのみ現れる．ポーラス材，
ノンポーラス材を電解研磨した後に測定した分極曲線を図 7.20 中に破線で示
すが －100 mV 付近の特徴あるピークは消失している．したがって，この
ピークは電解研磨で溶解除去できることがわかる．これについては後に述べ

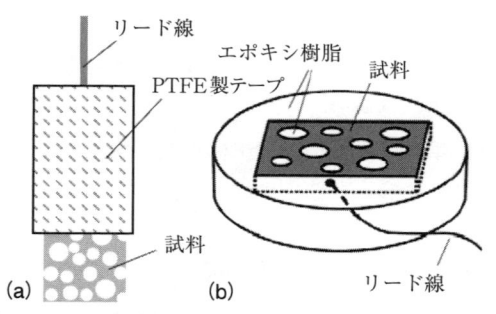

図 7.19　電気化学的腐食評価のための試料電極．測定部分は（a）気孔内と研
　　磨面[14]，（b）研磨面のみ[13]．

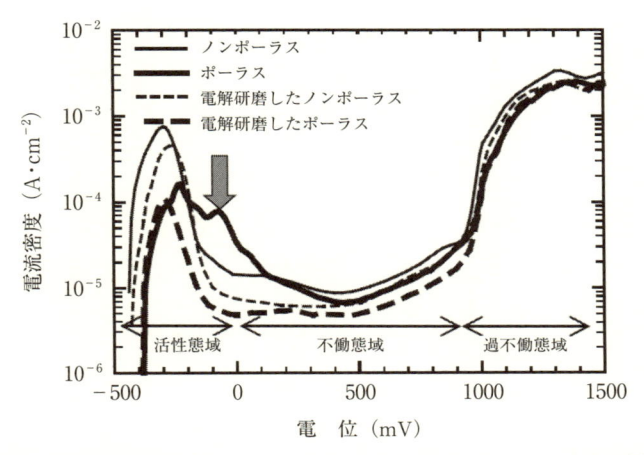

図7.20　0.1 mol/l H₂SO₄ 中でのロータス SUS304L ステンレス鋼の分極曲線.
比較は He 雰囲気で作製されたノンポーラス材. さらに，電解研磨したロー
タス材とノンポーラス材[13].

る．一方，ポーラス材，ノンポーラス材ともに電解研磨により，電流密度は全
体的に低下している．すなわち，電解研磨は保護性に優れた不働態皮膜を生成
して溶解を抑制する効果がある．なお，過不働態域では材料間の差異は特に認
められない．

　次に，ポーラス材，ノンポーラス材と気孔を封止したポーラス材との比較を
図7.21 に示す[12]．気孔内面を除いたポーラス材はノンポーラス材と同様の
分極曲線となった．すなわち電流密度が低いことは，−100 mV 付近の特異な
ピークとともに，気孔内面での特有の現象であることが確認できる．すなわ
ち，ポーラス SUS304L ステンレス鋼に見られる −100 mV 付近の特異な活性
溶解は表面に生成する水素化物などが原因と考えられ，化学処理あるいは熱処
理により容易に除去することができる．なお，孔食電位測定の結果，気孔内で
局部腐食が生じやすいこともわかった．これも気孔内面の不完全な不働態に起
因しており，電解研磨あるいは酸浸漬などの不働態化処理により除くことがで
きる．また，SUS316L の分極曲線も測定した．この材料では +200 mV 付近
に気孔内部で特異な溶解を示したが，SUS304 と同様に，気孔表面の水素が原
因と考えられる．

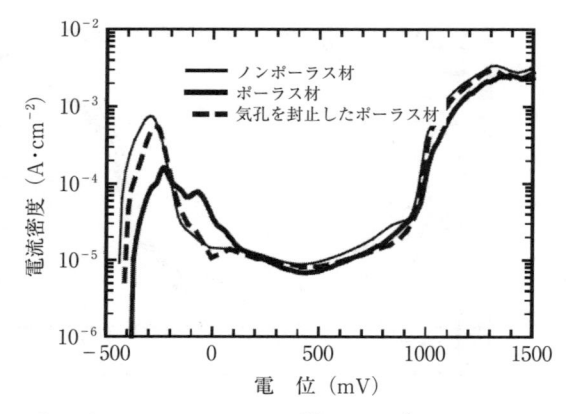

図 7.21　ロータス SUS304L ステンレス鋼，ノンポーラス SUS304L ステンレス鋼および樹脂埋めロータス SUS304L ステンレス鋼の 0.1 mol/l H_2SO_4 中での動電位分極曲線[12].

7.6.3　窒素を合金化したロータス Ni フリーオーステナイトステンレス鋼の腐食挙動[14]

　SUS316L ステンレス鋼は整形外科インプラント等の医療材料として広く使用されている．ステンレス鋼は Ti や Ti 合金と比較して比重が大きいが，ロータスステンレス鋼とすることで高強度かつ軽量となり医療材料としてさらに優れた特性となる．しかし，オーステナイトステンレス鋼は合金元素の Ni がアレルギーを生じることが懸念され Ni フリー化が求められており，N による Ni 代替オーステナイトステンレス鋼が提案されている．高 N 化のためには Mn 添加，高圧 N 溶解，高温気相中での表面 N 導入が検討されている．黒田らによって開発された高温 N 処理[15]はフェライトステンレス鋼に N を固溶することによって完全オーステナイト化できるが，N の拡散速度の関係で表面から 4 mm 程度までの導入にとどまり，薄板，線材などの形態に限られる．ところが，ロータスステンレス鋼では数 mm 以下の間隔で貫通した気孔を有するため，大型の材料でも内部まで N を完全に固溶できる．そこで，ロータスフェライト系ステンレス鋼に N を固溶しオーステナイトとしたステンレス鋼の腐食挙動を検討した．供試材は真空溶解した Fe-25Cr，Fe-23Cr-2Mo，

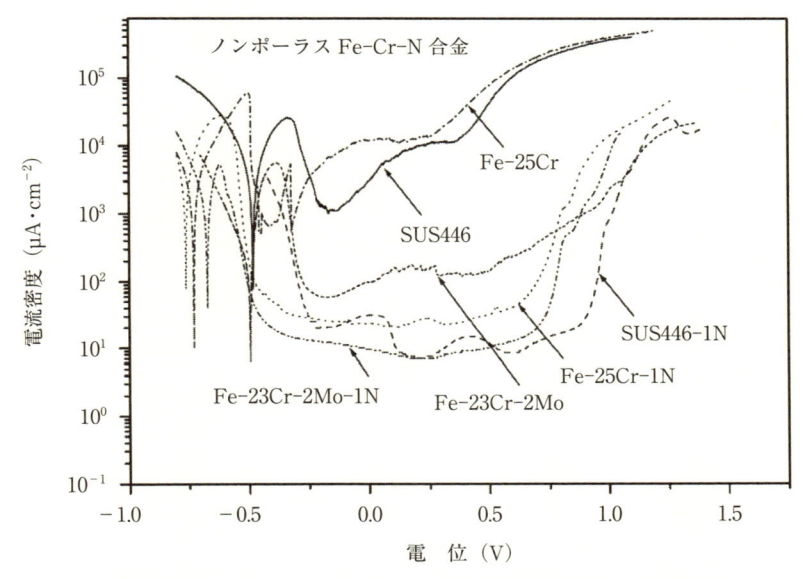

図7.22 種々のノンポーラスステンレス鋼の酸性塩化物水溶液中（3.5 wt% NaCl + 1M HCl, 298 K）での動電位分極曲線[14].

SUS446（Cr；25.6, Ni：0.28, Mn：0.41, Si：0.46, Fe：bal.），および比較材の SUS316L である．これらを水素雰囲気で一方向凝固によりロータス材とした．これらを 0.07 MPa の N_2 雰囲気とした石英管に封入し，1373 K にて 604.8 ks 保持して N を固溶させた後の N 量は約１wt% となり，X 線回折よりオーステナイト単相が確認された．ノンポーラス材の 3.5% NaCl + 1M HCl 中での分極曲線を**図7.22** に示す．この環境中で N 固溶材は安定な不働態を示しているが，N なし材では高い不働態電流密度や局部腐食発生による電流の急増が見られ，N 固溶により酸性酸化物中での耐食性が改善されることがわかる．次に，N 固溶材でポーラス材とノンポーラス材とを比較した結果を**図7.23** に示す．ポーラス材はノンポーラス材と比べ不働態電流密度が大きくなっているが，局部腐食発生に伴う電流密度の急増は全く見られない．気孔の内面については，ロータス SUS304 と同様に不働態皮膜の不安定化ないしはすき間効果が見られるが，この環境で局部腐食を生ずることはない．さらに電解研磨等によ

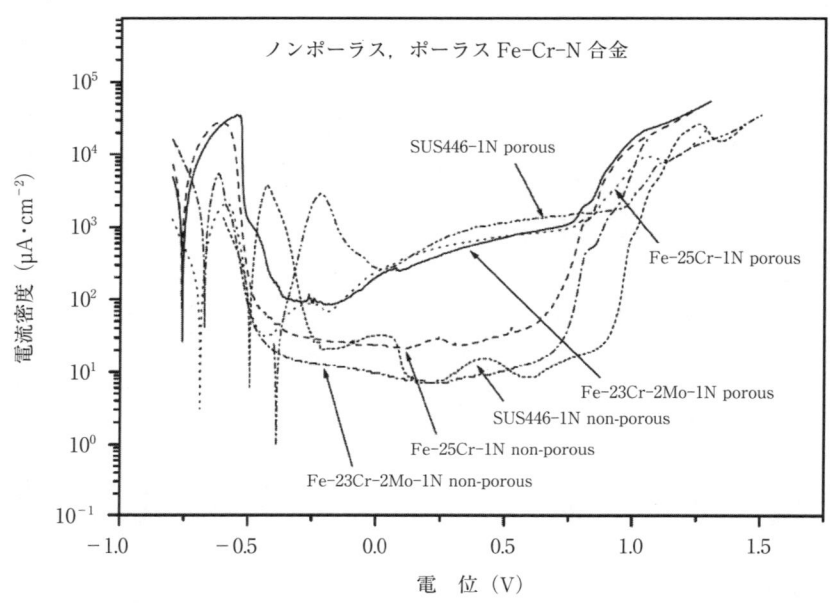

図 7.23　N 固溶各種ステンレス鋼の酸性塩化物水溶液中(3.5 wt% NaCl＋1M HCl，298 K)での動電位分極曲線．ロータス材とノンポーラス材を比較[14]．

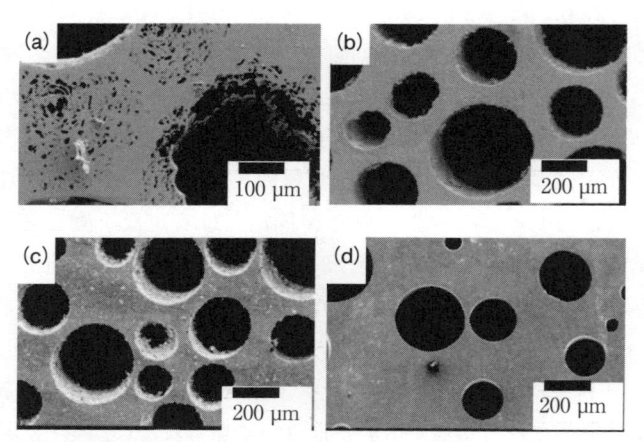

図 7.24　酸性塩化物水溶液中(3.5wt% NaCl＋1M HCl，298 K)での動電位分極曲線測定後の試料の SEM 写真．(a)SUS316L，(b)Fe-25 wt%Cr-1 wt%N，(c)SUS446-1 wt%N，(d)Fe-23 wt%Cr-2 wt%Mo-1 wt%N[14]．

る気孔内面の溶解により，不働態電流が低下できることも確認された．分極曲線測定後のポーラス材の状況を**図7.24**に示す．Nを固溶しないSUS316Lは著しい孔食を生じているが，Nを固溶している他の材料には局部腐食は見られず，（d）Fe-23Cr-2Mo-1NはSEM観察では変化が全く認められず，特に優れた耐食性を有することが明らかとなった．

文　　献

[1]　Z. K. Xie, T. Ikeda, Y. Okuda and H. Nakajima, Mater. Sci. Eng. A, **386**(2004) 390-395.

[2]　L. L. Beranek, Acoustic Measurement, John Wiley & Sons Inc., New York (1950).

[3]　T. Ogushi, H. Chiba, H. Nakajima and T. Ikeda, J. Appl. Phys., **95**(2004)5843-5847.

[4]　E. Behrens, J. Compos. Mater., **2**(1968)2-17.

[5]　M. Tane, S. K. Hyun and H. Nakajima, J. Appl. Phys., **97**(2005)103701-1-103701-4.

[6]　J. D. Eshelby, Pro. Roy. Soc. London, **A 241**(1957)376-396.

[7]　T. Mori and K. Tanaka, Acta Metall., **21**(1973)571-574.

[8]　H. Onishi, S. K. Hyun, H. Nakajima, S. Mitani, K. Takanashi and K. Yakushiji, J. Appl. Phys., **103**(2008)1-1-1-5.

[9]　M. Tane, S. K. Hyun and H. Nakajima, Scr. Mater., **54**(2006)545-552.

[10]　E. H. Kerner, Proc. Phys. Soc. London, **B 69**(1956)808-813.

[11]　R. A. Schapery, J. Comp. Mater., **2**(1968)380-404.

[12]　藤本慎司，中嶋英雄，伏屋実，K. Alvarez，玄丞均，材料と環境，**63**(2014) 365-370.

[13]　M. Fuseya, T. Nakahata, S. K. Hyun, S. Fujimoto and H. Nakajima, Mater. Trans., **47**(2006)2229-2232.

[14]　K. Alvarez, S. K. Hyun, H. Tsuchiya, S. Fujimoto and H. Nakajima, Corros. Sci., **50**(2008)183-193.

[15]　D. Kuroda, T. Hanawa, T. Hibaru, S. Kuroda, M. Kobayashi and T. Kobayashi, Mater. Trans., **44**(2003)414-420.

第8章

ロータス金属の加工技術

ロータス金属をさまざまな実用部材に使うためにはその加工技術が不可欠である．本章では接合技術と塑性加工技術について紹介する．

8.1　溶　　　接

8.1.1　ロータス銅の溶接に伴う溶融過程

ポーラス金属をさまざまな産業応用するためには溶接のような信頼性ある接合技術を確立することが要求される．発泡剤を用いて作製された発泡アルミニウムではレーザー溶接やアーク溶接の多数の研究例が報告されている[1]．しかしながら，ロータス金属のように一方向性気孔を有するポーラス金属の溶接に関する研究は以下に紹介する研究に限定されている．Murakami らによってロータス銅の溶接の研究が行われた[2]．細い溶接ビード幅と狭い熱影響部を有するレーザービームがロータス金属の溶接に用いられた．図8.1 は試料表面に対して一方向気孔方向が垂直方向および平行方向に置かれたロータス金属

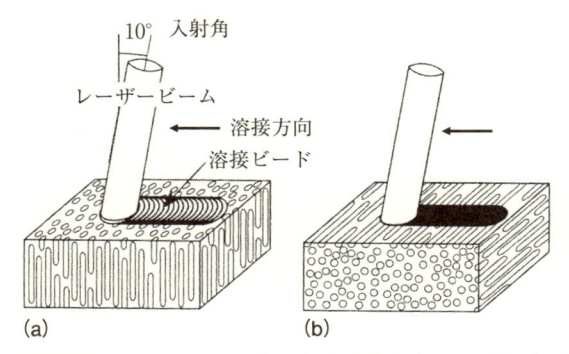

図 8.1　試料表面に対して一方向気孔が（ a ）垂直方向および（ b ）平行方向に置かれたロータス銅片にレーザービームを照射して形成された溶接ビード[2]．

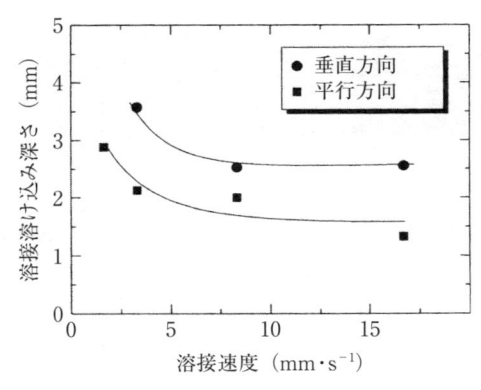

図8.2　出力 3.2 kW のレーザービームによる図 8.1 に示された（ a ）および
（ b ）タイプの試料（厚さ 5 mm）の溶接溶け込み深さの溶接速度依存性[2].

片にレーザービームを照射し溶接ビードができる過程の概略図である．波長が
1064 nm の NdYAG レーザーの焦点距離は 100 mm であり焦点でのレーザー
ビーム直径は 300 μm である．レーザービームはレーザービームの反射の影響
を考慮して溶接加工面とのなす角を 80° に照射された．シールドガスにはアル
ゴンが用いられた．**図 8.2** にはレーザービーム出力 3.2 kW が図 8.1 に示す
（ a ）と（ b ）タイプの試料に照射されたときの溶接速度と試料（厚さ 5 mm）の溶
接溶け込み深さの関係を調べた結果を示した．両方向での溶接溶け込み深さは
溶接速度の増加と共に減少した．平行方向の溶け込み深さは垂直方向の溶け込
み深さより浅い．**図 8.3** は溶接速度を 1.67 mm·s^{-1} から 16.7 mm·s^{-1} に変え
てレーザービームを 5 mm 厚の試料に照射して溶接したときの上面からの観察
写真を示したものである．垂直方向では図 8.3(a)に示すように 16.7 mm·s^{-1}
の溶接速度でのみ細長いくぼみが観察された．図 8.3(b), (c)に示すように
8.33 mm·s^{-1} 以下の溶接速度では溶接ビードが見出され 3.33 mm·s^{-1} の速度
では滑らかな溶接ビードが観察された．一方，平行方向では 3.33 mm·s^{-1} か
ら 16.7 mm·s^{-1} の溶接速度の範囲では溶接ビードは形成されず，すべての試
料で滑らかな溶接ビードは観察されなかった．1.67 mm·s^{-1} の速度では溶接の
終点でだけ均一ではないものの溶接ビードが形成された．このように溶接ビー
ドの形成はロータス銅の気孔の向きに強く依存して変化する．

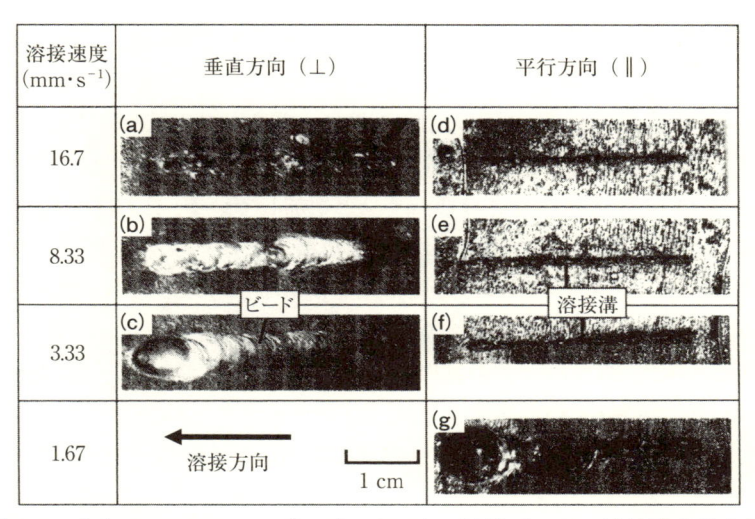

図 8.3 出力 3.2 kW のレーザービームによる溶接ビードの溶接速度依存性.（a）～（c）：一方向気孔の方向に垂直な溶接方向，（d）～（g）：一方向気孔の方向に平行な溶接方向[2].

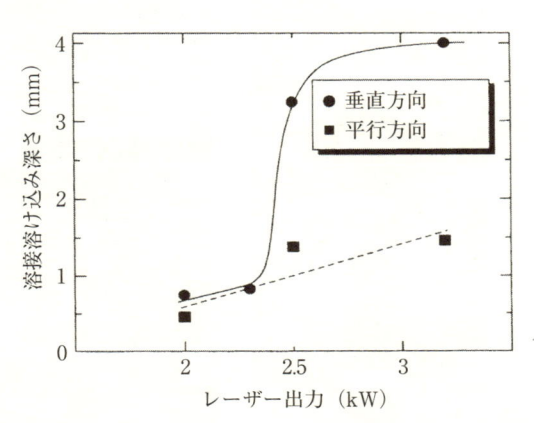

図 8.4 ロータス銅の溶接溶け込み深さに及ぼすレーザー出力の影響.溶接速度，3.33 mm・s^{-1}，試料厚さ，4 mm[2].

　4 mm の厚さの気孔の向きの異なるロータス銅に 3.33 mm·s^{-1} の速度でレーザー溶接したときの溶け込み深さに及ぼすレーザー出力の影響が調べられた（**図8.4**）．一方向性気孔に垂直方向の溶接ビードをもつ試料の溶け込み深さはレーザービーム出力 2.4 kW で急激な増加を示す．他方，平行方向の溶接ビードを持つ試料の溶け込み深さはゆっくりと増加している．2.4 kW 以上のレーザービーム出力では一方向性気孔に垂直な溶接ビードを持つ試料のレーザー照射部に形成されたキーホールは金属の蒸発によると考えられる．**図8.5** には気孔が垂直と平行の方向の場合，レーザービーム出力が 2.0，2.5，3.2 kW と変化させたとき，3.33 mm·s^{-1} の溶接速度の板厚 4 mm のレーザー溶接断面の様子を示した．図8.5（a）に示すように，レーザー出力 3.2 kW では垂直方向で完全に溶接部が溶けている，つまり完全に溶け込んだ溶接ビードが観察され

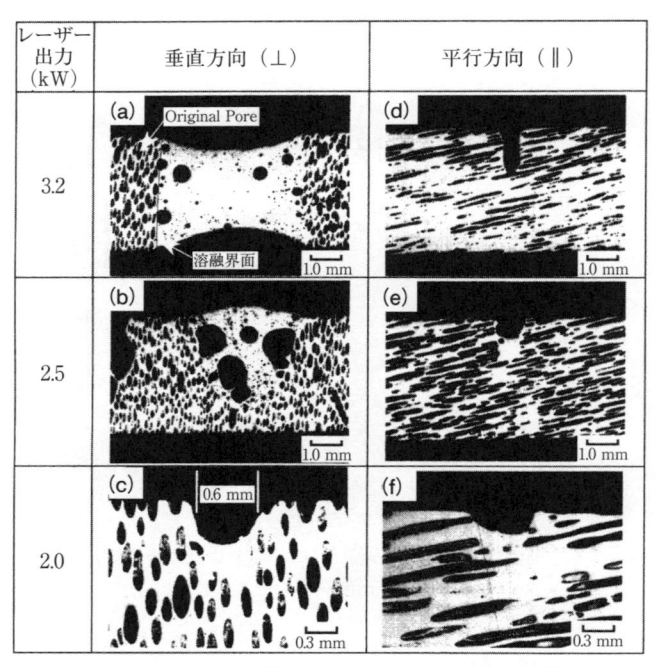

図8.5　厚さ 4 mm のロータス銅のレーザー溶接後の試料断面写真．溶接速度，3.33 mm·s^{-1} [2].

た．溶融界面は直線的であり元々存在していた気孔の方向にほぼ平行である．溶接ビード部にはいくつかの大きな気孔と多数の小気孔が見られる．2.5 kW の出力では図 8.5(b)に示すように裏面までは溶けていない．溶接部には溶接によって形成された，いくつかの大気孔が見出された．図 8.5(c)のように，出力 2.0 kW では溶接金属は観察されず，溶接ビードの代わりに 0.6 mm ほどの直径のくぼみが形成された．一方，平行方向の場合，くぼみの深さはレーザー出力の増加と共に増大するけれどもくぼみの形は図 8.5(c)と類似している．以上のことから明らかに溶接ビードおよびくぼみの形状は気孔の方向に依存した異方性を有している．ロータス銅の垂直方向の溶接性は平行方向の溶接性より顕著である．

レーザービーム出力 3.2 kW で溶接速度が 3.33 mm·s^{-1} の溶接後の試料の X

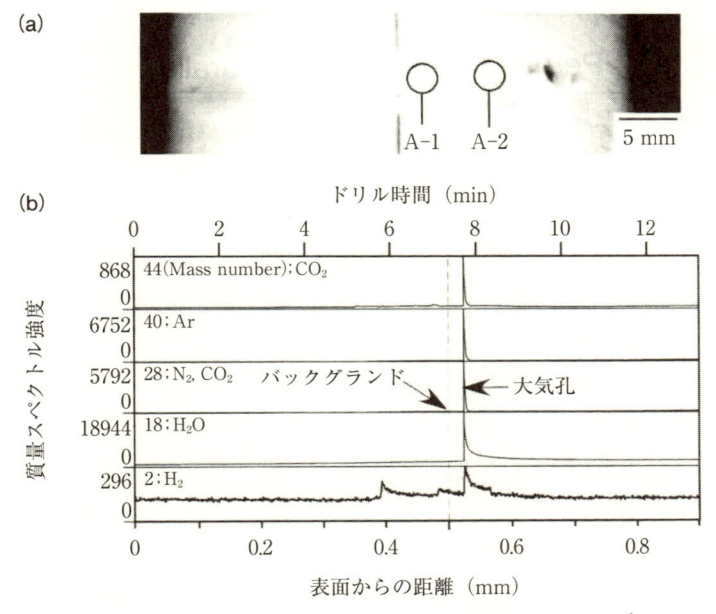

図 8.6 （a）レーザービーム出力 3.2 kW，溶接速度 3.33 mm·s^{-1} のレーザー溶接後の試料の X 線透視観察．試料厚さ 4．（b）ドリルで穿孔した溶接ビードの表面(A-2)からの深さ方向の大きな気孔から検出される残留ガスのスペクトル強度[2]．

線透視写真を図 8.6(a)に示した．その溶接ビードに真空チェンバー内でドリルで直径 3 mm の穴を開け気孔内の残留ガスを質量分析計で測定した．ドリルで穴を開けた個所は A-1 および A-2 のところである．図 8.6(b)はドリルで穿孔した溶接ビードの表面からの深さ方向の大きな気孔から検出される残留ガスのスペクトル強度を示したものである．ドリルの深さが 0.5 mm 以上になると高い強度のさまざまなガスが同時に検出された．ここには溶接による気孔が生成されていた．質量分析計によってこれらのガスは H_2, H_2O, N_2, Ar, CO_2 であると同定された．深さが 0.4 mm と 0.48 mm のところでも水素が検出された．これは溶接中に形成された小さな溶接欠陥から放出されたものであろう．A-1 における主成分は 73 vol% のアルゴンとその他 14 vol% 窒素と水分であった．A-2 では主成分は 60〜70 vol% の水分と 20 vol% のアルゴン，5〜10 vol% の窒素，数 vol% の水素であった．

　ノンポーラス金属のレーザー溶接ビードの気孔は溶接による溶融池でシールドガスがトラップされて形成されるので，この場合，気孔の主成分はアルゴンとなるはずであるが，一部は窒素となっているのはシールドガスに混入した空気からのものであろうと考えられる．その他，水素はロータス金属の気孔内に含まれたものであり，それが溶接時に空気と触れて水分になったものと考えられる．一方，小さな気孔からは元々入っていた水素のみが検出された．

　レーザー溶接金属の形態には気孔の向きに依存した大きな異方性が見出された．銅は光の反射率が高いのでレーザービームのほとんどは銅の表面で反射してしまう．溶接方向に垂直方向の一方向性気孔を有するロータス銅中の気孔にはレーザービームの一部が深く浸透する．この場合，気孔の内壁でのレーザービームの多重反射によって銅に吸収される入力熱量が増加する．さらに，試料表面に平行な面における 2 次元熱伝導度が気孔の存在する分だけ低くなるので，試料の溶融を促進させる．一方，溶接方向に平行方向の一方向性気孔を有するロータス銅の入力熱量は垂直方向の熱量より小さい．これは多重反射が起こらず熱伝導度も高くなるためである．さらに，ロータス銅中に形成された元々の閉鎖気孔内の水素が溶接溶融池ではじける．

　以上のことからロータス銅板のレーザービーム溶接では銅板の配置は一方向性気孔に対して垂直方向にすべきであり，銅板に平行に一方向性気孔を有する

ロータス銅を溶接する場合はレーザービームを吸収を増加させるための表面処理を施す必要がある.

8.1.2 ロータスマグネシウムの溶接溶融部の性質と溶接性

図8.7はレーザー出力を0.8, 1.0, 1.2 kW と変え, さらにレーザースポット直径を0.3, 0.45, 0.6 mm と変えた場合の, 試料表面に垂直に一方向性気孔を有するロータスマグネシウムの溶接部断面を観察した結果である[3]. レーザー出力を増加させたりスポット径を0.45 mm に小さくすると溶接溶融が完全に裏面まで達するが, レーザー出力が0.8 kW でスポット径が0.6 mm の試

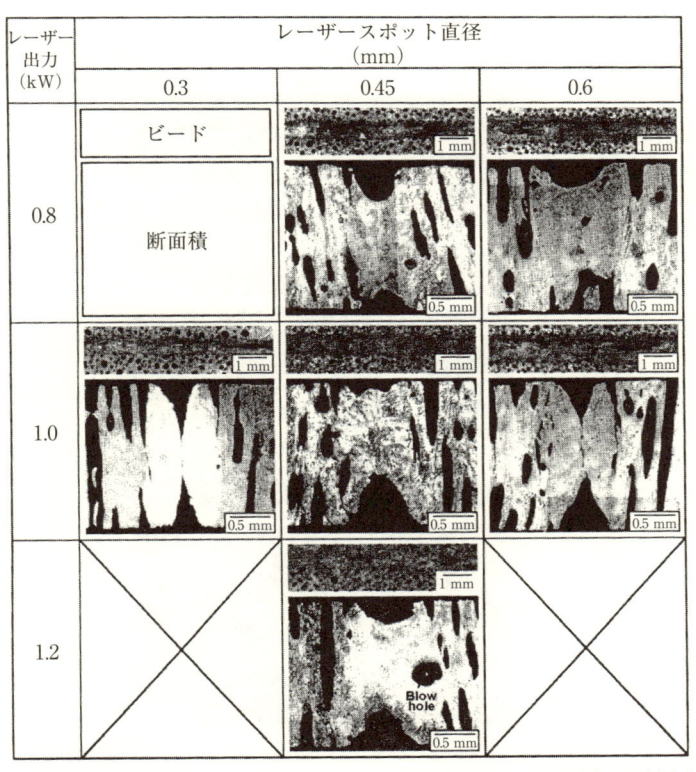

図8.7 レーザー出力およびレーザースポット直径を変えた場合の試料表面に垂直に一方向気孔を有するロータスマグネシウムの溶接部断面観察[3].

料では試料の裏面まで溶融していない．これは後者の方のエネルギー密度が前者より低いためである．レーザー出力 1.2 kW でスポット径 0.45 mm の溶融部にはロータスマグネシウムの水素気孔の再溶解によって形成されたブローホールが観察された．

図 8.8 にはレーザー出力を変えたときの試料表面に平行に一方向性気孔をもつ溶接接合部のマクロ構造が示されている．レーザー出力が 1.5 および 2.0 kW の溶接によって試料の裏面まで完全に溶融しているが，1.0 kW では裏面まで十分に溶解していない．ブローホールはすべての試料で観察された．試料面に平行な方向の気孔を有する試料の溶融部のブローホールは垂直方向の場合よりも多数存在する．ブローホールはロータス金属の閉鎖気孔中の水素に起因

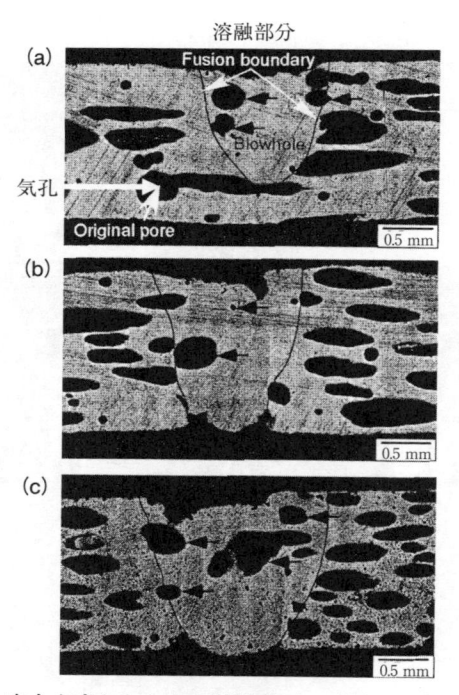

図 8.8　レーザー出力を変えたときの試料表面に平行に一方向性気孔をもつ溶接接合部のマクロ構造．レーザースポット直径，0.6 mm．レーザー出力，（a）1.0 kW，（b）1.5 kW，（c）2.0 kW [3]．

して形成されるものであるが，平行方向の閉鎖気孔の数が垂直方向のそれよりも多いためである．図8.7と図8.8を比較してみると，溶接条件が同一でも平行方向と垂直方向の場合で溶接金属の構造が異なっている．平行方向の場合よりも垂直方向の場合の方が溶融深さは大きい，一方，ロータス銅の場合は平行方向での溶接ビードは形成されずくぼみだけが観察された．銅とマグネシウムの溶融の違いはレーザービームに対する銅の高反射率に原因がある．マグネシウムの反射率は低いので，ロータスマグネシウムの溶融は主として熱伝導によってのみによると考えられる．

　ロータスマグネシウムの接合強度に及ぼす気孔方向の効果が調べられた．**図8.9** には母材と溶接継手の引張試料片を示した．1.8 mm×5 mm のゲージ断面積をもつ引張試験片が母材および溶接継手から放電加工で切り出された．**図8.10** には平行方向および垂直方向の溶接ビードと母材の引張強度が示されている．平行方向および垂直方向における母材金属の引張強度はそれぞれ 55 MPa および 30 MPa である．試料表面に垂直方向の気孔をもつ溶接ビードの引張強度は 29 MPa で母材金属のものと同程度である．この場合，図8.10（b）の写真に示すように母材のところで破損している．一方，図8.10（a）の写真に示すように，平行方向の溶接ビードは溶接金属と母材金属の接合界面部

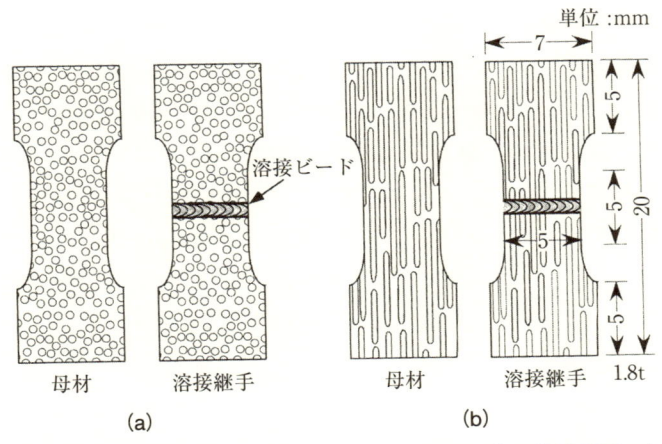

図8.9　母材および溶接継手の引張試験片．一方向気孔が試料表面に（a）垂直の場合，（b）平行の場合[3]．

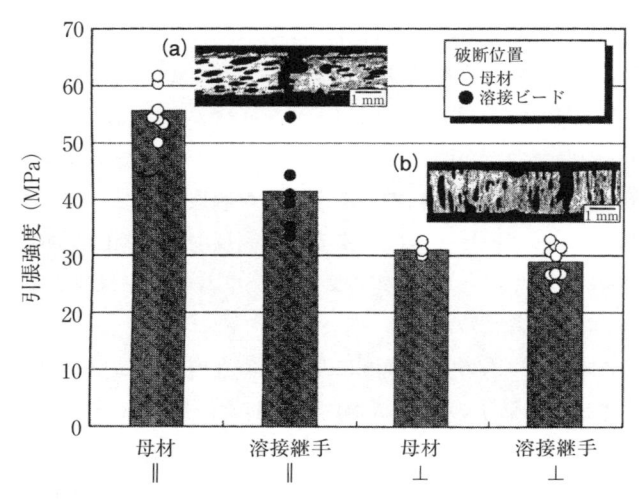

図 8.10　平行方向および垂直方向の溶接ビードをもつ試料および母材試料の
　　　　引張強度の比較[3].

で破損している．その引張強度は 41 MPa で母材の強度より低い．

　Ikeda らは一方向凝固によって作製されたノンポーラスマグネシウムの引張
強度を調べた[4,5]．凝固方向に平行な試験片の引張強度は垂直方向の強度より
も大きい．一方向凝固で作製されたノンポーラスマグネシウムとロータスマグ
ネシウムの優先方位は ⟨0002⟩ と ⟨11$\bar{2}$0⟩ であった．室温におけるマグネシウム
のすべり系は (0002)⟨11$\bar{2}$0⟩ だけである[6]．一方向性気孔の向きに垂直に負荷
すると (0002) 基底面の垂直方向は凝固方向に垂直であるので，(0002)⟨11$\bar{2}$0⟩
のすべりが起こる．他方，一方向性気孔に平行方向の負荷が ⟨0002⟩ と ⟨11$\bar{2}$0⟩
の方位のロータスマグネシウムにかけられると，Schmid 因子はゼロに近くな
る．このように，ロータスマグネシウムの異方的な引張強度は気孔の成長方向
だけではなく，結晶学的な方位によっても影響を受ける．

8.2 ECAE 加工

8.2.1 ECAE の原理

鍛造などの圧縮変形を伴う加工を適用すると，気孔率が減少するため，ポーラス金属の利点の一部が損なわれる．したがって，気孔の閉塞を抑制しつつ加工硬化を与える方法として材料全体の加工方法が検討された．材料全体を強化しながら気孔閉塞を抑制するためには，材料に作用する静水圧を小さく（あるいは平均応力を大きく）することが有効である．押出し加工の一種である**Equal-Channel Angular Extrusion (ECAE) 加工**[7]において静水圧応力を小さくする方法（**図 8.11**）が提案され，ロータス金属の気孔率の低下を抑えながら強化できる方法として有効であることが示されている．

ECAE は，ほぼ同寸法，形状の交差する 2 つのチャンネルを持つ金型を通して試料を押出すことにより，コーナー部でせん断変形を与える方法である．本方法を用いると，試料の形状，寸法が加工前後で変わらなく，同じ金型を用いて同じ試料を何度でも加工することができる．したがって，非常に大きなひずみを試料棒に導入することが可能であり，これまで主に超微細結晶粒を持つ金属の作製に利用されてきた．

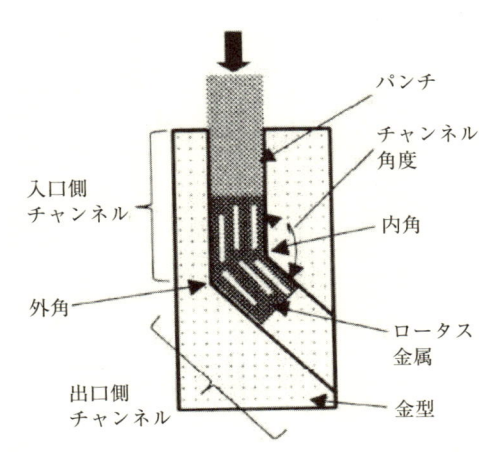

図 8.11 ECAE のダイスと挿入されたロータス金属[8].

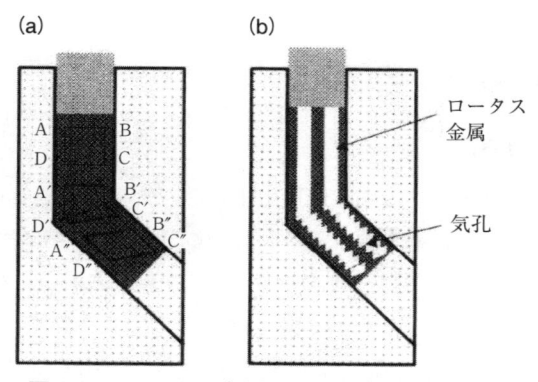

図8.12　ロータス金属の ECAE 加工の原理図.

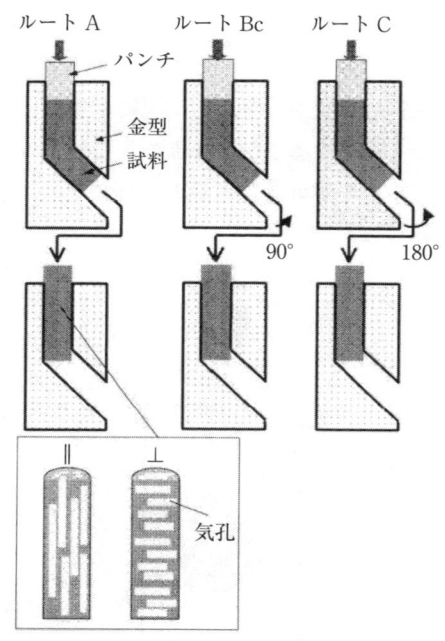

図8.13　各パスルートによる ECAE 実験概略図と気孔方向に対する押出し方向.

　試料断面に描いた正方形（ABCD）が，コーナー部のせん断により変形し（A′B′C′D′），加工後に平行四辺形（A″B″C″D″）に変化する様子から材料の流れをイメージすることができる（**図8.12**（a））．本方法によるロータス金属の加工における材料の流れの模式図を図8.12（b）に示す．ロータス金属に，コーナー部でのせん断によりひずみが導入されるものの，気孔自体は閉塞しない．つまり，「つぶすのではなく，すべらす」ことによるひずみの導入が，気孔を維持しながら加工硬化させるために重要である．模式図では，わかりやすくするためスライスされているように誇張して示してあるが，実際は連続的に押出されているため滑らかな表面である．

　ECAE 加工では 2 回目以降のパスで，試料の方向によりせん断方向を自在に変えることができる．**図8.13** に示すように，通常，ルート A（いずれのパスでも試料方向は同一），ルート Bc（パスとパスの間で試料を 90° 軸回転），およびルート C（180° 軸回転）などのパスルートが用いられる．

　チャンネル角度は，交差する入口側チャンネルと出口側チャンネルのなす角であり，この角度が小さいほどせん断により導入される塑性相当ひずみが大きくなる．ノンポーラス材であれば，チャンネル角度 90° で 1.0 と大きな塑性相当ひずみを導入することができる．

8.2.2　ECAE のロータス金属への適用

　ロータス銅[8]およびロータスアルミニウム[10]について，主な加工因子としてチャンネル角度，パス回数，押出し方向に対する気孔の方向，およびパスルートが加工後の気孔形態および機械的性質に及ぼす影響が調べられた．

　試料は，ロータス金属スラブから，気孔成長方向と平行に円柱棒（$\phi 8$ mm）を切り出し，ノンポーラス金属製シースに挿入したものを用いた．シースはロータス金属と同種の材質とし，加工時における試料表面のクラック発生を防ぐために用いた．金型に試料を挿入し，室温においてパンチ押込み速度 5 mm·min^{-1} 程度の一定速度で ECAE 加工を行った．試料と金型間の潤滑にはラノリンを用いた．試料の方向は自在に変化させることができ，以下では図 8.13（∥）の押出し（ECAE 加工）方向を気孔方向と平行，図 8.13（⊥）の方向を気孔方向と垂直と呼ぶ．

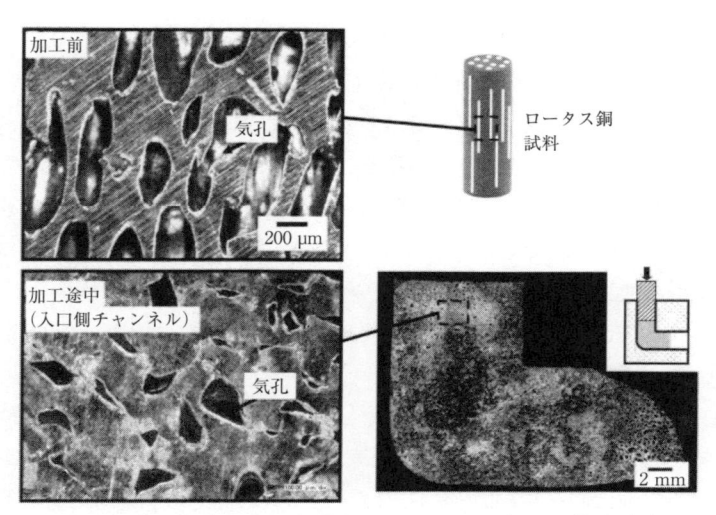

図8.14　チャンネル角度90°の金型を用いてECAE加工を施す途中のロータス銅試料断面．ECAE加工方向と気孔方向が平行の場合[8]．

　チャンネル角度90°の金型を用いてロータス銅のECAE加工を行うと，入口側チャンネルの試料にかかるせん断変形抵抗による力が押出し荷重より大きくなり，コーナーを通して出口側チャンネルに試料を押し出すことができなくなる．その結果，入口側チャンネルで圧縮の静水圧応力が大きくなり気孔の閉塞が生じる（図8.14）．

　チャンネル角度を150°程度まで大きくすると，導入されるひずみは小さくなるが，その分試料がコーナーを通過しやすくなり，加工中に入口側チャンネルで生じる圧縮の静水圧も小さくなる．したがって，ポーラス構造を損なうことなくECAE加工を行うことができるようになる．チャンネル角度150°の金型を用いて，気孔方向と平行にECAE加工を行ったロータス銅（気孔率37%，平均気孔径257 μm）の断面を図8.15および図8.16に示す．これらの図から，ECAE加工を2パス行った後も気孔形態はほぼ維持されていることがわかる．

　また，チャンネル角度150°においても，気孔方向に垂直にECAE加工した場合，入口側チャンネルでの負荷により気孔周辺に応力が集中し緻密化されやすくなるため，平行にECAE加工した場合よりも気孔率の減少が大きくなる．

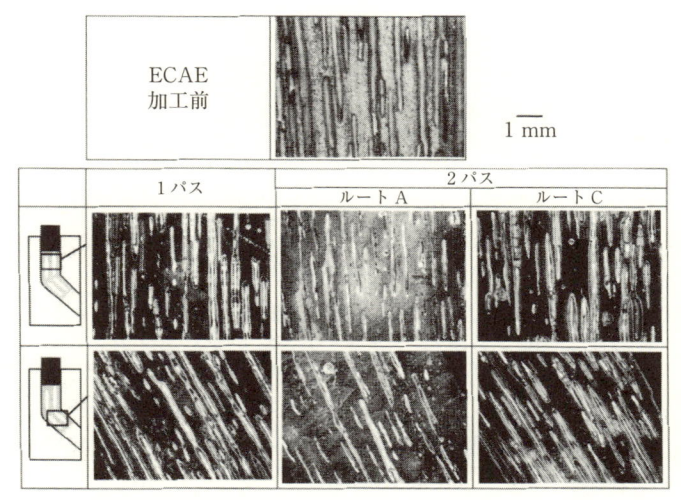

図 8.15　チャンネル角度 150° の金型を用いて ECAE 加工を施したロータス銅の押出し軸に平行な断面(ECAE 加工方向 ∥ 気孔方向)[8].

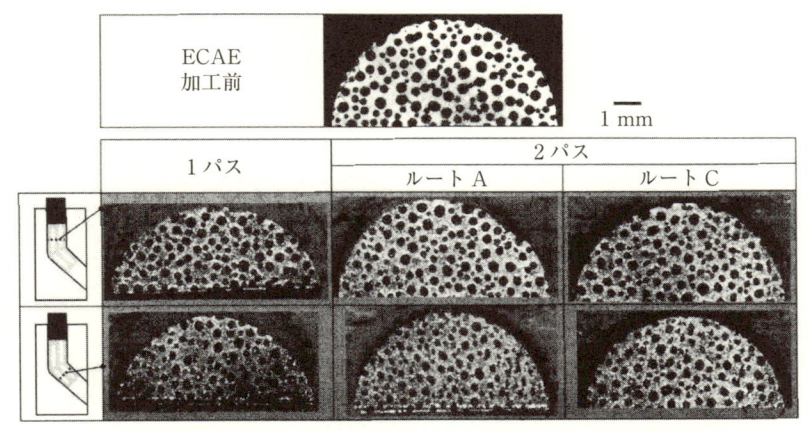

図 8.16　チャンネル角度 150° の金型を用いて ECAE 加工を施したロータス銅の押出し軸に垂直な断面(ECAE 加工方向 ⊥ 気孔方向). 破線内は圧縮変形が見られる個所[9].

　チャンネル角度 150°の金型では，ノンポーラス材の押出しにおいて 0.3 程度の塑性相当ひずみとなる．したがって，強加工による結晶粒微細化ではなく，加工硬化による強化を目的とした加工になる．1 パスで導入できる塑性相当ひずみが小さくても，ECAE はパスを繰り返すことによりひずみを蓄積させることができる．これは，金型のチャンネル形状・寸法が入口側と出口側で等しいという ECAE の特徴によるものである．

8.2.3　ECAE 加工によるロータス金属の強化

　ロータス銅（気孔率 46.3%，平均気孔径 388 µm）を気孔方向に平行にルート C にて繰り返し ECAE 加工した．**図 8.17** に，パスの繰り返しによる圧縮降伏強度 $\sigma_{0.2\%}$ の気孔率による変化を示す．括弧内の数字はパス回数である．同様の凝固条件で作製したノンポーラス銅のデータも示している．

　パスを繰り返すことにより気孔率は少しずつ減少する．しかしながら，気孔率 44% のロータス銅に ECAE 加工を 5 パス施しても 30% 以上の気孔率が維持され，ポーラス金属としての特性を十分に発揮できる．図 8.15 で押出し方向

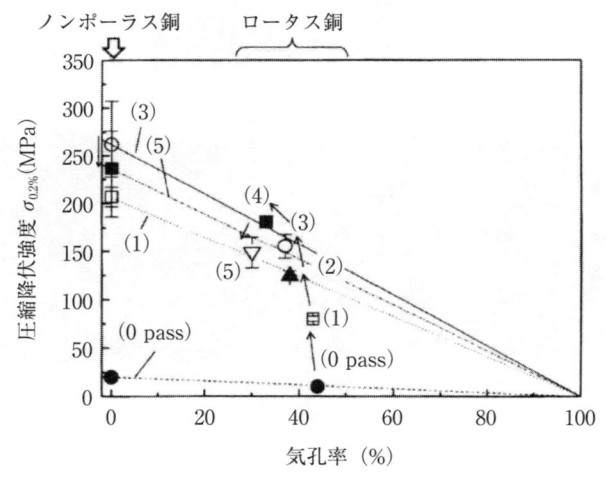

図 8.17　ルート C の ECAE 加工前後におけるロータス銅およびノンポーラス銅の圧縮降伏強度の気孔率依存性（ECAE 加工方向 ∥ 気孔方向）．カッコ内の数字はパス回数[9]．

に平行な断面の気孔に顕著な気孔形態の変化が見られないことから，各パスでの気孔率の減少は局所的な変形によるものと考えられる．図 8.16 の押出し方向に垂直な断面において破線で囲んだ箇所は，チャンネル内角（図 8.11）を通過した部位である．いずれのルートにおいても 2 パス目でこの部位の気孔が半径方向に圧縮されているのが見られる．そして，この部位の変形で気孔率が減少していると考えられる．

　図 8.17 では，ノンポーラス銅の各パス数での圧縮降伏強度と気孔率 100% における強度 0 MPa の点を結んだ線が，各気孔率におけるノンポーラス銅と同等の比圧縮降伏強度を示している．図 8.17 に示すようにロータス銅の圧縮降伏強度は 1 パスでも飛躍的に増加する．さらに，4 パス目まで繰り返すと，圧縮降伏強度も増加する．この程度のひずみでは，結晶粒微細化は起こらず，圧縮降伏強度の増加は転位増加による加工硬化によるものである．

　1 パス目でのロータス銅の圧縮降伏強度は，ノンポーラス銅と同等の比強度を示す直線より低い値である．ECAE 加工におけるロータス銅の変形は，純粋なせん断以外に座屈を含み，金型通過時に導入されるひずみが小さいと考えられる．その後，3, 4 パスと繰り返すことによりひずみが蓄積し，同じパス数のノンポーラス銅と同等の比強度を持つようになる．つまりパスを繰り返すことによって，ポーラス構造を維持しながら塑性加工を施したノンポーラス材と同等の比強度を持たせることが可能である．ルート A および Bc でも 4 パスまでは，気孔率および圧縮降伏強度の変化に関して同様の傾向が見られた．

　さらにパスを繰り返すことによりポーラス材を強化できるのではないかと期待したが，ルート A および Bc では 5 パス目で試料のチャンネル内角付近にクラックが生じた．これらのルートにおいては，同一または近接した個所がチャンネル内角付近を通過するために局所的にひずみが蓄積し，破断に至ると考えられる．

　ルート C では図 8.18 に示すように，5 パス目で圧縮降伏強度が減少している．ルート C による ECAE 加工では，チャンネル内角付近を通過する個所が，次のパスでは外角付近に接する．したがって，この個所においてパスごとに引張ひずみと圧縮ひずみが交互に導入され，バウシンガー効果により 5 パス目で降伏強度が減少すると考えられる．

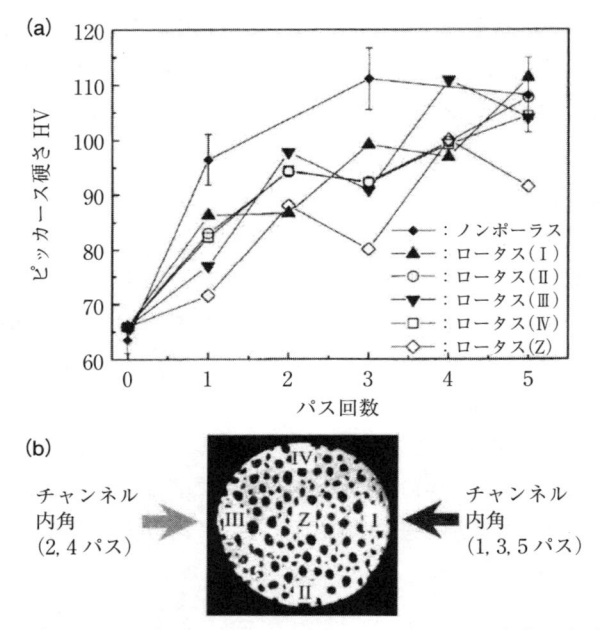

図8.18　（a）ECAE のパス回数によるビッカース硬さの変化，（b）対応する
試料断面上の位置（ECAE 加工方向‖気孔方向）．カッコ内の数字はパス回
数[9].

　また，図8.18は押出し方向に垂直な試料の断面上の各個所でパスごとに硬
さがどのように変化するかを示している．ノンポーラス銅の硬さは，試料断面
上の測定個所による大きな差異はなくエラーバーの範囲内に収まる．ロータス
銅の断面上でⅠおよびⅢと記した個所は，それぞれ奇数および偶数パスでチャ
ンネル内角付近を通過する．いずれのパスでもチャンネル内角付近を通過した
個所は，前述のとおり圧縮変形による変形も含むため，最も高い硬さを示す．
個所ⅠおよびⅢの硬さはチャンネル外角付近を通過するパスで減少するか，増
加してもわずかである．上記のとおり圧縮と引張ひずみが交互に導入され，バ
ウシンガー効果によりこのような傾向を示すものと考えられる．
　ECAE 加工により気孔が押出し方向に対し傾斜することや，チャンネル角
度90°の金型を用いてルートCにて加工を行うと，1パス目で閉塞した気孔が

2パス目で逆向きのせん断によりもう一度開くことが明らかになっている．このように，ECAE 加工により気孔形態を制御することも可能である．

　本方法は，銅，アルミニウムをはじめとするさまざまな材質に適用でき，一般に用いられる加工設備でポーラス材を強化できるため，今後，ロータス金属の強化法および気孔形態制御法として期待できる．

文　　　献

[1]　H. Haferkamp, A. Ostendorf, M. Goede and J. Bunte, Cellular Metals and Metal Foaming Technology, MIT Verlag(2001)p. 479-484.

[2]　T. Murakami, K. Nakata, T. Ikeda, H. Nakajima and M. Ushio, Mater. Sci. Eng. A, **357**(2003)134-140.

[3]　T. Murakami, T. Tsumura, T. Ikeda, H. Nakajima and K. Nakata, Mater. Sci. Eng. A, **456**(2007)278-285.

[4]　T. Ikeda and H. Nakajima, J. Jpn. Foundry Eng. Soc., **74**(2002)812-816.

[5]　T. Ikeda, H. Hoshiyama and H. Nakajima, J. Jpn. Light Metals, **54**(2004)388-393.

[6]　H. Asada and H. Yoshinaga, J. Jpn. Inst. Metals, **23**(1959)67-71.

[7]　V. M. Segal, V. I. Rezinikov, A. E. Drobyshevkiy and V. I. Kopylov, Russ. Metall., **1**(1981)99-105.

[8]　S. Suzuki, H. Utsunomiya and H. Nakajima, Mater. Sci. Eng. A, **490**(2008)465-470.

[9]　鈴木進補，宇都宮裕，中嶋英雄，金属，**84**(2014)220-226.

[10]　T. B. Kim, M. Tane, S. Suzuki, T. Ide, H. Utsunomiya and H. Nakajima, Mater. Sci. Eng., **695**(2011)263-266.

第**9**章

ポーラス金属のさまざまな応用

　ロータス金属や発泡金属を用いたさまざまな応用製品の開発が進められつつある．ロータス金属の直線的な貫通孔を利用した電子機器の冷却のためのヒートシンクや航空機エンジンの冷却パネル，制振性と軽量化を利用した工作機械の移動体やゴルフパター，開口気孔を利用した人工歯根（インプラント），ロータス金属細線のしなやかさを利用した医療用ガイドワイヤーや吸音部材などの開発研究がなされている．一方，発泡金属は気孔率が 90% を超えるものもあるため超軽量材料や衝撃吸収材としての用途展開が進んでいる．本章ではこれらのポーラス金属のもつ気孔がいかに利用されようとしているかについて紹介する．

9.1　ヒートシンク

　近年，パワーデバイスやレーザーダイオードの発熱密度は $100\ \mathrm{W \cdot cm^{-2}}$ にも達し，高周波デバイスではさらにデバイスの高密度化に伴って発熱密度は $1000\ \mathrm{W \cdot cm^{-2}}$ になっている．**図 9.1** に電子デバイスを含む発熱体の表面温度 T と発熱体から放出される熱の発熱密度 q との関係を示した[1]．発熱密度が増加すると温度も上昇し，パワーデバイスなどの発熱密度は 2000 K 程度の温度になる原子爆弾の発熱密度と同等の $100\ \mathrm{W \cdot cm^{-2}}$ にも達してしまう．しかしながら，パワーデバイスやレーザーダイオードでは同程度の高い発熱密度を発生しても室温付近に温度を保持しなければならない．そのためこれらのデバイスを冷却するためには高い熱伝達率を有する高性能ヒートシンクが必要になる．さまざまのタイプのヒートシンクの中でも数 10 μm の直径を持つマイクロチャンネルを利用したヒートシンクが優れた冷却能を示すが，製造コストが高いという欠点がある．一方，開口気孔を持つ発泡金属は 3 次元マイクロチャンネルを持ち冷媒に接触する面積が大きく低コストで製造できることからヒートシンクでの期待が持たれた．しかしながら，それらをヒートシンクに用いる

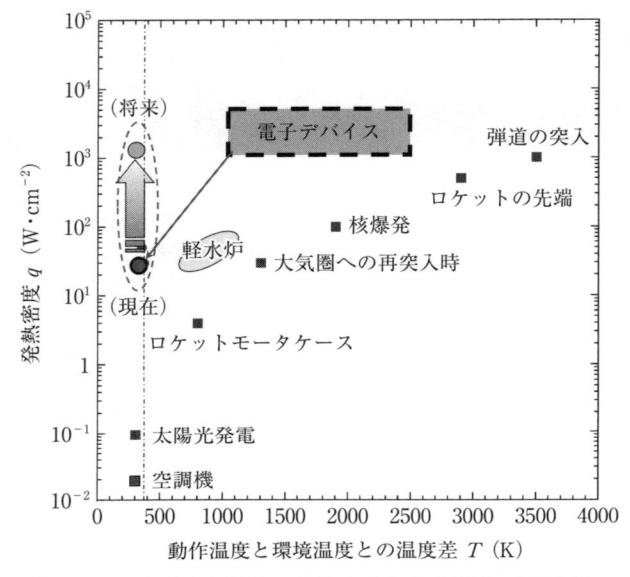

図9.1 さまざまな製品の発熱密度と発生温度の関係[1].

と冷媒の流路が複雑で冷媒が気孔を通過する圧力損失が大きくなることがわかり，十分な冷却性能を持たないことが明らかになった[2]．それに比べて，ロータス金属は，①気孔が直線的であり，②気孔サイズと気孔率を制御することができ，③数 100 μm の気孔径を有することから，ロータス金属をヒートシンクに用いると冷媒に接する接触面積が大きく，冷媒の圧力損失も低減させることができるので，ヒートシンクとしてきわめて有望である．ロータス銅をヒートシンクとして使うためには，ロータス銅の有効熱伝導率を知らなければならない．**図9.2** に示すように，一方向性気孔に垂直方向および平行方向の有効熱伝導率をそれぞれ $k_{\text{eff}\perp}$ および $k_{\text{eff}\parallel}$ と定義する．

　ロータス銅をヒートシンクへ応用する場合，ロータス銅のそれぞれの気孔内に冷媒を流さなければならない．このとき気孔内壁と冷媒との間には，熱伝達が生じる．したがって，実際のロータス銅ヒートシンクではロータス銅内部の気孔の影響を考慮した有効熱伝導率と気孔内壁に生じる熱伝達率とを同時に考慮しなければならない．物体の取り付け面から入った熱が物体表面から放熱し

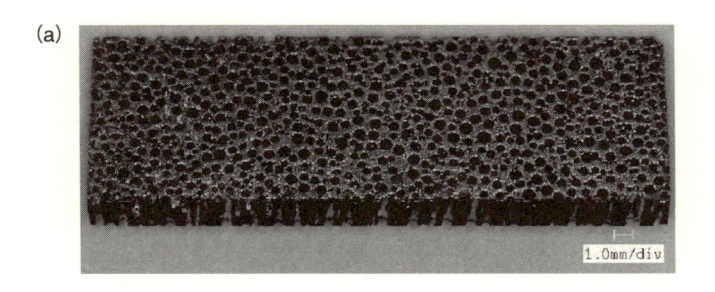

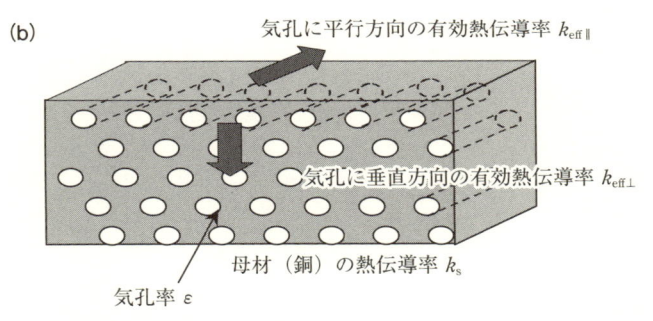

図 9.2 （a）ロータス銅の外観，（b）一方向気孔に垂直方向および平行方向の
有効熱伝導率の定義．

ながら，その物体の先端へ伝わる場合，物体内部の熱伝導と同時にその物体表
面から周囲への熱伝達を考慮する必要がある．この場合，その物体をフィンと
見なすことによって物体表面からの熱伝達と物体内部の熱伝導の関係をフィン
効率として表すことができる．ここでは，気孔内に冷媒が流れたロータス銅を
フィンと見なしてロータス銅フィンのフィン効率を求める計算式が Chiba ら
によって導出された．また，有限要素法によりロータス銅フィンのフィン効率
が求められ実測値と比較された．

　まず，以下では次節の伝熱解析に用いられるパラメーターの説明をする．

A_b：ヒートシンクのベース面の面積（m^2）

A_w：ヒートシンクの断面積（m^2）

D_e：水力直径（m）

dp_{mean}：ロータス金属の平均気孔径（m）

f_g：溝型ヒートシンクにおけるフィン間隙（m）

f_t：溝型ヒートシンクにおけるフィン厚（m）

h_b：ヒートシンクベース面を基準とした熱伝達率

h_{dp}：気孔内壁と冷媒間に生じる熱伝達率

H_f：フィン高さ

h_{fin}：溝型フィン表面の熱伝達率

h_m：平均熱伝達率

k：熱伝導率

L：フィンの厚さ

L_g：溝型フィンの厚さ

N_t：気孔の全数

p：気孔率

P_r：液体のプラントル数

Q：熱量

Re_{dp}：dp で定義されたレイノルズ数

Re_{D_e}：D_eで定義されたレイノルズ数

R_f：ヒートシンクの熱抵抗

R_a：冷媒の熱抵抗

S_f：気孔内壁の総面積

T_b：ベース面の温度

T_i：冷媒の入口の温度

T_o：冷媒の出口の温度

U_t：冷媒の全流量

$u_{dp_{mean}}$：気孔を流れる冷媒の流速

W：ヒートシンクの幅

ΔP：気孔内を冷媒が流れる際に生じる冷媒の圧力損失

η：フィン効率

a：空気

f：冷媒

9.1.1　空冷ヒートシンク

　パワーデバイスを冷却するための空冷あるいは水冷ヒートシンクには通常, 溝型フィンが使われている. 溝型ヒートシンクはベース板に垂直に配列された多数の板状フィンより構成される. Chiba らは従来の溝型フィンのヒートシンクとロータス銅ヒートシンクの2つのタイプの熱伝達率を調べた[3]. 彼らが実験に用いた溝型ヒートシンクを図9.3に示した. そのヒートシンクはフィン同士の間隔 f_g 3 mm, フィンの厚さ f_t 1 mm, フィンの高さ H_f 20 mm である. 溝型ヒートシンクの熱伝達率は熱計算から評価された. 図9.4にはロータス銅フィン幅 W 30 mm, 3枚の厚さ L のフィンを間隔が2 mm となるようにベース板に接合した. ヒートシンクのベース面の面積 A_b は $3WL$ と表すことができる. 空冷ヒートシンクの熱伝達率を測定する実験装置を図9.5に示した. 空気がヒートシンクを設置したダクトにブロワーによって送風される. ヒートシンクは銅ベース板の片面に銀ロウ付けされたフィンとベース板の他方

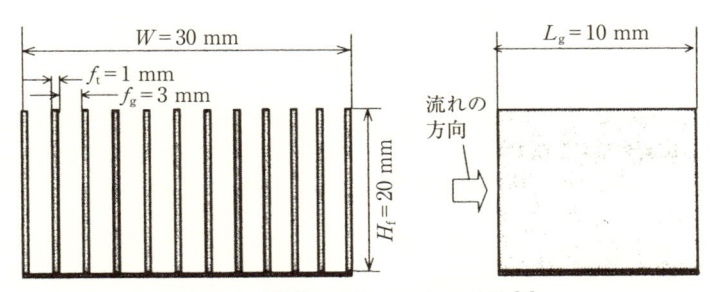

図9.3　溝型ヒートシンクの寸法[3].

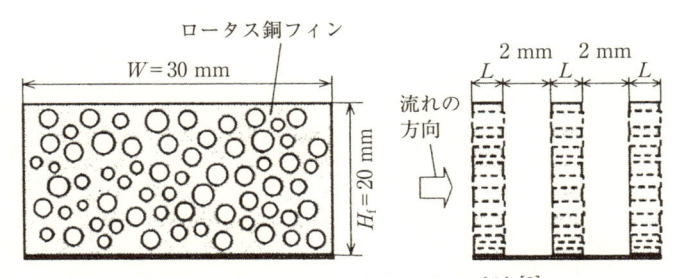

図9.4　ロータスヒートシンクの寸法[3].

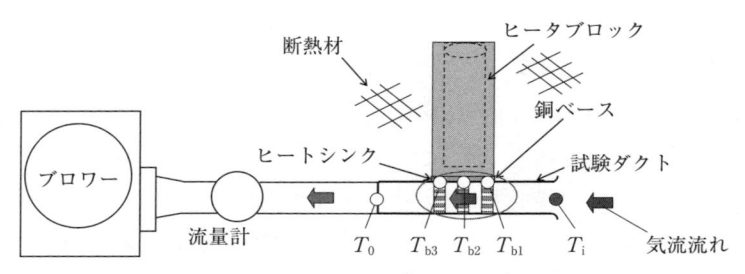

図9.5　空冷ヒートシンクの熱伝達率の測定装置[3].

の面にロウ付けされた加熱ブロックより構成される．冷たい空気の上流側の入口の温度を T_i，銅のベース板の温度を T_{b1}, T_{b2}, T_{b3}，空気の出口の温度を T_0 とし，これらの温度は K 型熱電対で測定された．

　ヒートシンクの熱伝達率特性はベース面積 A_b を基準とした熱伝達率 h_b で評価した．

$$h_b = \frac{Q}{A_b(T_b - T_i)} \tag{9.1}$$

$$Q = \rho \cdot C_p \cdot U_t \cdot (T_0 - T_i) \tag{9.2}$$

ここで，Q はヒートシンクの入熱量，ρ および C_p はそれぞれ冷媒の密度と比熱である．U_t は試験ダクトを流れる空気の流速である．$T_b\left(= \dfrac{T_{b1} + T_{b2} + T_{b3}}{3}\right)$ は銅ベース板の平均温度である．ヒートシンクの入口と出口の間の圧力差は圧力センサーによって ±5% 実験精度で測定された．ヒートシンクの熱伝達特性はベース板の温度と冷媒の入口温度の間の熱抵抗 R_{fi} を用いて

$$h_b = \frac{1}{R_{fi} \cdot A_b} \tag{9.3}$$

$$R_{fi} = \frac{T_b - T_i}{Q} = \frac{R_a}{1 - \exp\left(-\dfrac{R_a}{R_f}\right)} \tag{9.4}$$

と表すことができる．ここで R_a はヒートシンクの入口と出口における冷媒の温度差に相当する熱抵抗であり，R_f はヒートシンクのベース面と冷媒との間

における対数温度 ΔT_m を用いて計算されるベース面と冷媒間の熱抵抗であり，それぞれ次式で示される．

$$R_\mathrm{f} = \frac{\Delta T_\mathrm{m}}{Q} = \frac{1}{h_{dp_\mathrm{mean}} \cdot S_\mathrm{f} \cdot \eta} \tag{9.5}$$

$$\Delta T_\mathrm{m} = \frac{T_0 - T_\mathrm{i}}{\ln \dfrac{T_\mathrm{b} - T_\mathrm{i}}{T_\mathrm{b} - T_0}} \tag{9.6}$$

$$R_\mathrm{a} = \frac{T_0 - T_\mathrm{i}}{Q} = \frac{1}{\rho \cdot C_\mathrm{p} \cdot U_t} \tag{9.7}$$

ここで，h_{dp_mean} はロータス銅フィン中の気孔の表面 S_f 上の熱伝達率である．ロータス銅フィン中の気孔内の流れ特性は円筒中の流れと同様に見なせるので，熱伝達率 h_{dp_mean} は，層流領域（$Re_\mathrm{p} < 3000$）下での円筒パイプと見なして次式で示すことができる．

$$Nu_\mathrm{p} = \frac{h_{dp_\mathrm{mean}} \cdot dp_\mathrm{mean}}{k_\mathrm{a}} = 5.364(1 + \{(220/\pi) X^+\}^{-10/9})^{3/10}$$
$$\times \left\{ 1 + \left(\frac{\pi/(115.2 X^+)}{[1 + (Pr_\mathrm{a}/0.0207)^{2/3}]^{1/2}[1 + \{(220/\pi) X^+\}^{-10/9}]^{3/5}} \right)^{5/3} \right\}^{3/10} - 1 \tag{9.8}$$

$$X^+ = \frac{L/dp_\mathrm{mean}}{Re_\mathrm{p} \cdot Pr_\mathrm{a}} \tag{9.9}$$

$$Re_\mathrm{p} = \frac{u_{dp_\mathrm{mean}} \cdot dp_\mathrm{mean}}{v_\mathrm{a}} \tag{9.10}$$

$$u_{dp_\mathrm{mean}} = \frac{U_t}{p \cdot A_\mathrm{w}} \tag{9.11}$$

ここで，Nu_p と Re_p は気孔の平均直径 dp_maen で定義されたヌセルト数およびレイノルズ数である．v_a および k_a はそれぞれ空気の動粘性係数および熱伝導率であり，u_{dp_mean} は気孔を通過する空気の速度である．η はロータス銅フィンのフィン効率であり，次式のようにロータス銅のフィンを直行フィンモデルに適用して計算することができる．

$$\eta = \frac{\tanh(m \cdot H_\mathrm{f})}{m \cdot H_\mathrm{f}} \tag{9.12}$$

$$m = \sqrt{\frac{h_{d p_{\mathrm{mean}}} \cdot \xi \cdot 2(W + L)}{k_{\mathrm{eff}\perp} \cdot (W \cdot L)}} \tag{9.13}$$

　ロータス銅フィンの圧力差 ΔP は層流領域の下で円筒パイプより構成されるというモデルに基づいて

$$\Delta P_{\mathrm{L}} = \left(\frac{64}{Re_{\mathrm{p}}} \cdot \frac{L}{d p_{\mathrm{mean}}} + \varsigma \right) \cdot \frac{1}{2} \rho \cdot u_{d p_{\mathrm{mean}}}^2 \tag{9.14}$$

ここで，ς は冷媒が気孔を出入りするときに生じる圧力損失係数である．従来の溝型フィンの研究はよくなされていて，熱伝達と圧力損失の関係を記述するための経験式が導出されている．ベース面を基準とした熱伝達率 h_{f} は

$$h_{\mathrm{b}} = \frac{h_{\mathrm{f}} \cdot A_{\mathrm{f}} \cdot \eta}{A_{\mathrm{b}}} \tag{9.15}$$

ここで，h_{f} は溝型フィンの表面積 A_{f} 上の熱伝達率であり，次式で示される．

$$Nu_{f_{\mathrm{g}}} = \frac{Nu_1 - Nu_2}{10 - Pr_{\mathrm{a}}} \cdot (Pr_{\mathrm{a}} - 0.71) + Nu_2 \tag{9.16}$$

$$Nu_1 = 2.80136 - 2.10514 X^* + 0.411783 X^{*2} + 4.11 \tag{9.17}$$

$$Nu_2 = 4.1880 - 3.14709 X^* + 0.611075 X^{*2} + 4.11 \tag{9.18}$$

$$X^* = \ln\left(\frac{L}{f_{\mathrm{g}}} \cdot Re_{f_{\mathrm{g}}} \cdot Pr_{\mathrm{a}} \right) \tag{9.19}$$

ただし，$Re_{f_{\mathrm{g}}}$ および $Nu_{f_{\mathrm{g}}}$ はフィンギャップによるレイノルズ数およびヌセルト数であり，u はフィンを通過する空気の速度である．

　層流領域の下での従来の溝型フィンの圧力損失 ΔP は

$$X = \frac{L_{\mathrm{g}}}{Re_{D_{\mathrm{e}}} \cdot D_{\mathrm{e}}} \tag{9.20}$$

$$\Delta P = \left(f \cdot \frac{4 L_{\mathrm{g}}}{D_{\mathrm{e}}} + \varsigma \right) \cdot \frac{1}{2} \rho \cdot u^2 \tag{9.21}$$

$$f = \frac{3.44}{X^{0.5} \cdot Re_{D_{\mathrm{e}}}} + \frac{24 + \dfrac{0.674}{4 \cdot X} - \dfrac{3.44}{X^{0.5}}}{(1 + 0.000029 \cdot X^{-2}) \cdot Re_{D_{\mathrm{e}}}} \tag{9.22}$$

で表すことができる．ここで，$Re_{D_{\mathrm{e}}}$ は水力直径 $D_{\mathrm{e}} (= 4 H_{\mathrm{f}} f_{\mathrm{g}}/(2 H_{\mathrm{f}} + 2 f_{\mathrm{g}}))$ に

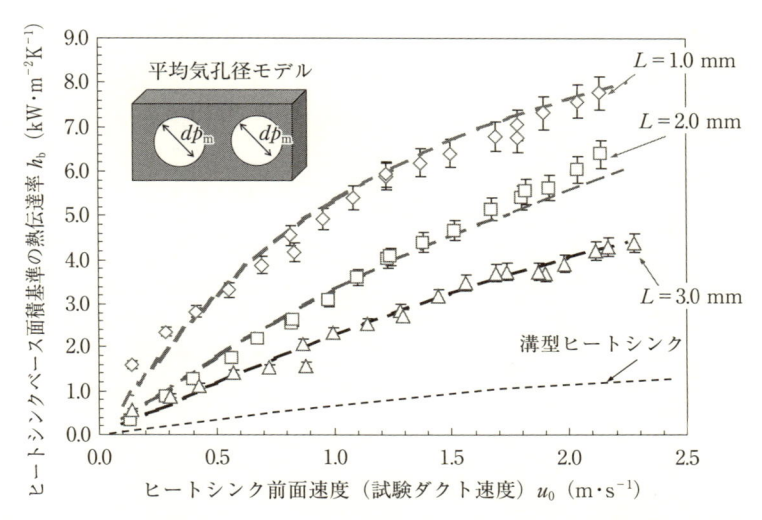

図 9.6　ロータス銅ヒートシンクおよび溝型ヒートシンクの熱伝達率の入口の前面速度依存性．◇□△は実験データ，線は熱解析による予想値[3]．

よって定義されたレイノルズ数である．

　Chiba らは空冷ヒートシンクの実験装置(図 9.5)を用いて熱伝達率および圧力損失を測定した．ベース面を基準とした熱伝達率 h_b の実験値と計算値を入口の流れ速度 $u_0 (= U_t / A_w)$ の関数として**図 9.6** に示した．ロータス銅ヒートシンクの熱伝達率の計算値は ±5% の誤差範囲で実験値とよく一致した．ロータス銅フィン厚 $L = 1$ mm の熱伝達率は非常に大きく u_0 が 1.0 m·s^{-1} のときには 5000 W·m^{-2}K^{-1} にも達し，溝型フィンのものよりも 13.2 倍も大きかった．**図 9.7** はロータス銅フィンにおける圧力損失 ΔP を u_0 に対してプロットした結果である．ロータスヒートシンクの圧力損失 $3\Delta P_L$ の計算値は ±10% の実験誤差内で実験値とよく一致している．$u_0 = 1$ m·s^{-1} における $L = 3$ mm のときの圧力損失は溝型フィンのものの 13.5 倍高いことがわかった．

　熱伝達率 h_b をポンプ動力 $\Delta P \cdot U_t$ の関数として**図 9.8** にプロットした．ロータス銅フィン厚 $L = 1$ mm におけるロータス銅ヒートシンクの熱伝達率はポンプ動力 0.02 W のとき，溝型ヒートシンクの 11.3 倍に達することがわかった．このように，ロータス銅フィンが薄いほど同一の圧力損失およびポンプ動

力の下では熱伝達率は高くなる．したがって，ロータス銅フィンを空冷ヒートシンクに用いるときにはロータス銅の厚さを薄くすることが望ましい．

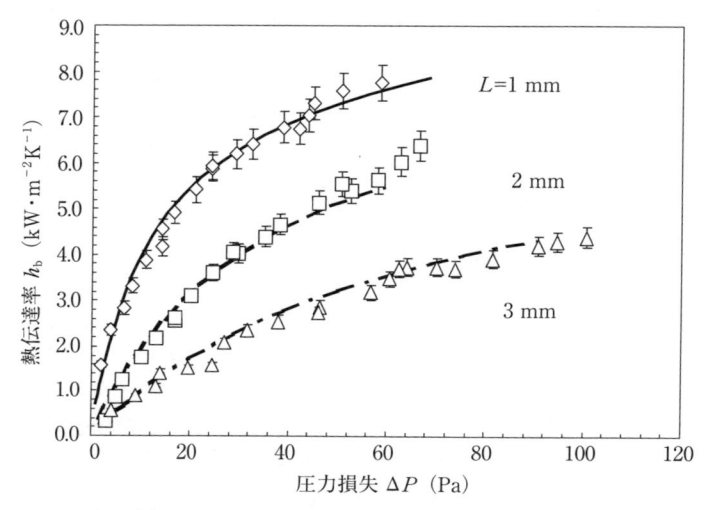

図 9.7　ロータス銅ヒートシンクの熱伝導率の圧力損失依存性．◇□△は実験データ，線は熱解析による予想値[3]．

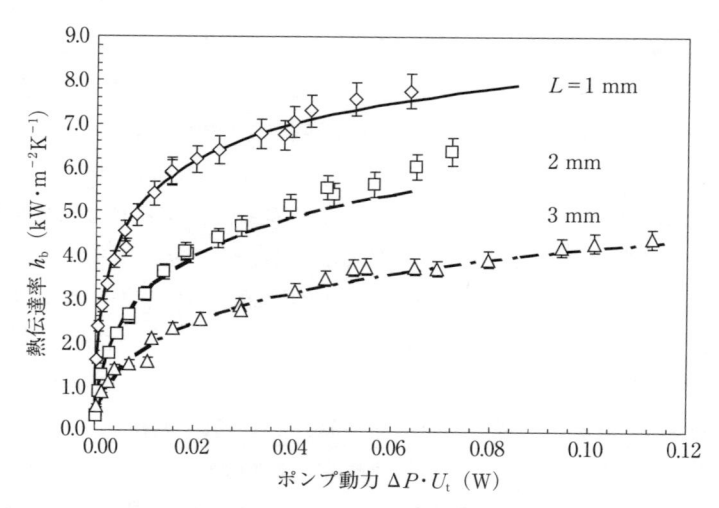

図 9.8　ロータス銅ヒートシンクフィンの熱伝達率のポンプ動力依存性．◇□△は実験データ，線は熱解析による予想値[3]．

9.1.2 水冷ヒートシンク

3種類の水冷ヒートシンク（従来の溝型ヒートシンク，小さなフィンギャップをもつ溝型ヒートシンク（マイクロチャンネル），ロータス銅ヒートシンク）の熱伝達特性が調べられた．溝型フィンとマイクロチャンネルの構造が**図9.9**に示されている．従来の溝型ヒートシンクはフィンギャップ3 mm，フィン厚

溝型マイクロチャンネル（高性能型）

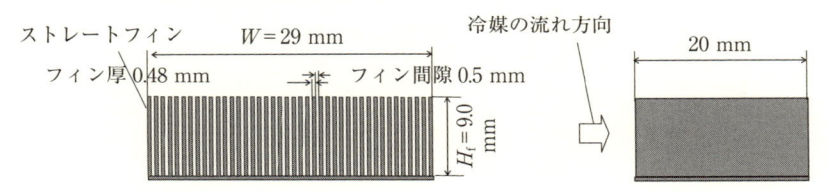

溝型ヒートシンク（従来型）

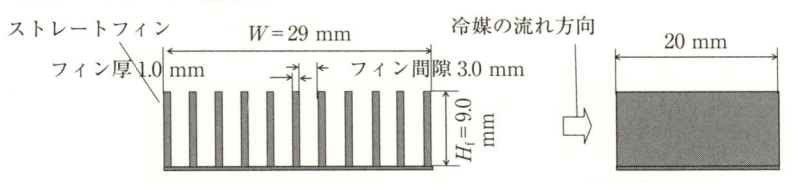

図9.9 溝型フィンとマイクロチャンネルの構造[3]．

ロータス銅フィン

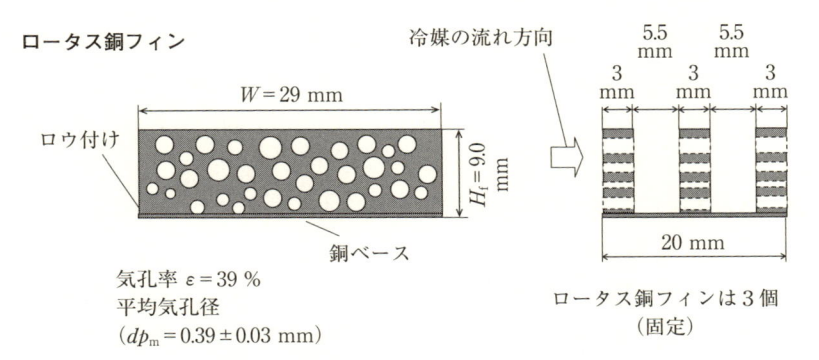

図9.10 ロータス銅フィンの構造[3]．

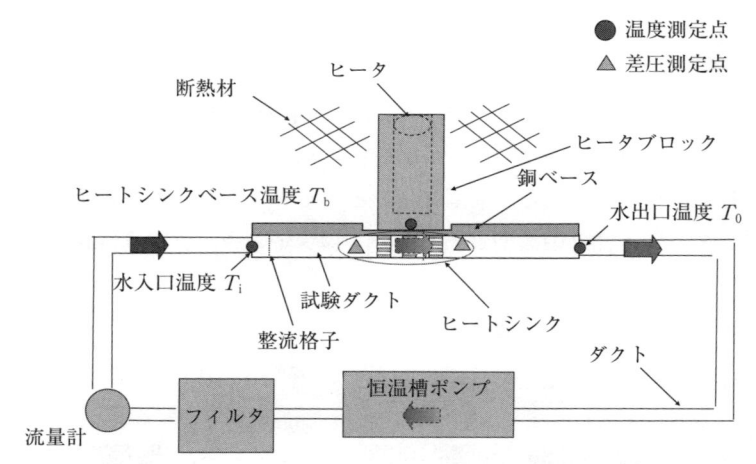

図9.11　水冷ヒートシンクの熱伝達率の測定装置[3].

さ1mm，高性能型マイクロチャンネルはフィンギャップ0.5mm，フィン厚さ0.48mmである．**図9.10**にはロータス銅フィンの構造を示した．冷媒の流れの方向に厚さ3mmのフィンを直列に並べたものである．ロータス銅フィンの気孔の平均径は0.4mm，気孔率は39%である．**図9.11**には熱伝達率測定装置を示した．冷却水はヒートシンクのあるダクトとフィルターを循環する．サーキュレーターはポンプと水冷装置より構成される．ヒートシンクは銅ベース板の片面に3枚のロータス銅フィンを銀ロウ付けしている．ベース板のもう1つの面には電子デバイスの代わりにヒーターを持つブロックが取り付けられている．ヒートシンクの入口温度T_i，出口温度T_0および銅ベース板の温度T_bはK型熱電対で測定された．これらの温度の測定結果と式(9.1)を用いて熱伝達率が測定された．ヒートシンクの入口と出口の間の圧力損失も測定された．

　図9.12はベース面を基準とした熱伝達率を入口の流れの速度u_0に対してプロットした結果である．ロータス銅ヒートシンクの熱伝達率の計算値は±15%の実験誤差内で実験値とよく一致している．ロータス銅ヒートシンクの熱伝達率は$u_0 = 0.2 \text{ m·s}^{-1}$のとき$80000 \text{ W·m}^{-2}\text{K}^{-1}$にも達し，現在，最も高性能ヒートシンクと見なされるマイクロチャンネルヒートシンクの1.7倍，

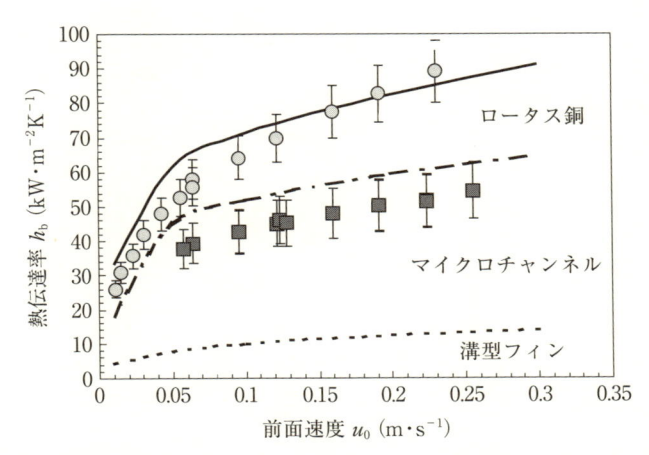

図 9.12 ロータス銅フィン，マイクロチャンネルおよび溝型フィンの熱伝達率の入口の流れ速度依存性．○□は実験データ，線は熱解析による予想値[3]．

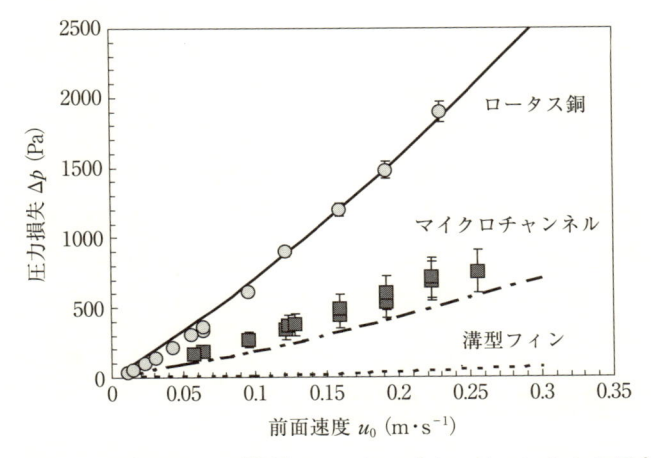

図 9.13 ロータス銅フィン，溝型フィンとマイクロチャンネルの圧力損失の入口の流れ速度依存性．○□は実験データ，線は熱解析による予想値[3]．

従来の溝型ヒートシンクの 6.5 倍高い．**図 9.13** は 3 種類のヒートシンクの圧力損失を u_0 の関数として示したものである．計算値と実験値は ±5% の実験誤差内でよく一致した．$u_0 = 0.2\,\mathrm{m \cdot s^{-1}}$ において比較するとロータス銅ヒート

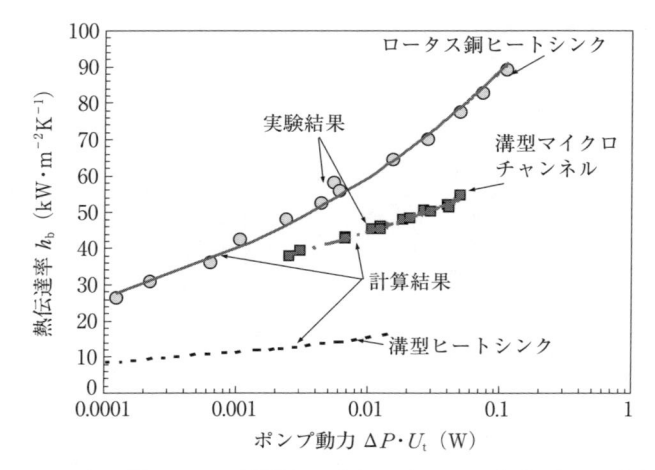

図 9.14 ロータス銅フィン，溝型ヒートシンクフィンおよびのマイクロチャンネルの熱伝達率のポンプ動力依存性．○□は実験データ，線は熱解析による予想値[3]．

シンクの圧力損失はマイクロチャンネルヒートシンクの 3.8 倍，溝型ヒートシンクの 38 倍と大きい．熱伝達率をポンプ動力に対してプロットした結果を**図 9.14** に示す．ポンプ動力 0.01 W で比較すると，ロータス銅ヒートシンクの熱伝達率はマイクロチャンネルヒートシンクの 1.3 倍，溝型ヒートシンクの 4 倍大きい．以上から明らかなように，ロータス金属を用いた空冷および水冷ヒートシンクは既存のヒートシンクよりもきわめて優れた冷却特性を示す．ロータス金属を用いたヒートシンクの実用化が大いに期待されている．

9.2　航空機用エンジン部材

　旅客機に広く用いられている高バイパスファンジェットエンジンの内部は**図 9.15** に示すような構造となっている．前方から吸い込んだ空気を圧縮機で圧縮し，その空気に燃焼器内で燃料を吹き込んで燃焼させ，その噴射ガスのエネルギーで圧縮機を駆動するタービンを回すと共に，ファンを駆動するタービンを回す．そしてファンが吐き出す空気およびタービンが吐き出す空気の両者の反動として推進力を得ている．

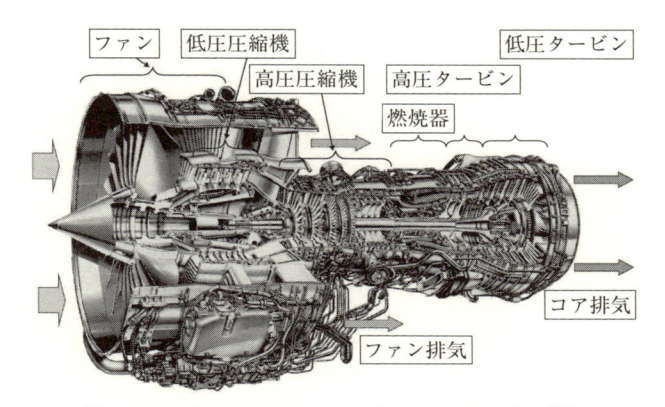

図9.15　高バイパスファンジェットエンジン[4].

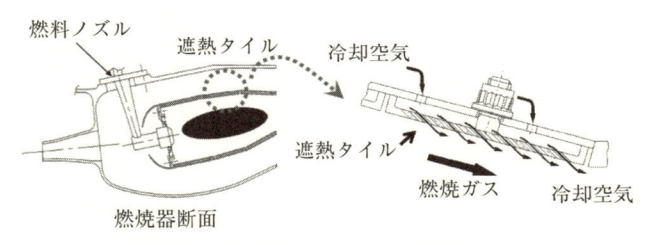

図9.16　燃焼器断面と遮熱タイル[4].

　エンジン全体の効率向上のためには，高圧力比，高温化が好ましいが，高圧力，高温下では燃焼時にNO_xが発生しやすくなる．このNO_x量を減らすためには燃焼方法，すなわち空気との混合方法を工夫しなければならない．このためには金属の冷却に用いる空気量を削減して燃焼方法の改善に利用できる空気の量を増やすことが重要な技術となってくる．

　従来，温度上昇と共にさまざまな形態の燃焼器ライナーが用いられてきたが，最近では遮熱タイル構造が採用されることが多くなっている．**図9.16**に示すように，遮熱タイルは燃焼器ライナーの火炎に晒される内面に隙間なく貼り付けられるもので，ボルトによってライナーに締結されライナー本体を保護している．ライナーの外側から入った冷却用空気はタイルの裏側を冷やした後，火炎側に流出しフィルムとなってタイルに沿って流れフィルム冷却を行

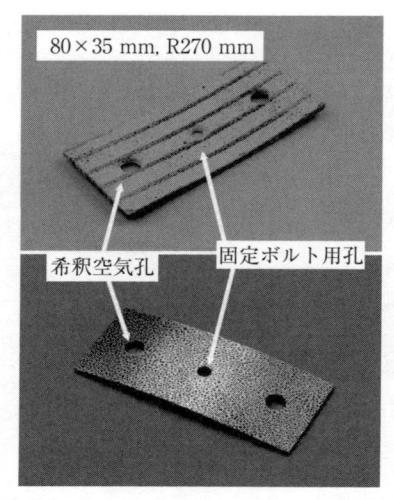

80×35 mm, R270 mm

希釈空気孔　　固定ボルト用孔

図 9.17　燃焼室の遮熱タイルのプロトタイプ．200 枚程度の遮熱タイルが燃
　　焼器内壁にボルト止めで取り付けられている[4]．

う．タイルの裏側から火炎側に出るときに，タイルに開けられた多数の小さな
孔から沁み出させる冷却方法を沁み出し冷却(エフュージョン冷却)という．こ
の構造は冷却空気量を削減できることと，タイル損傷時の補修・交換が容易で
あることが，その採用理由である．沁み出し冷却の効率を良くして燃焼器ライ
ナーを冷却する空気を減らすためには遮熱タイルに微細な穴をたくさん開ける
必要がある．穴あけ方法としてはドリル加工，放電加工，レーザー加工などが
あるが，いずれも長時間を要するものでありコストが高くなる傾向にある．こ
こで紹介する燃焼器遮熱タイルはロータス金属を利用することで薄板への穴あ
け加工の低コスト化を狙ったものである．
　水素とアルゴンの 2.5 MPa の混合ガスを雰囲気として鋳型鋳造法によって
ロータス耐熱合金ハステロイ X が作製された[4]．燃焼器の遮熱タイルには金
属を火炎から熱的に遮蔽するために表面に遮熱コーティングを施し，不要な気
孔を塞ぐことによって開口気孔率 5% を実現した．**図 9.17** には実際の燃焼器
の形状に合わせて試作した曲面遮熱タイルを示した．
　試作した曲面遮熱タイルを用いて冷却効率試験を行われた．平板のロータス

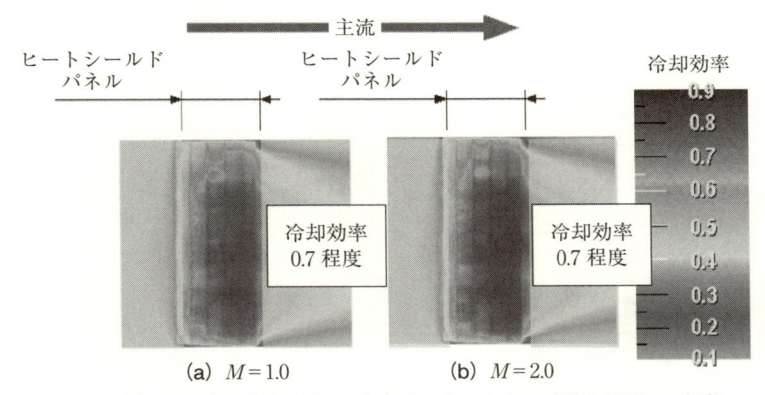

M（吹出し比）＝主流流速 × 密度 / パネルからの吹出し速度 × 密度

図 9.18　曲面遮熱タイルを用いた冷却効率試験によって測定された冷却効率の分布[4].

ハステロイ X パネルをテストセクションに設置し表裏面を高温の主流と冷却流にそれぞれ曝して両面の表面温度を赤外線カメラによって計測された．2 種類の主流レイノルズ数を設定しこれに対して冷却空気の吹き込み比を変化させて冷却効率が測定された．その結果，**図 9.18** に示すように，冷却効率はタイル下流で 0.7 以上であり，既存の商用エンジンに用いられている遮熱タイルに匹敵または上回る性能を得ている．さらに，現在の航空機エンジン燃焼器に利用されている遮熱タイルと比べて約 20% の軽量化を実現することができた．

9.3　工作機械部材

工作機械には従来以上に省エネルギー化，高精度化が望まれており工作機械の移動体を軽量化して運動性能を向上させ，消費エネルギーを低減させる必要がある．現在，主に用いられている鋳鉄に替わってアルミニウム合金の開発も行われているが，アルミニウム合金には依然として機械剛性が低く，熱膨張係数が大きい等の課題がある．そこで，Yonetani らは近年，新たに軽量構造材料として注目されているロータス金属に着目した．

溶接性とコストを考慮して炭素鋼素材には JIS SS400 が用いられた．鉄鋼の

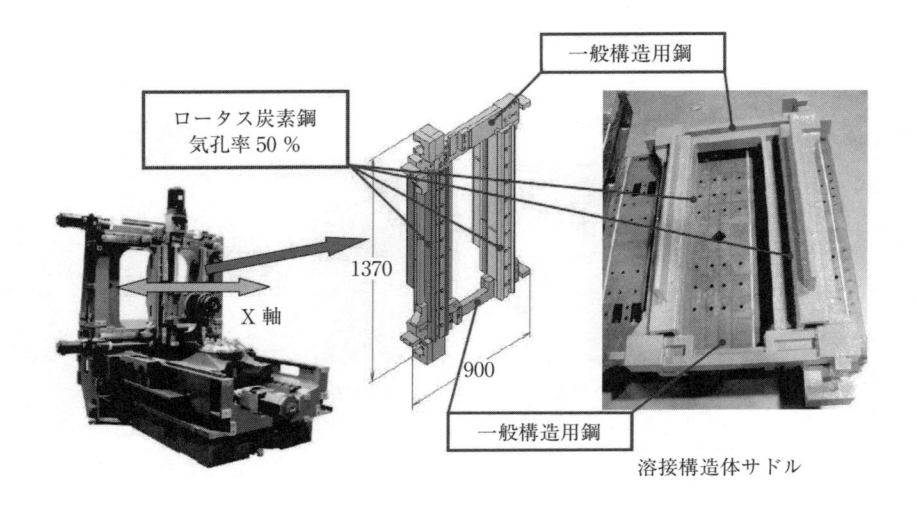

鋳鉄 360 kg→ロータス炭素鋼 212 kg　　➡　　41 % 軽量化

図 9.19　横型マシニングセンタとロータス炭素鋼厚鋼板溶接構造体サドル[5].

　ポーラス化に窒素ガスを用いるとロータス鉄鋼内に残留した窒素が固溶強化を起こして気孔率が 20〜30% ありながら強度はノンポーラス鉄鋼と同等であることが知られているので，ロータス炭素鋼の作製には，雰囲気ガスとして窒素が用いられた．2.5 MPa の窒素ガス雰囲気下で連続鋳造法によって断面積 20×100 mm^2，長さ 500〜700 mm のロータス炭素鋼を作製した．気孔率は約 50% であった．

　横型マシニングセンタ(**図 9.19**)の既存の鋳鉄(FC300)製サドルを，ロータス炭素鋼厚鋼板溶接構造のサドルに置き換えた．ロータス炭素鋼厚鋼板のつなぎ目はマグアーク溶接を施した．このサドルのサイズは幅 900× 高さ 1370×250 mm^3 である．既存の鋳鉄製サドルおよびロータス炭素鋼製サドルの静剛性測定試験，残留振動測定試験，切削試験，消費電力測定が行われた．まず，ロータス炭素鋼製サドルの静剛性は鋳鉄サドルに比べて X，Y，Z 軸方向共 10〜20% 減少している[5]．これは気孔率が 50% と高いためで，気孔率を 20〜30% に抑えれば固溶強化によりその静剛性はノンポーラス炭素鋼の静剛性になると期待される．X 軸切削送り速度 12500 mm・min^{-1}，減速時間 8 ms

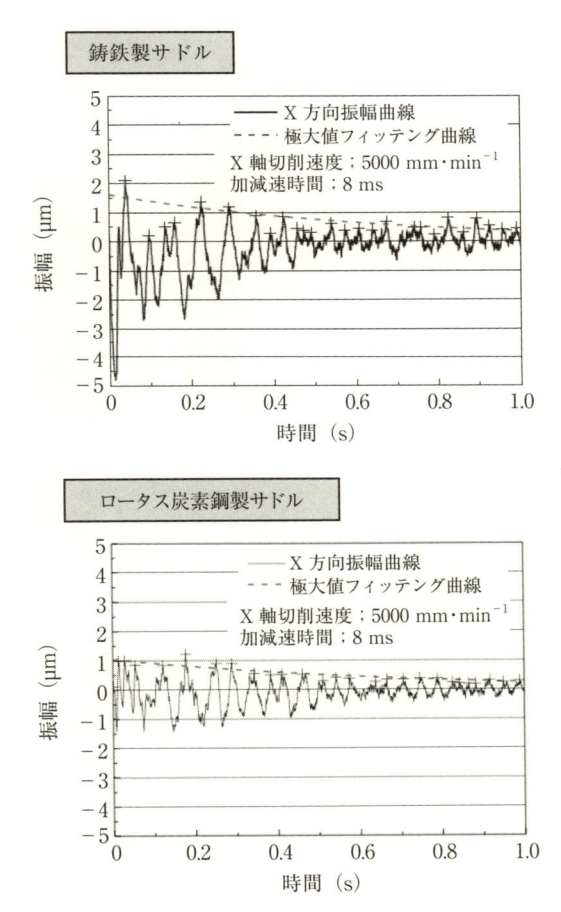

加減速時間（振幅 ±1 μm 以内）		（単位：ms）
	鋳鉄製サドル	ロータス炭素鋼製サドル
切削送り 5000 mm·min⁻¹	64	32（1/2 に短縮）
早送り 12500 mm·min⁻¹	44	11（1/4 に短縮）

図 9.20 ロータス炭素鋼サドルおよび鋳鉄製サドルを取り付けたテストバーの X 軸方向残留振動の測定結果[6].

におけるロータスサドルおよび鋳鉄サドルに取り付けたテストバーの X 軸方向残留振動の測定結果を**図 9.20** に示した[6]．残留振動の基準振幅として ±1

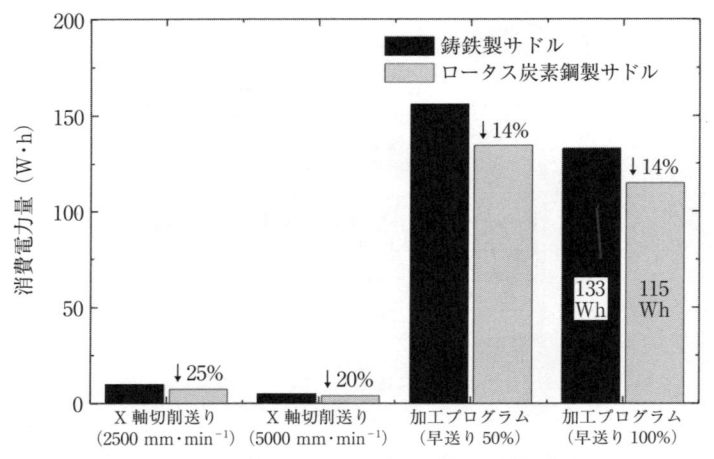

ロータス炭素鋼製サドル搭載により 14 ～ 25% 省エネ効果があった.
消費電力（1 日 8 時間稼動）：鋳鉄製 25 kW・h→ロータス炭素鋼製 21.6 kW・h

図 9.21　モデルワーク加工空運転時の消費電力量の比較[6].

μm とした．最大振幅が ±1 μm に収束するに要する時間はロータスサドルが
11 ms に対し鋳鉄サドルでは 44 ms と長くなり，ロータスサドルの使用により
減速時間を 1/4 に短縮できる．このように炭素鋼の軽量化により慣性力が小さ
くなり加減速性能の大幅な向上が実現できた[6]．重切削加工ではロータスサ
ドルと鋳鉄サドルの顕著な相違は見られなかった．**図 9.21** に X 軸方向のみに
移動およびモデルワーク加工空運転時の消費電力量を示した．鋳鉄サドルと比
較してロータスサドルの消費電力量は 14～25% 削減できた．

　以上のことから気孔率を低下させることによって静剛性を改良すれば，ロー
タスサドルは既存サドルより優れていることが見出された．

9.4　ゴルフパター

　通常，新素材と言われる材料はコストや量産化の問題があるため，初めから
広範な民生品に使われることはほとんどない．そのような新素材はコストを度
外視できるスポーツ用品，武器，宇宙利用などの材料に採用される場合が多

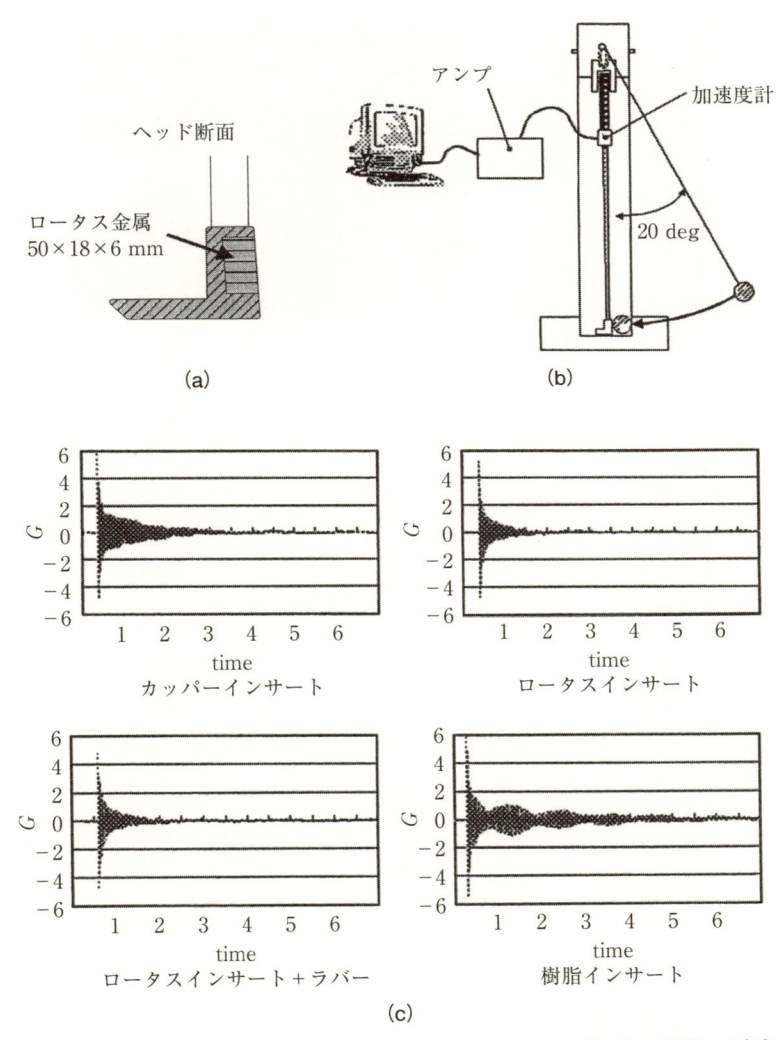

(a)

(b)

(c)

図 9.22 （a）ゴルフパターヘッド，（b）ハンマーリングによる振動・減衰の測定装置，（c）減衰測定結果．インサート材：（左上）ノンポーラス銅，（右上）ロータス銅，（左下）ロータス銅 ＋ ゴムシート，（右下）樹脂．G：振幅[7]．

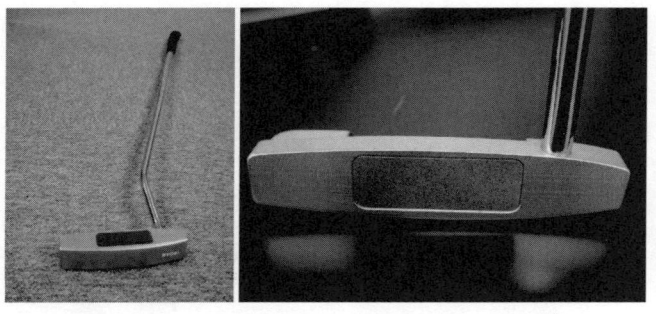

図9.23　ヘッドにロータス銅を用いたパター[7].

い．ロータス金属も新しい材料であるので，スポーツ用品への商品化が初めに
試みられた．2002年ロータス銅を用いたゴルフパターが株式会社リョービに
よって商品化され販売された．図9.22に示すように，ヘッドのインサート材
としてロータス銅が使われた．図9.22には，ゴルフボールが当たったときの
ヘッドの減衰性を調べるためのハンマーリングによる振動・減衰法の測定結果
を示した．比較のために，インサート材としてノンポーラス銅，ロータス銅に
ゴムシートを張り付けたもの，樹脂などの減衰測定が行われた．図9.22に示
すように，ロータス銅には優れた減衰性のあることが見出された．このことは
ゴルフパターでボールを打ったときの衝撃をロータス銅内の気孔が吸収するた
めに，打感はソフトになることを示している．図9.23には気孔径約100 μm，
気孔率40%のロータス銅片をヘッド部にインサートしたゴルフパターの写真
を示した[7].

9.5　人工歯根

　天然歯が喪失すると，咀嚼機能が低下し審美的に問題が生じ，放置すれば顎
口腔系全体に悪影響を及ぼす．一般に咀嚼能率は30%以下に低下する．従来，
歯牙欠損部の修復は補綴処置を中心に行われてきた．この補綴処置によって残
存天然歯や粘膜などを維持や支持することができる．欠損状態により，補綴物
の種類は異なるが，一般に，少数歯欠損の場合には架工義歯（ブリッジ），多数

歯欠損の場合には有床義歯が応用されている．近年，これらの問題点を解決するために，生体内部に埋入・植立し，維持や支持を顎骨に求めるデンタルインプラント補綴（以下インプラント）が考案され普及している．インプラントは，天然歯と同様に維持と支持を顎骨に求めているため，残存歯を削合する必要がなく，咬合力も顎骨で負担し咀嚼能率が天然歯列に近づく，また，脆弱な粘膜に咬合負担を強いることによる疼痛や義歯床による異物感が解消されるなど，多くの長所と有用性に富んでいる．

残念ながら，解剖学的に植立に十分な骨梁が得られない場合，あるいは骨粗鬆症や骨再生能の低下等により，インプラント施術が困難になることが多い．このような場合，インプラント界面での骨接触面積の増加とポーラス部への骨侵入による物理的嵌合の付与を与え，インプラントの応用範囲と成功率向上のためインプラント体の多孔質（ポーラス）化が提唱されている．インプラント材料としての信頼性を向上するためには，生体組織と金属材料との親和性と接着性を向上させることが必要である．そのために，表面形態の制御技術が必要不可欠である．材料表面に存在する表面起伏は細胞の進展や増殖挙動に影響を与え，凹凸に沿って細胞が進展するという報告がある．さらに，凹凸によって接着面積を増加させることができるので，インプラント表面のポーラス化は重要である．インプラント表面のポーラス化技術としては，金属ビーズ処理，プラズマスプレー，ファイバーメッシュコーティングなどがある．これらの方法に高温プロセスが必要であり，表面形状の制御性に問題がある．また，表面層とインプラント間に界面が形成され，インプラント材料との密着性が問題となる．以上の方法により作製した表面層においては，表面層の剥脱や表面形態の制御性に問題があることが指摘されている．しかし，従来のポーラスインプラントは，プラズマ溶射ポーラス，金属ビーズ処理，ファイバーメッシュコーティングなどが利用されるにとどまり，これらのポーラス層の機械的強度不足の問題があり，気孔率，空孔の形状ならびに空孔径が不定形であることから，空隙（気孔）の大きさにより侵入する生体組織を特定することが困難であり十分な骨接触が得られなかった．さらに，作製された表面層が剥脱したり表面形態を制御できないという問題があることが指摘されている．これらの方法に代わる方法としてロータス型ポーラス化技術の利用がある．

　Higuchi らはロータスステンレス鋼やチタンの人工歯根を作製し動物実験を行ってその有効性を明らかにしている[8]．連続帯溶融法を用いて気孔サイズ 170 μm，気孔率 55% を有するロータスステンレス鋼(SUS304L)およびポーラスチタンを作製した．インプラントの動物実験には 10 頭の 5 歳のビーグル犬が用いられた．麻酔をして下顎骨の小臼骨を抜歯後，3 か月の治癒を経てドリルで下顎骨に丸穴を開け直径 3.4 mm× 長さ 5 mm の円柱状のロータスステンレス鋼とポーラスチタンを埋入した．その結果，埋入後 2 週では金属体周囲で毛細血管が積極的に組織を修復しようとして増殖し，4 週になると気孔の中に毛細血管が新生する動きが見られた．さらに 8 週のサンプルから金属を取り出すと，金属内部に，奥から手前に向かって毛細血管が深い部分まで侵入している状態が確認できた．ロータスステンレス鋼では 2 週で周辺組織に新生骨の形成が認められたが，気孔内への侵入は認められなかった．図 9.24 に示すように，4 週では，浅部気孔に，8 週では深部気孔に新生骨の形成が認められた．それに対し，図 9.25 に示すように，ポーラスチタンでは 4 週で深部気孔に新生骨の形成が認められた．図 9.26 に示すように，この技術を用いれば，インプラントの気孔サイズを 150〜200 μm にすることによって骨組織を気孔に侵入させることができ維持力を増強させることができる．また，気孔サイズを 10〜20 μm にすれば線維芽細胞だけを侵入させることで応力に対する緩衝作用

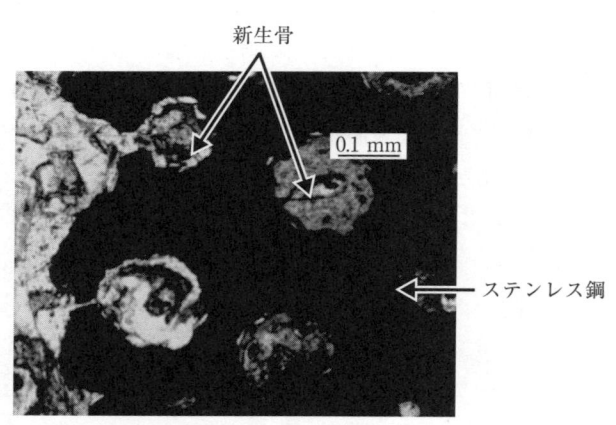

図 9.24　埋入後 4 週のロータスステンレス鋼インプラントに対する生体反応．トルイジンブルー染色されたところ(薄いグレー色)が新生骨である[8]．

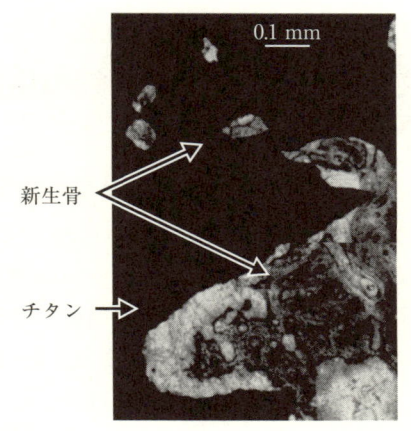

図 9.25 埋入後 4 週のロータスチタンインプラントに対する生体反応. トルイジンブルー染色されたところ(薄いグレー色)が新生骨である[8].

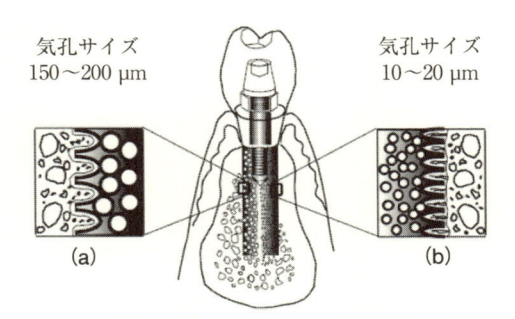

図 9.26 ロータスインプラントにおける気孔の役割. (a)骨組織の気孔への侵入, (b)線維芽細胞の気孔への侵入[8].

を付与することができる.

　融点近傍におけるチタン中の水素の溶解度や Ti-H の状態図に関する信頼できるデータがなく, 上記の研究でも不定形の気孔ができるものの, 一方向にそろった気孔を有するチタンの作製には至っていない. ロータスチタンの作製は今後の課題である.

9.6 Ni フリーロータスステンレス鋼の生体親和性と医療材料への応用[9]

　第7章で，N を固溶した Ni フリーステンレス鋼の腐食挙動を紹介したが，N 固溶ロータスステンレス鋼は軽量性ともに Ni フリー，N 固溶による高強度，N 合金化による高耐食性，さらに非磁性である特徴も備えており，整形外科インプラント等の医療材料としての応用が期待できる．ここでは，高 N，Ni フリー・ロータスステンレス鋼の生体親和性評価の結果を述べる．

　電気化学測定には，N 固溶した Fe–25Cr–1N，Fe–23Cr–2Mo–1N，SUS446–1N と比較のために用いた N 固溶処理しない SUS316L 鋼で，いずれもポーラス化せずに用いた．これらは，いずれも完全オーステナイト化している．

　図 9.27 に試料表面にマウス線維芽細胞 L929 を培養した状態で測定した動電位分極曲線を示す．ここで用いた水溶液は細胞培養培地（α-MEM）に牛胎児血清（FBS）を添加した培養液で，塩化物などの無機成分以外にタンパク質やアミノ酸，糖類などを含んでいる．これまでの研究[10]で SUS316L 鋼は細胞培養

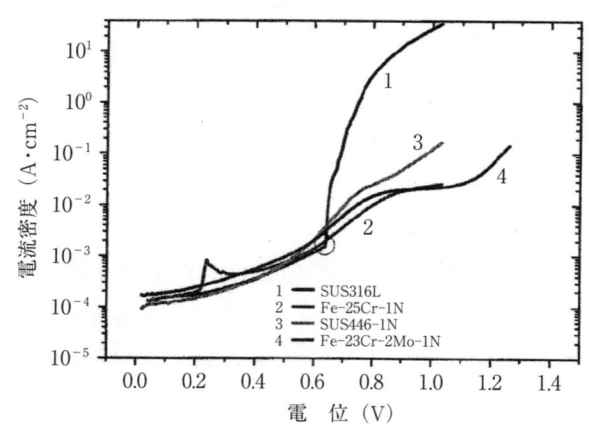

図 9.27　マウス線維芽細胞 L929 を各種ステンレス鋼基板上にて培養した状態にて測定した動電位分極曲線[9]．

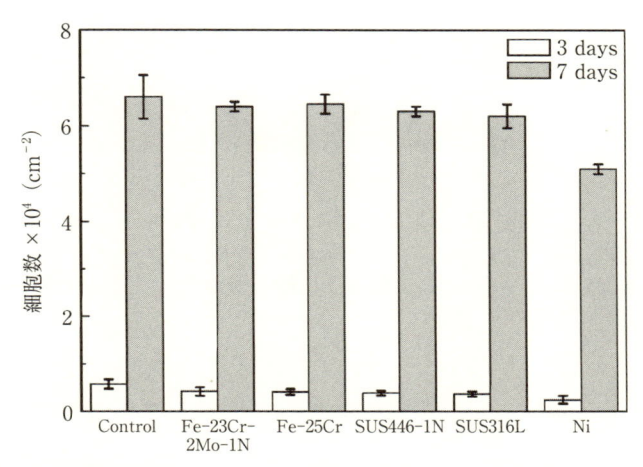

図9.28 マウス骨芽細胞 MC3T3-E1 を各種ステンレス鋼基板上にて播種の後，3日および7日での細胞数．細胞初期数は $1600\,\mathrm{cm}^{-2}$，また Control は Type Ⅳコラーゲンを被覆した細胞培養容器[9]．

下では局部腐食を生じやすいことが明らかとなっているが，図から明らかなように，N固溶試料ではいずれも局部腐食を全く発生していないことがわかる．

　細胞の生体親和性評価としてステンレス鋼基板上での細胞培養開始後の3日と7日後の細胞数の変化が計数された．図9.28 に示すように，この細胞は播種後一定密度に達するまでは特に障害がなければ20時間程度の一定時間毎に分裂するので，細胞数は指数関数的に増加する．ここでは，比較としてコラーゲンを塗布した細胞培養用プラスチック容器および Ni 基板上での結果を合わせて示している．ステンレス鋼上の細胞数は N 固溶の有無にかかわらず細胞培養容器と有意な差は認められない．一方，Ni 上では細胞数が少なくなっていることがわかる．また，図9.29 には3日間培養後の細胞の光学顕微鏡写真を示すが，4種の供試材上の細胞の形態に差異は認められない．すなわち，N固溶ステンレス鋼の生体親和性は SUS316L 鋼と同等であることが確認できた．

　ロータス材を整形外科インプラント材として用いる場合には，気孔中へ骨組織が侵入し，インプラント材と骨組織との融合が早期に進捗することが期待できる．そこで，SUS316L と SUS446-1N のロータス材をマウスの大腿骨欠損部

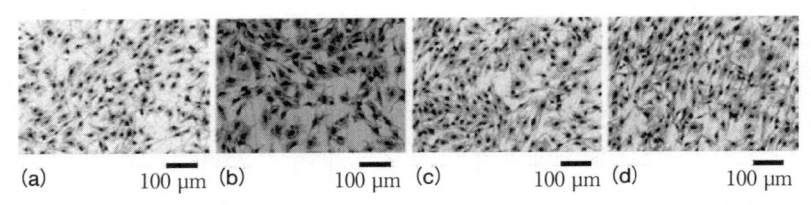

図 9.29　マウス骨芽細胞 MC3T3-E1 を各種 N 添加ステンレス鋼（a）Fe-23Cr-2Mo-1N，（b）Fe-25Cr-1N，（c）SUS446-1N 基板，および比較のための（d）SUS316L．基板上にて播種 3 日後の細胞形態の光学顕微鏡写真．細胞初期数は $1600\ \mathrm{cm}^{-2}$ [9].

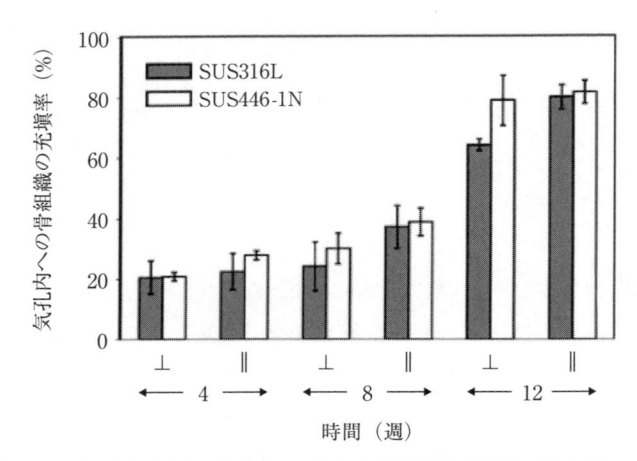

図 9.30　ロータスステンレス鋼をマウス大腿骨の欠損部に埋入後，4，8，12週での気孔内への骨組織の充填率[9].

に埋入し，その後の骨組織との接着挙動を調査した．ロータス材を骨欠損部に埋入する際に，気孔を骨の長手方向と平行に埋入した場合と，垂直に埋入した場合とを比較した．図 9.30 は最表面にある気孔内の空間に骨組織が占める体積割合の経時変化を示しており，平行な場合に気孔内が早く骨によって充填されることがわかる．大腿骨のような長管骨では応力軸は長手方向となるが，骨組織は圧縮荷重の方向に成長するので，気孔が骨の長手方向に平行な場合の方が骨との結合が早期に達成することを示している．

9.7　ガイドワイヤー

　狭心症や心筋梗塞を起こす血管が狭くなった部分にステントを導入，設置しバルーンカテーテルで膨らませてステントを拡張させることによって強制的に血管の狭窄部を拡大させることができる．外科的手術を伴わない低侵襲性医療処置として最近，よく使われている．図 9.31 に示すように，血管の狭窄部にステントやカテーテルを導き入れるのにガイドワイヤーが使用されている．このガイドワイヤーには①血管追従性，②柔軟性および③トルク特性が要求されている．現在，直径 0.5 mm の太さのステンレス鋼ワイヤーがよく使われているが，既存の製品はこれらの 3 条件を必ずしも十分に満足していない．そこで，孟宗竹のようにワイヤー内を空洞化あるいは多孔質化することによってしなやかさを保持しつつ強度に優れ，上記 3 条件を満足するガイドワイヤーの出現が期待されている．

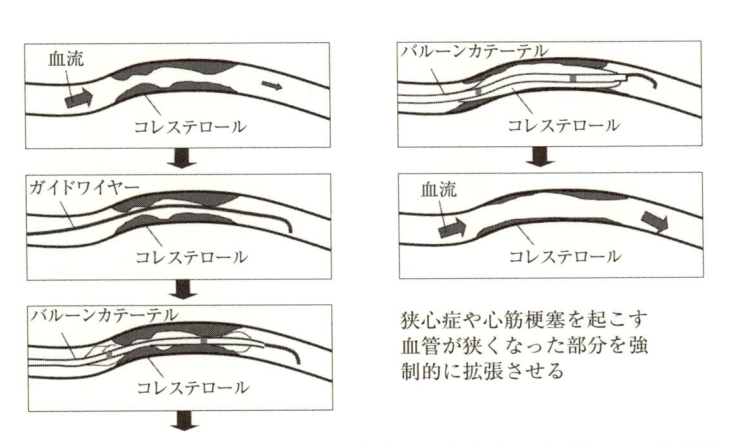

図 9.31　血管内にコレステロールが蓄積して狭窄部を形成する．ガイドワイヤーでバルーンカテーテルを導入し，狭窄部でそれを拡張させることによって正常な血流状態に回復させる[11]．

伸線したポーラスステンレス鋼の断面
X 線 CT スキャンによる観察
孟宗竹のような，しなやかなワイヤー

細線加工により結晶粒
微細化し，曲げ強度が
上昇

φ 1.5 mm   φ 1.25 mm   φ 1.0 mm

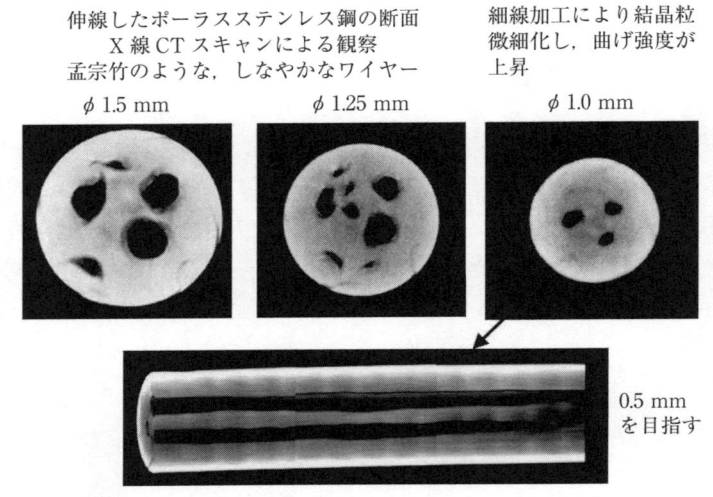

0.5 mm
を目指す

図 9.32　細線加工したロータスステンレス鋼ワイヤーの断面．X 線 CT に
よって撮影した．上部はワイヤー断面写真．下部は側面の写真[11]．

　Nagano らは 2.5 MPa の水素雰囲気下で連続帯溶融法によってロータスステ
ンレス鋼を作製した[11]．気孔率 25%，気孔径は 526 μm であった．それを直
径 3 mm 太さに切り出し線引き加工用ダイスを用いて 0.8 mm の太さまで微細
孔を保持したワイヤーを作製した．**図 9.32** に示すように，X 線 CT スキャン
によって伸線したポーラスステンレス鋼ワイヤーの内部構造を観察した．細線
加工により気孔径に対する気孔長さの比（アスペクト比）がきわめて大きく増加
した．また，細線加工により結晶粒は微細化し，曲げ強度が，同一の加工プロ
セスを経て細線加工したノンポーラスステンレス鋼ワイヤーのそれよりも増加
し強化された．このことは片持ち曲げ試験によって確認された．現状ではガイ
ドワイヤー仕様の 0.5 mm の太さまで細線加工すると気孔は潰れてしまうが，
出発材料のワイヤー径を細くすることによって圧下率を低減できれば，この問
題を解決できると期待されている．

9.8　発泡金属を用いた自動車などの衝撃吸収材

　発泡アルミニウムあるいはその合金は高速圧縮変形時に広いプラトー領域を有するので，衝撃エネルギーを吸収する大きな能力がある．そのため乗用車，トラック，鉄道列車，航空機，船舶，空中投下用容器などの衝撃吸収部材として有用である．ここでは 6063-T6 アルミニウム合金チューブや SUS304 ステンレス鋼チューブ内に発泡アルミニウム合金を充填した材料の優れたエネルギー吸収特性[12]を紹介する．外殻チューブは 75 mm×75 mm の断面で厚さが 3 mm の形状であり，その中には密度が 0.5 g·cm^{-3} の発泡 Al-7 wt%Si 合金を長さ 305 mm の長い金属チューブに機械的負荷をかけて強制的に，あるいは接着剤で固定して充填させる．擬静的圧縮速度の圧縮試験を圧縮ひずみ 58% までの変形に至るまで行った．試験片としては表 9.1 に示すように，6063-T6 アルミニウム合金チューブや SUS304 ステンレス鋼チューブ，さらにそれらのチューブに上記の 2 つの方法によって発泡 Al-7 wt%Si 合金を充填したものが用いられた．それぞれの応力-ひずみ曲線のプラトー領域を評価することによって表 9.1 に示す吸収エネルギーが測定された．図 9.33 には圧縮ひずみ 58% の圧縮試験後の発泡 Al-7 wt%Si 合金を充填させた SUS304 ステンレス鋼チューブ材の変形の様子とその縦方向の内部断面を示した．ステンレス鋼チューブは蛇腹のように凸凹に押し潰され充填された発泡アルミニウム合金は

表 9.1　吸収エネルギーの比較[12].

試料	吸収エネルギー kJ·kg^{-1}	発泡 Al-7wt%Si 合金の充填効果
6063-T6 アルミニウムチューブ	21.6	
機械的に充填した発泡 Al-7wt%Si 合金	26.9	+25%
接着剤で充填した発泡 Al-7wt%Si 合金	28.6	+32%
SUS304 ステンレス鋼チューブ	24.3	
機械的に充填した発泡 Al-7wt%Si 合金	32.3	+33%
接着剤で充填した発泡 Al-7wt%Si 合金	33.6	+38%

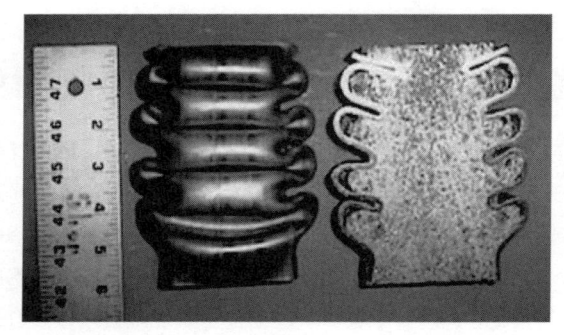

図 9.33 58% 圧縮ひずみ変形後の発泡アルミニウム合金を充塡したステンレス鋼チューブの(左)外観と(右)縦断面. 発泡アルミニウム合金は接着剤でステンレス鋼チューブに充塡した[12].

かなり緻密化が進行している. ステンレス鋼の蛇腹の膨らみ部分に発泡アルミニウム合金が押し出され充塡されていることもエネルギー吸収を助長している. 表9.1 の結果によれば, 発泡アルミニウム合金のアルミニウム合金チューブへの挿入・充塡によって衝撃吸収エネルギーが 25～32% も増加する. また, 発泡アルミニウム合金のステンレス鋼チューブへの挿入・充塡によって衝撃吸収エネルギーが 33～38% も増加する. 機械的負荷をかけて発泡アルミニウム合金を強制的にチューブ内に充塡させるよりも接着剤を用いて発泡アルミニウム合金を充塡させたほうが 5～7% だけ吸収エネルギーが増加することもわかった.

9.9 発泡金属を用いた装甲板

発泡アルミニウムは軽量で優れた衝撃吸収特性を示すことが知られている. 米国海軍では戦艦の装甲板や陸軍では戦車の装甲板の大幅な軽量化を図っている. 以前は戦車は陸上を走行するので, 軽量化が度外視されていたが, 最近では紛争地域に輸送機で空輸されるために軽量化が不可欠になった. 以前の陸軍の戦車の重量は 70 トンもあったが, 現在の最新鋭機は 20 トンまで減量化されている. さらなる軽量化を求めて発泡アルミニウムを含むサンドイッチ型装甲板が検討されている. 図 9.34(a), (b)に示すように, 発泡アルミニウムを有

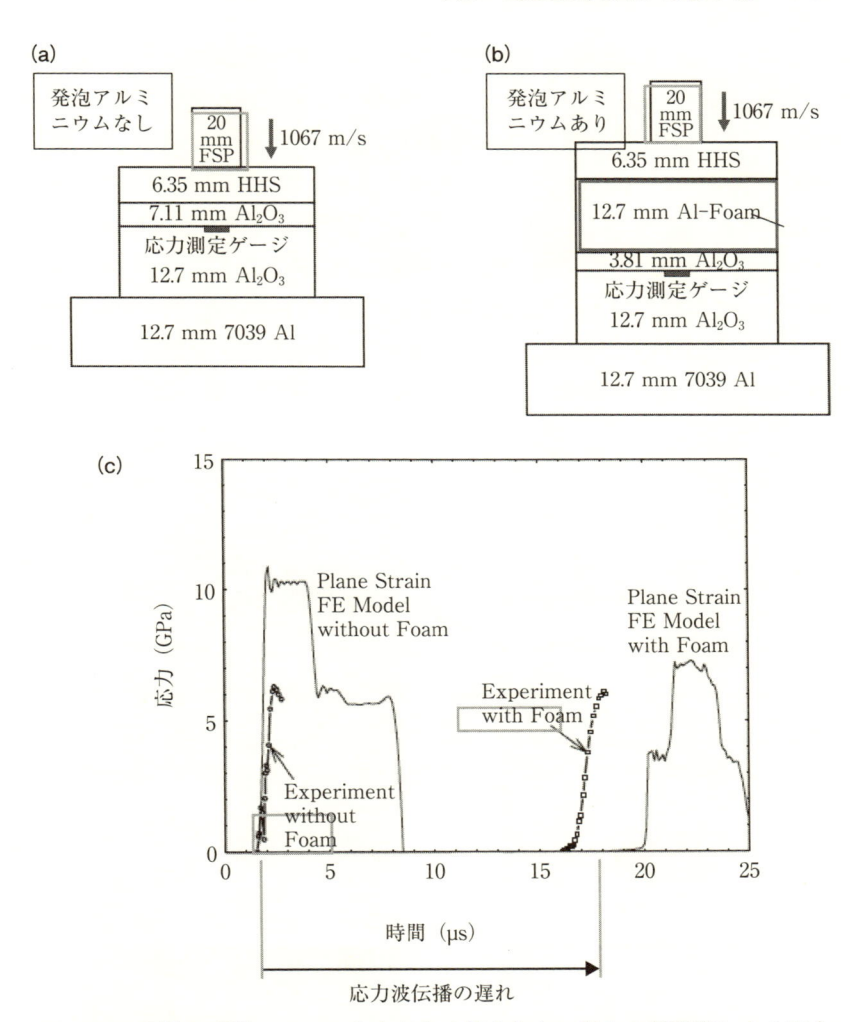

図 9.34 標的に発泡アルミニウムがある場合とない場合の衝撃弾による応力波の測定結果.（a）発泡アルミニウムなしのサンドイッチパネル標的,（b）発泡アルミニウムありのサンドイッチパネル標的,（c）衝撃弾による応力波の測定結果[13].

するものと，ないものの弾道標的サンドイッチパネルが衝撃伝播性を調べるために準備された．発泡アルミニウムなしの標的の面密度は $161.03\,\mathrm{kg \cdot m^{-2}}$，発泡アルミニウムありの標的の面密度は $157.75\,\mathrm{kg \cdot m^{-2}}$ である．高硬度鋼（HHS），発泡アルミニウム，アルミナセラミックス，7039 アルミニウム板が速乾性エポキシ樹脂で接合された．アルミナ板間にはピアゾ素子による応力測定ゲージがセットされた．両標的には衝撃速度 $1067\,\mathrm{m \cdot s^{-1}}$ の 20 mm 破片模擬弾によって衝撃が加えられた．図 9.34（c）は応力-時間ゲージの測定結果である[13]．発泡アルミニウムなしでの立ち上がり時間は 1.0 μs であるのに対し，発泡アルミニウムありでは 2.0 μs である．最大圧縮応力は 6.25 GPa である．

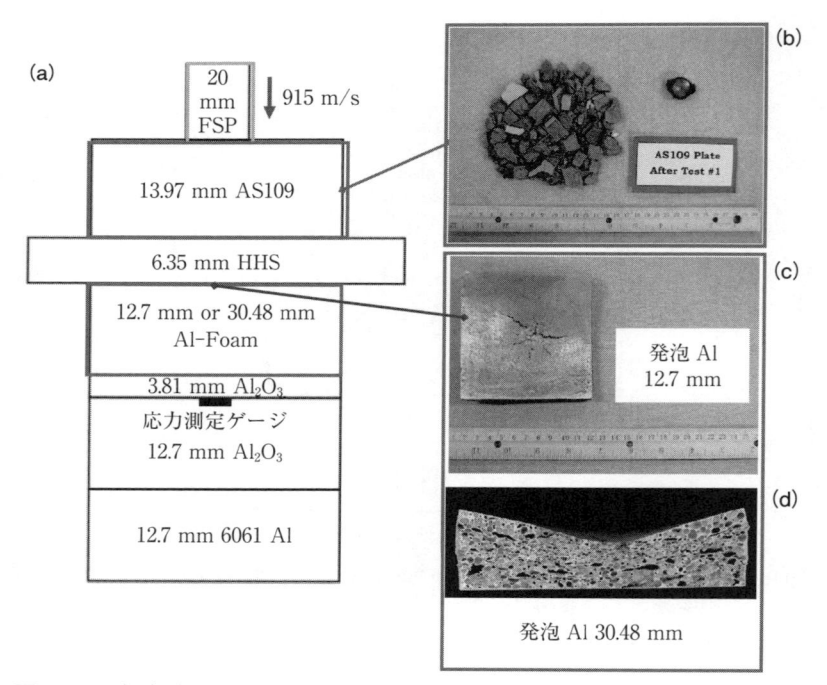

図 9.35　（a）厚さの異なる発泡アルミニウムを有するサンドイッチパネル標的，（b）衝撃弾を受けて粉砕された AS109 セラミックス板，（c）薄い発泡アルミニウムを用いた標的の衝撃弾を受けた後の発泡アルミニウムの変形，（d）厚い発泡アルミニウムを用いた標的の衝撃弾を受けた後の発泡アルミニウムの縦断面[13]．

12.7 mm の発泡アルミニウムを挿入すると応力波の到達が 14.6 μs も遅れる. 有限要素法による理論的研究でも出現の遅れを予測しており, 実験結果とよく一致している.

　また, 図 9.35 (a) に示すように, 発泡アルミニウムの厚さを変えた実験も行われている. 今回は, 上記のサンドイッチパネルに 13.97 mm の厚さのAS109 セラミックス層が加えられた (図 9.35 (b)). 速度 915 m·s^{-1} の 20 mm 破片模擬弾によって衝撃した場合, AS109 セラミックスは粉砕され, 高硬度鋼は変形し, 発泡アルミニウムは完全に緻密化した (図 9.35 (c)). 0.825 GPa の応力振幅をもった応力パルスがゲージに観測された. それに対し, 厚い発泡アルミニウム (39.48 mm) の場合は, AS109 セラミックスや高硬度鋼は同様の破砕を示すものの, 発泡アルミニウムは部分的にしか緻密化せず, ゲージには応力が検出されなかった. つまり, 発泡アルミニウムによって弾の衝撃が吸収されることを示している. 図 9.36 のように発泡アルミニウムに応力波を負荷するとセル壁が小さな応力誘導路となり応力が分散され応力波の伝播を抑制することができる. このように発泡アルミニウムを挿入した装甲板の有用性が米国陸軍研究所で提案されている.

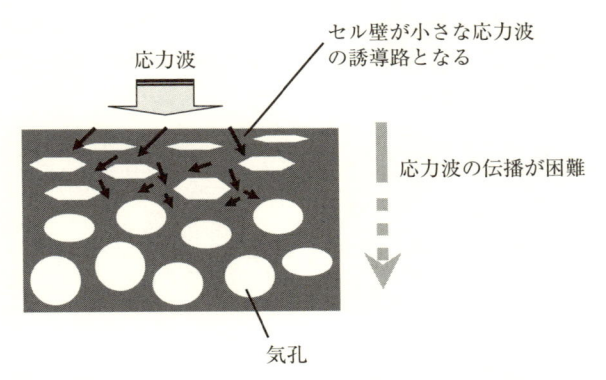

図 9.36　発泡アルミニウム中の応力伝播のプロセス[13].

文　　献

[1]　S. Nishio, J. Thermal. Eng. Japan Soc. Mech. Eng.(2001)617-622.

[2]　H. Y. Zhang, D. Pinjala, Y. K. Joshi, T. N. Wong, K. C. Toh and M. K. Ilyer, Proc. IEEE ITherm.(2004)640-647.

[3]　H. Chiba, T. Ogushi and H. Nakajima, Proc. ASME/JME 2011 8th Thermal Engineering Joint Conf, March 13-17, Honolulu, Hawaii, USA (2011) AT-TEC2011-44108.

[4]　永留世一，田口弘毅，玄丞均，中嶋英雄，高温学会誌，**34**(2008)66-73.

[5]　樫原一，米谷周，千葉博，大串哲朗：ふぇらむ，**16**(2011)607-612.

[6]　樫原一，山本幸佑，古田正昭，米谷周，津村卓也，中田一博，金相烈，鈴木進補，中嶋英雄，日本機械学会論文集，**77**(2011)4693-4703.

[7]　H. Nakajima, Prog. Mater. Sci., **52**(2007)1091-1173.

[8]　Y. Higuchi, Y. Ohashi and H. Nakajima : Adv. Eng. Mater., **8**(2006)907-912.

[9]　K. Alvarez, S. K. Hyun, S. Fujimoto and H. Nakajima, J. Mater. Sci. : Mater. in Med., **19**(2008)3385-3397.

[10]　Y. C. Tang, S. Katsuma, S. Fujimoto and S. Hiromoto, Acta Biomater., **2**(2006)709-715.

[11]　中嶋英雄，森有一，野一色泰晴，本津茂樹，樋口裕一，長野聡，文部科学省産学官イノベーション創出事業・総合研究報告書(2003).

[12]　T. D. Claar, V. Irick, J. Adkins and K. Kremer, TMS Symp. Proc., Processing and Properties of Lightweight Cellular Metals and Structures(2002)p. 3-11.

[13]　B. A. Gama, T. A. Bogetti, B. K. Fink, C. J. Yu, T. D. Claar, H. H. Eifert and J. W. Gillespie, Jr., Comp. Struc., **52**(2001)381-395.

索　引

材料学シリーズ　監修者

堂山昌男
東京大学名誉教授
帝京科学大学名誉教授
Ph. D., 工学博士

小川恵一
元横浜市立大学学長
Ph. D.

北田正弘
東京芸術大学名誉教授
工学博士

著者略歴　中嶋　英雄（なかじま　ひでお）

1949 年　栃木県小山市に生まれる
1971 年　東北大学工学部 金属材料工学科卒業
1977 年　東北大学大学院博士課程修了
　　　　　米国レンスレア工科大学博士研究員
1980 年　東北大学金属材料研究所助手
1989 年　東北大学金属材料研究所助教授
1992 年　岩手大学工学部教授
1996 年　大阪大学産業科学研究所教授
2012 年　（公財）若狭湾エネルギー研究センター所長　現在に至る
工学博士，大阪大学名誉教授
専攻：材料工学，ポーラス材料学，拡散

2016 年 9 月 15 日　第 1 版発行

検 印 省 略

材料学シリーズ

ポーラス材料学
多孔質が創る新機能性材料

著　者© 中　嶋　英　雄
発 行 者　内　田　　　学
印 刷 者　山　岡　景　仁

発行所　株式会社 内田老鶴圃　〒112-0012 東京都文京区大塚 3 丁目34番 3 号
電話（03）3945-6781（代）・FAX（03）3945-6782
http://www.rokakuho.co.jp/
印刷・製本/三美印刷 K. K.

Published by UCHIDA ROKAKUHO PUBLISHING CO., LTD.
3-34-3 Otsuka, Bunkyo-ku, Tokyo, Japan

U. R. No. 624-1

ISBN 978-4-7536-5643-1 C3042